液压与气压系统拆装维护和调试

◎主　编　郝春玲
◎副主编　刘祥伟

北京理工大学出版社
BEIJING INSTITUTE OF TECHNOLOGY PRESS

内容简介

本教材是配合国家骨干校建设机械设计与制造专业教学改革的系列教材之一。本教材在编写上采用项目教学模式，主要内容包括液压千斤顶、液压油、液压泵、液压缸、控制阀、液压基本回路、气动基础知识和气动回路8个部分知识。本教材参照最新相关国家职业技能标准，以实现培养学生专业技能和职业素质的目的。

本教材适用于模具设计与制造专业、机电设备维护维修专业等，并可供机械加工及自动化专业的工程技术人员参考。

图书在版编目（CIP）数据

液压与气压系统拆装维护和调试/郝春玲主编．—北京：北京理工大学出版社，2014.4（2022.12重印）

ISBN 978-7-5640-9094-4

Ⅰ.①液…　Ⅱ.①郝…　Ⅲ.①液压系统-高等学校-教材②气压系统-高等学校-教材　Ⅳ.①TH137②TH4

中国版本图书馆CIP数据核字（2014）第077579号

出版发行／北京理工大学出版社有限责任公司
社　　址／北京市海淀区中关村南大街5号
邮　　编／100081
电　　话／（010）68914775（总编室）
（010）82562903（教材售后服务热线）
（010）68944723（其他图书服务热线）
网　　址／http：//www.bitpress.com.cn
经　　销／全国各地新华书店
印　　刷／廊坊市印艺阁数字科技有限公司
开　　本／787毫米×1092毫米　1/16
印　　张／12.75
字　　数／195千字
版　　次／2014年4月第1版　2022年12月第3次印刷
定　　价／39.00元

责任编辑／张慧峰
文案编辑／多海鹏
责任校对／周瑞红
责任印制／李志强

前　　言

随着现代科学技术的发展，液压与气压传动在机械制造领域迅速发展。为了满足高职院校和企业培养机械设计与制造专业人才的需求，使学生获得“工作过程知识”，必须更新教育观念，重组课程体系，改革教学模式。

机械设计与制造专业是渤海船舶职业学院国家骨干校建设的专业群里的专业之一，并且是中央财政支持提升专业服务能力的专业之一。“液压与气压系统拆装维护和调试”课程是机械设计与制造专业的核心课程之一。因此，该课程的教学改革既是国家骨干校建设的需要，也是中央财政支持高等职业学校专业建设发展的需要。该课程以元件的拆装、维护为主体，教材编写和教学实施注重“理实一体化”的岗位训练，完善质量考核与评价办法，增强学生的质量、责任和效率意识，有效地培养学生的职业素质及液压与气压技术的能力。

本教材以企业岗位需求和国家职业标准为主要依据，在借鉴国内液压与气压传动技术的先进资料和经验的基础上，邀请具有丰富经验的企业一线技术人员和行业专家参与编写，以使教材内容密切联系液压与气压应用的生产实际。本教材的内容主要针对车工、机械制造工艺编制等职业岗位或岗位群，选择了液压千斤顶、液压油、液压泵、液压缸、控制阀、液压基本回路、气动基础知识和气动回路8部分知识作为教学载体，基于工作过程进行了教学内容的组织与安排，充分体现了教材内容的实用性、针对性、及时性和新颖性。本教材努力体现以下编写特色：

（1）采用基于工作过程的教学思路。本教材的每个项目都符合实际操作、质量检测和考核评价的教学实施过程。

（2）理论知识与实践技能相结合。本教材主要介绍了液压传动和气压传动，注重专业技能的系统性和教学实施的可操作性。

（3）实施教学改革。本教材在编写上融入中级车工国家职业资格标准，该课程学完之后学生可考取相应的职业资格证书，从而实现了岗位职业标准和技能鉴定与教学内容的有机融合，以保证对学生专业技能和职业素质的培养。

（4）所选项目典型、难度适中。本教材所选项目涉及的理论知识和操作技能不仅全面而且具有一定的深度，相对独立又相互关联。其训练学生运用已学知识在一定范围内学习新知识的技能，提高学生解决实际问题的能力。

（5）在培养专业能力的同时，增强学生吃苦耐劳的品质、责任和效率意识，有效地培养学生的职业素质和团结协作的能力。

本教材适用于高等职业院校机电类专业中液压与气压技术应用、模具制造、机电设备维护维修等专业的学生，也可作为机械设计制造及自动化专业技术人员的参考教材。

本教材由渤海船舶职业学院郝春玲（副教授）担任主编，刘祥伟（副教授）担任副主编，渤海船舶职业学院李琦（讲师）、侯岩滨（副教授）、杜世法（实验师）及中国石油锦西石化公司梁柱（工程师）参加了部分内容的编写。其中项目1、项目5、项目6由郝春玲老师编写，项目3由刘祥伟老师编写，项目4由李琦老师编写，项目7由侯岩滨老师编写，项目2及项目8中8.1、8.2由杜世法老师编写，项目8中8.3、8.4由梁柱老师编写。郝春玲老师负责全书的组织和统稿。

尽管我们在探索《液压与气压系统拆装维护和调试》教材特色建设的突破方面做出了许多努力，但是由于水平有限及液压与气压技术发展迅速，教材中难免存在疏漏之处，恳请各相关高职教学单位和读者在使用本书的过程中给予关注，并提出宝贵意见（邮箱：happyhaoling@126.com），在此深表感谢！

编　者

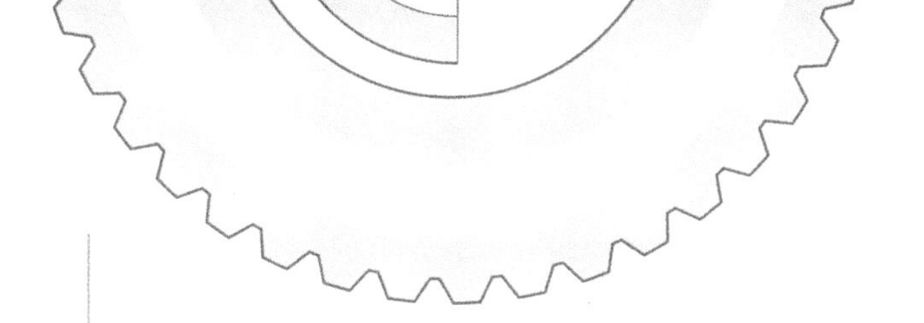

目 录

目 录

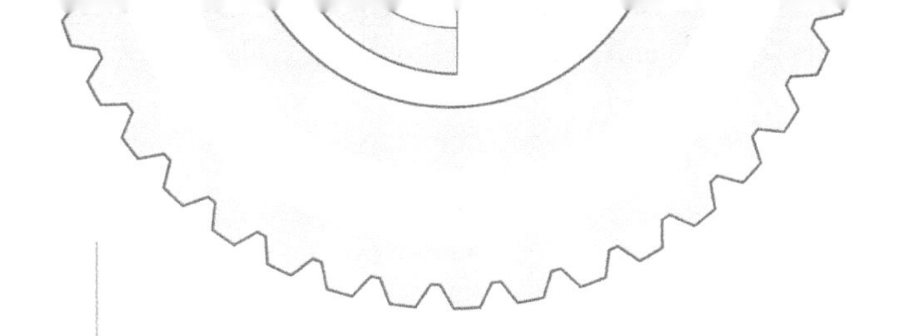

目 录

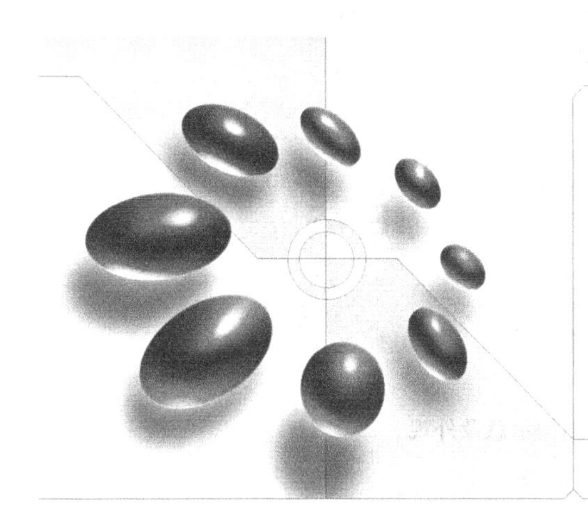

项目1 液压千斤顶的拆装及维护

项目目标

液压千斤顶的使用、拆装和维护。

教学目标

(1) 认识液压千斤顶各部分的结构。

(2) 掌握液压千斤顶工作压力形成的原理。

(3) 能够具有千斤顶的拆装及维护能力。

项目导入

液压千斤顶为何能将重物升举？其结构及外观如图1-1所示。

如果有5台液压千斤顶，当摇动其中4台的手柄时，千斤顶均不举升，这是什么原因呢？

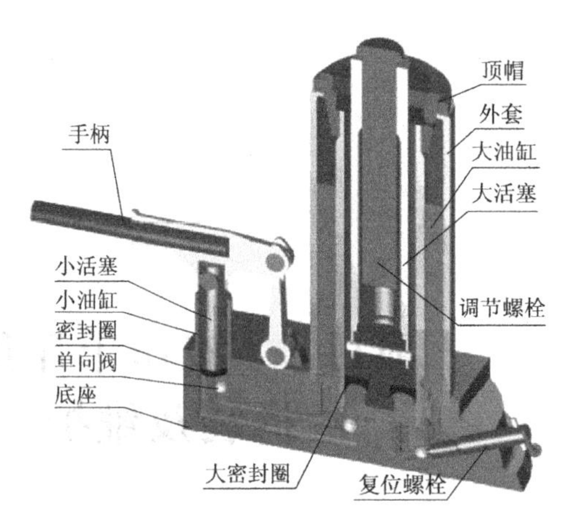

图 1-1　液压千斤顶的结构示意及外观

相关知识

1.1　工作原理

液压千斤顶是最简单的液压传动装置，其工作原理如图 1-2 所示。

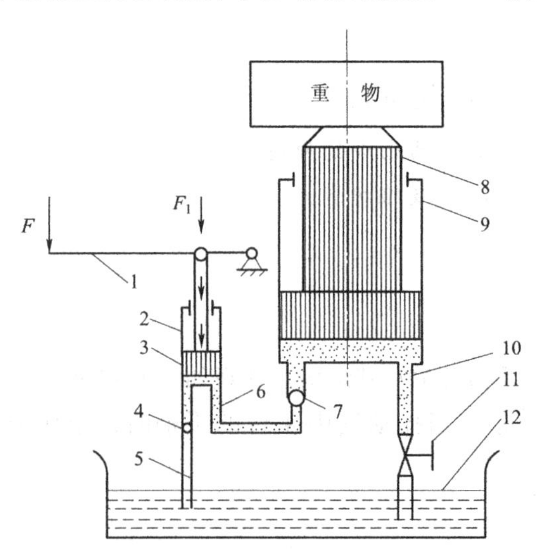

图 1-2　液压千斤顶的工作原理

1—扳手；2—小活塞缸；3—小活塞；4、7—单向阀；5、6、10—油管；
8—大活塞；9—大活塞缸；11—阀门；12—油液

在图 1-2 中，千斤顶由外壳、大活塞、小活塞、扳手、油箱等部件组成。其工作过程是扳手往上走带动小活塞向上，油箱里的油通过油管和单向阀门被吸进小活塞下部，扳手往下压时带动小活塞向下，油箱与小活塞下部的油路被单向阀门堵上，小活塞下部的油通过内部油路和单向阀门被压进大活塞下部，因杠杆作用小活塞下部的压力增大数十倍，大活塞的面积又是小活塞的面积的数十倍，由手动产生的油压被挤进大活塞。由帕斯卡原理知，大小活塞的面积比与压力比相反。这样一来，手上的力通过扳手到小活塞上增大了十多倍（暂按15倍计），小活塞到大活塞的力又增大十多倍（暂按15倍计），到大活塞（顶车时伸出的活动部分）时就变为 $15\times15=225$ 倍的力量了，假若手上有20 kg的力量，则可以产生 $20\times225=4\,500$ kg（4.5 t）的力量，其工作过程就是如此。当用完后，平时关闭的阀门被手动打开，其就靠重物的重量将油挤回油箱。

项目实施

1.2 拆装步骤

拆装步骤如下：

（1）应先拧松溢流阀等泄压，使液压回路卸压，即压力接近于零。

（2）使液压千斤顶停止运转，停在一个好拆卸的位置。

（3）放掉液压千斤顶的两腔油液，拆开缸盖。

（4）灌点煤油，放置一段时间，轻轻敲打缸盖，振松螺纹，就可将其拆下。

（5）先清理缸筒中的污物，不能先强行将活塞从缸体中打出，以免污物损伤缸的孔。

（6）将液压千斤顶的活塞和活塞杆组件从缸筒中拆卸出来，不应损伤活塞杆顶端的螺纹、油口螺纹和活塞杆及活塞表面，避免不应有的乱敲打以及不小心掉在地面碰伤等情况。

（7）仔细清洗所有零件。

（8）对液压千斤顶修理后进行装配，原则上所有密封应全部换新，换新前应先查明原来的密封的破损原因，以免损坏密封。

1.3 使用方法及注意事项

拆装液压千斤顶时应注意如下事项：

（1）拆卸液压千斤顶之前，应使液压回路卸压。否则，当把与液压千斤顶相连接的油管接头拧松时，回路中的高压油就会迅速喷出。液压回路卸压时应先拧松溢流阀等处的手轮或调压螺钉，使压力油卸荷，然后切断动力源，使液压装置停止运转。

（2）拆卸时应防止损伤活塞杆顶端的螺纹、油口螺纹和活塞杆表面、缸套内壁等。为了防止活塞杆等细长件弯曲或变形，放置时应用垫木支承均衡。

（3）拆卸时要按顺序进行。由于各种液压千斤顶的结构和大小不尽相同，其拆卸顺序也稍有不同。一般应放掉液压千斤顶两腔的油液，然后拆卸缸盖，最后拆卸活塞与活塞杆。在拆卸液压千斤顶的缸盖时，对于内卡键式连接的卡键或卡环要使用专用工具，禁止使用扁铲；对于法兰式端盖必须用螺钉顶出，不允许锤击或硬撬。在活塞和活塞杆难以抽出时，不可强行打出，应先查明原因再进行拆卸。

（4）拆卸前后要设法创造条件防止液压千斤顶的零件被周围的灰尘和杂质污染。例如，拆卸时应尽量在干净的环境下进行；拆卸后所有零件要用塑料布盖好，不要用棉布或其他工作用布覆盖。

（5）拆卸后要认真检查液压千斤顶，以确定哪些零件可以继续使用，哪些零件可以修理后再用，哪些零件必须更换。

（6）装配前必须对各零件仔细清洗。

（7）要正确安装各处的密封装置。

① 安装 O 形圈时，不要将其拉到永久变形的程度，要边滚动边套装，但要注意密封圈的疲劳性，否则可能因其形成扭曲状而漏油。

② 安装 Y 形和 V 形密封圈时，要注意其安装方向，避免因装反而漏油。对 Y 形密封圈而言，其唇边应对着有压力的油腔；此外，对 Y 形密封圈还要注意区分其是轴用还是孔用，不要装错。V 形密封圈由形状不同的支承环、密封环和压环组成，当压环压紧密封环时，支承环可使密封环产生密封作用，安装时应将密封环的开口面向压力油腔；调整压环时，应以不漏油为限，不可压得过紧，以防密封阻力过大。

③ 密封装置如与滑动表面配合，装配时应涂以适量的液压油。

④ 拆卸后的 O 形密封圈和防尘圈应全部换新。

（8）将螺纹连接件拧紧时应使用专用扳手，扭力矩应符合标准要求。

（9）活塞与活塞杆装配后，须设法测量其同轴度和在全长上的直线度是否超差。

（10）装配完毕后活塞组件移动时应无阻滞感和阻力大小不匀等现象。

（11）将液压千斤顶向主机上安装时，进出油口接头之间必须加上密封圈并紧固好，以防漏油。

（12）按要求装配好后，应在低压情况下进行几次往复运动，以排除缸内气体。

液压千斤顶的常见故障及维护方法见表 1－1。

表 1－1　液压千斤顶的常见故障及维护方法

故障现象	原因	维护方法
千斤顶无法顶升、顶升缓慢或急速	（1）泵体油箱的油量太少	依照泵体型号添加所需液压油
	（2）泵体液压阀没有上紧	上紧液压阀
	（3）油压接头没有上紧	上紧油压接头
	（4）负载过重	依照千斤顶的额定负载使用
	（5）油压千斤顶组内有空气	将空气排出
	（6）千斤顶柱塞卡死不动	分解千斤顶，检修内壁及油封

续表

故障现象	原因	维护方法
千斤顶顶升但无法持压	（1）油路间因没有锁紧而漏油	上紧油路间所有接头
	（2）从油封处漏油	更换损坏油封
	（3）泵体内部漏油	检修油压泵体
千斤顶无法回缩、回缩缓慢及不正常	（1）泵体液压阀没有打开	打开泵体液压阀
	（2）泵体油箱的油量过多	依照泵体型号存放所需液压油
	（3）油压接头没有上紧	上紧油压接头
	（4）油压千斤顶组内有空气	将空气排出
	（5）油管内径太小	使用较大的内径油管
	（6）千斤顶回缩弹簧损坏	分解千斤顶并检修
电动油压泵体无法启动	（1）电源没接	检查电源、开关
	（2）继电器、开关或碳刷可能损坏	检查更换损坏零件
	（3）电源的安培数不够	增加另一个电源回路
马达电流安培数过高	（1）马达损坏	更换马达
	（2）液压阀设定不当	重新设定液压阀的压力
	（3）齿轮泵体内部损坏	检修齿轮泵体
液压油流入马达部位	齿轮泵体轴心油封损坏	拆开马达及齿轮泵体，更换损坏油封
泵体连转有异音	（1）齿轮泵体柱塞卡住	拆开齿轮泵体，更换损坏零件
	（2）钢珠移位或损坏	
泵体无法运行，千斤顶柱塞完全伸出或柱塞伸出有抖动现象	（1）泵体油箱的油量太少	在千斤顶完全缩回时，依照泵体型号添加所需液压油
	（2）泵体油箱内有异物阻塞	检查并清洁过滤器
	（3）泄阀没有上紧	
	（4）油压接头没有上紧	上紧油压接头
	（5）液压油温度太低或黏度太高	更换适当的液压油
	（6）油压千斤顶组内有空气	将空气排出
	（7）释压放泄阀松动	检查并上紧释压放泄阀
泵体无法建压或持压	（1）释压放泄阀漏油	清洁检修钢珠及油封
	（2）释压放泄阀的设定压力太低	设定正确压力
	（3）泵体过滤器阻塞	清洁过滤器并更换液压油

“项目导入”中提到的4台千斤顶不举升的原因主要是大活塞腔内压力不足。造成压力不足的因素是单向阀密封或密封圈密封不严，也有可能是复位阀（放油阀）失灵所致，最终导致小油缸与大油缸相通，从而出现大活塞腔内压力不足的故障。

项目任务单

项目任务单见表1-2，项目考核评价表见表1-3。

表1-2 项目任务单

<table>
<tr><td>项目名称</td><td colspan="6">液压千斤顶的拆装及维护</td><td>学时</td><td>4</td></tr>
<tr><td>任务描述</td><td colspan="8">如图1-1所示，工作步骤如下：
(1) 读零件图，认识各部分结构；
(2) 叙述压力形成的过程；
(3) 准备工具；
(4) 确定拆装方案；
(5) 拆装液压千斤顶</td></tr>
<tr><td>时间安排
(180 min)</td><td>下达任务
(20 min)</td><td>资讯
(30 min)</td><td>初定方案
(25 min)</td><td>讲授
(30 min)</td><td>操作过程
(25 min)</td><td>评价
(30 min)</td><td colspan="2">作业及下发任务
(20 min)</td></tr>
<tr><td>提供资料</td><td colspan="8">(1) 校本教材；
(2) 机械零件手册；
(3) 工具手册</td></tr>
<tr><td>对学生的要求</td><td colspan="8">(1) 认识液压千斤顶各部分的结构；
(2) 熟悉液压系统中工作压力形成的原理；
(3) 能够分析液压系统工作压力的形成过程</td></tr>
<tr><td>思考问题</td><td colspan="8">(1) 液压系统中的负载体现在哪些方面？
(2) 当外载等于零时，为何液压缸的工作压力不等于零？此时如何理解“压力决定于负载”这句话的意义？
(3) 某一液压缸，运动中停止时的表压值不同（启动时较高，然后下降稳定在某值，运动停止时表压值为溢流阀4的调定压力），如何用“压力决定于负载”的概念分析上述现象？
(4) 操作装置的多缸并联系统中负载不同时为何会出现顺序动作？某一液压缸运动时，各缸的工作腔压力是否相等？为什么？
(5) 液压系统工作时泵的输出压力与执行缸工作腔的压力是否相同？为什么？
(6) 选择工具时应注意哪些问题？
(7) 拆装过程中应注意哪些问题？
(8) 液压千斤顶的使用过程及注意事项是什么</td></tr>
</table>

表1-3 项目考核评价表

<table>
<tr><td>记录表编号</td><td></td><td>操作时间</td><td colspan="2">25 min</td><td>姓名</td><td></td><td>总分</td><td></td></tr>
<tr><td>考核项目</td><td>考核内容</td><td>要求</td><td>分值</td><td colspan="3">评分标准</td><td>互评</td><td>自评</td></tr>
<tr><td rowspan="3">主要项目
(80分)</td><td>安全文明操作</td><td>安全控制</td><td>15</td><td colspan="3">违反安全文明操作规程扣15分</td><td></td><td></td></tr>
<tr><td>操作规程</td><td>理论实践</td><td>15</td><td colspan="3">操作不规范适当扣5～10分</td><td></td><td></td></tr>
<tr><td>拆卸顺序</td><td>正确</td><td>15</td><td colspan="3">关键部位1处扣5分</td><td></td><td></td></tr>
</table>

续表

考核项目	考核内容	要求	分值	评分标准	互评	自评
主要项目（80分）	操作能力	强	15	动手行为主动性差适当扣5～10分		
	工作原理理解	表达	10	基本点表述不清楚适当扣5～10分		
	清洗方法	正确	5	清洗不干净适当扣0～5分		
	安装质量	高	5	多1件、少1件各扣5分		

知识拓展

1. 千斤顶的分类

在容积式液压传动中，工作压力的大小决定于负载，即工作压力决定于油液运动的阻力。应深入理解液压系统中工作压力和负载的关系。外负载包括有效负载和无效负载，如油液流动时的压力损失、油缸运动时的摩擦损失等就属于无效负载。

千斤顶分为液压千斤顶、螺旋千斤顶和齿条千斤顶。

（1）液压千斤顶：由人力或电力驱动液压泵，通过液压系统传动，用缸体或活塞作为顶举件。

（2）螺旋千斤顶：由人力通过螺旋副传动，用螺杆或螺母套筒作为顶举件。

（3）齿条千斤顶：由人力通过杠杆和齿轮带动齿条顶举重物。其起重量一般不超过20吨，可长期支持重物，主要用在作业条件不方便的地方或需要利用下部的托爪提升重物的场合，如铁路起轨作业。

2. 液压千斤顶的分类

液压千斤顶可分为整体式和分离式。整体式的泵与液压缸连成一体；分离式的泵与液压缸分离，中间用高压软管相连。

液压千斤顶按其构造可分为台式（普通油压千斤顶）、穿心式、锥锚式和拉杆式。

YC60型千斤顶主要由张拉油缸，顶压油缸，顶压活塞，穿心套，保护套，端盖堵头，连接套，撑套，回弹弹簧和动、静密封圈等组成。该千斤顶具有双重作用，即张拉与顶锚两个作用。

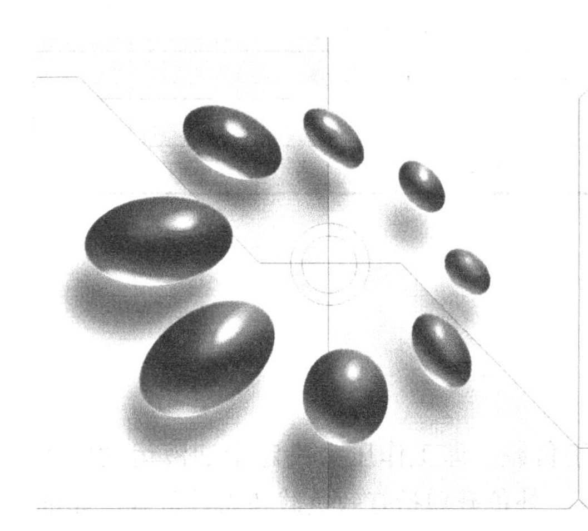

项目2　液压油的选用

项目目标

（1）能够胜任相关液压油选用的工作。

（2）具有相关液压设备的维修能力。

（3）具有运用液压油的性质进行技术改造的能力。

教学目标

（1）掌握液压油的性质。

（2）正确选用液压油。

项目导入

油液的种类很多，选用合适的油液很关键。M1432A 型平面磨床所采用的为 N32 号液压油。

相关知识

2.1 液压油的性质

1. 黏性

先看牛顿液体内摩擦定律。液体在外力作用下流动时，分子之间的内聚力要阻止分子间的相对运动而产生一种内摩擦力，这一特性称为液体的黏性。它是液体的重要物理性质，也是选择液压油的主要依据。

液体只有在流动时才会呈现黏性，静止液体不呈现黏性。液体流动时，液体和固体壁面间的附着力以及液体本身的黏性会使液体各层面间的速度大小不等，以图2－1为例：若两平行平板间充满液体，下平板固定，而上平板以速度 u_0 向右平移，由于液体的黏性作用，紧靠着下平板的液体层速度为零，紧靠上平板的液体层速度为 u_0，而中间各层液体速度则从上到下按规律递减，呈线性分布。

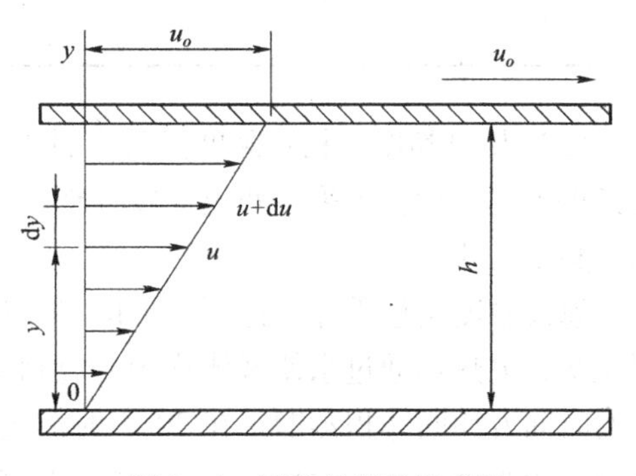

图2－1 液体的黏性示意图

测定指出，液体流动时相邻液层间的内摩擦力 F 与液层接触面积 A、液层间相对运动的速度梯度 d_u/d_y 成正比，即

$$F = \mu A \frac{du}{dy} \tag{2-1}$$

式中，μ 为比例常数，又称为黏性系数或动力黏度。

若以 τ 表示内摩擦切应力，即液层间单位面积上的内摩擦力，则有

$$\tau = \frac{F}{A} = \mu \frac{du}{dy} \tag{2-2}$$

这就是牛顿液体内摩擦定律。

2. 黏度

液体黏性的大小用黏度来表示，常用的黏度有3种。

(1) 动力黏度。表征流体黏性的内摩擦系数或绝对黏度，用 μ 表示，即

$$\mu = \frac{F}{A\frac{du}{dy}} = \frac{\tau}{\frac{du}{dy}} \tag{2-3}$$

由此可知动力黏度的 μ 物理意义是：液体在单位速度梯度下流动时，接触液层间的内摩擦切应力（单位面积上的内摩擦力）。

在SI制中动力黏度的单位为 $N \cdot s/m^2$ 或 $Pa \cdot s$。

（2）运动黏度。动力黏度μ与其密度ρ的比值，称为运动黏度，用ν表示，即

$$\nu=\frac{\mu}{\rho} \tag{2-4}$$

运动黏度ν无明确的物理意义，因为在其单位中只有长度与时间的量纲，类似于运动学的量，所以称为运动黏度。它是液体压力的分析和计算中常遇到的一个物理量。

在SI制中运动黏度的单位是m^2/s，它与常用单位St（施，cm^2/s）之间的关系是

$$1\ m^2/s=10^4\ cm^2/s(St)=10^6\ mm/s(cSt)$$

液压油采用它在40 ℃时运动黏度的平均值来标号，例如M1432A型平面磨床采用N32号液压油，其指这种油在40 ℃时的运动黏度平均为32cSt。我国液压油的旧牌号则采用按50 ℃时运动黏度的平均值表示。液压油新旧牌号的对照见表2－1。

表2－1　液压油新牌号（40 ℃运动黏度等级）与旧牌号（50 ℃运动黏度等级）的对照

新牌号	N7	N10	N15	N22	N32	N46	N68	N100	N150
旧牌号	5	7	10	15	20	30	40	60	80

（3）相对黏度。相对黏度又称条件黏度。由于测量仪器和条件不同，各国相对黏度的含义也不同，如美国采用赛氏黏度（SSU），英国采用雷氏黏度（R），而我国和德国则采用恩氏黏度（°E）。

恩氏黏度用恩氏黏度计测定，即将200 cm^3被测量液体装入黏度计的容器内，在容器周围充水，电热器通过水使液体均匀升温到温度t，液体从容器底部$\phi 2.8$ mm的小孔流尽所需要的时间t_1和同体积蒸馏水在20 ℃时流过同一小孔所需时间t_2（通常平均值$t_2=51$ s）的比值，称为被测液体在这一温度t时的恩氏黏度$°E$，即

$$°E=\frac{t_1}{t_2} \tag{2-5}$$

恩氏黏度与运动黏度（m^2/s）的换算关系为：

当$1.35\leqslant °E\leqslant 3.2$时，

$$\nu=\left(8\ °E-\frac{8.64}{°E}\right)\times 10^{-6} \tag{2-6}$$

当$°E>3.2$时，

$$\nu=\left(7.6°E-\frac{4}{°E}\right)\times 10^{-6} \tag{2-7}$$

（4）调合油的黏度。选择合适黏度的液压油，对液压系统的工作性能起着重要的作用。但有时能得到的油液产品的黏度不合要求，在此情况下可把同一型号两种不同黏度的油按适当的比例混合起来使用，其称为调合油。调合油的黏度可用下面的经验公式计算：

$$°E_1=\frac{a_1°E_1+a_2°E_2-c(°E_1-°E_2)}{100} \tag{2-8}$$

式中，$°E_1$、$°E_2$——混合前两种油液的恩氏黏度，取$°E_1>°E_2$；

$°E$——混合后的调合油的恩氏黏度；

a_1、a_2——参与调合的两种油液各占的百分比（$a_1+a_2=100\%$）；

c——实验系数，见表2－2。

表2-2 参数表

a_1	10	20	30	40	50	60	70	80	90
a_2	90	80	70	60	50	40	30	20	10
c	6.7	13.1	17.9	22.1	25.5	27.9	28.2	25	17

3. 黏度与压力的关系

液体所受的压力增加时，其分子间的距离将缩小，于是内聚力增加，黏度也随之增大。液体的黏度与压力的关系公式如下：

$$\nu_p = \nu(1 + 0.003p) \tag{2-9}$$

式中，ν_p——压力为 p 时液体的运动黏度；

ν——压力为 101.33 kPa 时液体的运动黏度；

p——液体所受的压力。

由式（2-9）可知，液压油在中低压液压系统内时，压力变化很小，其对黏度的影响较小，可以忽略不计。当压力较高（大于 10 MPa）或压力变化较大时，则需考虑压力对黏度的影响。

4. 黏度与温度的关系

液压油的黏度对温度的变化十分敏感，温度升高，黏度下降。这种油的黏度随温度变化的性质称为黏温特性。

黏度与温度的关系可以从国产常用液压油的黏温图中查找。温度对黏度的影响较大，必须引起重视。

油液黏度的变化直接影响液压系统的性能和泄漏量，因此希望黏度随温度的变化越小越好。它可用黏度指数 *VI* 来表示，它表示被试油和标准油黏度随温度变化程度比较的相对值。*VI* 数大表示黏温特性平缓，即油的黏度受温度的影响小，因而性能好，反之则差。一般的液压油要求 *VI* 数在 90 以上，精制的掺有添加剂的液压油的 *VI* 值可达 100 以上。

在 M1432A 型平面磨床液压油的使用中，根据实际情况在不同季节即不同的温度下采用相应的措施来调节液压油的黏性。

5. 液压油的分类与牌号划分

液压油的种类繁多，分类方法各异，长期以来，人们习惯以用途进行分类，也有根据油品类型、化学组分或可燃性分类的。这些分类方法只反映了油品的标注，但缺乏系统性，也难以通过其了解油品间的相互关系和发展情况。

液压油主要可分为三大类：石油型、合成型和乳化型。

石油型液压油以机械油为原料，精炼后按需要加入适量添加剂而成，这类液压油的润滑性能好，但抗燃性较差。在一些高温、易燃、易爆的工作场合，为了安全起见，应该在系统中使用合成型液压油和乳化型液压油，如磷酸酯，水-乙二醇等合成液或油包水、水包油等乳化液。液压油的主要品种及性质见表 2-3。石油型液压油的使用范围见表 2-4。

表 2-3　液压油的主要品种及其性质

性能＼种类	可燃性液压油			抗燃性液压油			
	石油型			合成型		乳化型	
	通用液压油	抗磨液压油	低温液压油	磷酸酯液	水－乙二醇液	油包水液	水包油液
密度/（kg·m^{-3}）	850～900			1 100～1 500	1 040～1 100	920～940	1 000
黏度	小～大	小～大	小～大	小～大	小～大	小	小
黏度指数 *VI* 不小于	90	95	130	130～180	140～170	130～150	极高
润滑性	优	优	优	优	良	良	可
防锈蚀性	优	优	优	良	良	良	可
闪点/℃	170～200	170	150～170	难燃	难燃	难燃	不燃
凝点/℃	－10	－25	－35～－45	－20～－50	－50	－25	－5

表 2-4　石油型液压油的使用范围

名称	代号	主　要　用　途
通用液压油	YA－N32 YA－N64 YA－N68	适用于 7～14 MPa 的液压系统及精密机床液压系统（环境温度在 0 ℃以上）
抗磨液压油	YB－N32 YB－N46 YB－N68	适用于－15 ℃以上的高压、高速工程机械、车辆液压系统（加抗磨剂等，能满足高压液压泵的防磨损要求）
低温液压油	YC－N32 YC－N46 YC－N68	适用于－25 ℃以上的高压、高速工程机械、农业机械和车辆的液压系统（加降凝剂等，可在－20 ℃～－40 ℃工作）
高黏度指数液压油	YD－N22 YD－N32 YD－N46	用于数控精密机床的液压系统，如高精度坐标镗床可用 YD－N32，冬季用 YD－N22，夏季用 YD－N46
机械油	N15 N46 N22 N68 N32	适用于 7 MPa 以下的液压系统，N22、N32 可用作普通机床的液压油
汽轮机油	N22 N100 N32 N68	适用于 7 MPa 以下的液压系统（其使用性能优于机械油，可作为液压系统的代用油）
清净液压油	N32	适用于高精度、高响应的电液伺服控制系统

项目实施

2.2 液压油的选用

1. 液压油的选用条件

M1432A 型平面磨床液压系统中的工作油液具有双重作用，一是作为传递能量的介质，二是作为润滑剂润滑运动零件的工作表面，因此油液的性能会直接影响液压传动的性能，如工作的可靠性、灵敏性，工况的稳定性，系统的效率及零件的寿命等。一般在选择油液时其应满足下列条件：

（1）黏温特性好。在使用温度范围内，油液黏度随温度的变化越小越好。

（2）具有良好的润滑性，即油液润滑时产生的油膜强度高，以免产生干摩擦。

（3）成分纯净，不应含有腐蚀性物质，以免侵蚀机件和密封元件。

（4）具有良好的化学稳定性。油液不易氧化，不易变质，以防产生黏质沉淀物影响系统工作；防止氧化后油液变为酸性，对金属表面起腐蚀作用。

（5）抗泡沫性好，抗乳化性好，对金属和密封件有良好的相容性。

（6）体积膨胀系数低，比热容和传热系数高；流动点和凝固点低，闪点和燃点高。

（7）无毒性，价格便宜。

2. 选择液压油时应考虑的内容

M1432A 型平面磨床液压系统选择液压油时首先要考虑的是黏度问题。在一定条件下选用的油液黏度太高或太低，都会影响系统的正常工作。黏度高的油液流动时产生的阻力较大，克服阻力所消耗的功率较大，而此功率损耗又将转换成热量使油温上升。黏度太低会使泄漏量加大，使系统的容积率下降。一般液压系统的油液黏度为 10～60 cSt，更高黏度的油液应用较少。

在选择时要根据具体情况或系统的要求来选择黏度适合的油液。一般考虑以下几方面：

（1）液压系统的工作压力。工作压力较高的液压系统宜选用黏度较大的液压油，以减少系统泄漏；反之，可选用黏度较小的油。

（2）环境温度。环境温度较高时宜选用黏度较大的液压油。

（3）运动速度。液压系统执行元件运动速度较高时，为了减少液流的功率损失，宜选用黏度较低的液压油。

（4）液压泵的类型。在液压系统的所有元件中，以液压泵对液压油的性能最为敏感，因为泵内零件的运动速度很高，承受的压力较大，对润滑的要求苛刻，因此，常根据液压泵的类型及要求来选择液压油的黏度。

综上因素可以确定适用 M1432A 型平面磨床的液压油为 N32 型液压油。

3. 具体操作

（1）取 4 个试杯，其中分别装有不同类型的油液，观察、鉴别。

（2）在实训中心的机床中查找，填写表 2－5

表 2－5　机床选用液压油

机床型号	所选用液压油的型号	分析原因
CA6140		
M1432A		
PT80		
CK6140		
X7132		

项目任务单

项目任务单见表 2－6，项目考核评价表见表 2－7。

表 2－6　项目任务单

项目名称	液压油的选用					学时	4
任务描述	工作步骤： （1）详细解读液压油的选用方法； （2）观察、鉴别液压油； （3）选择适当的液压油，分析其原因						
时间安排（90 min）	下达任务（10 min）	资讯（10 min）	初定方案（10 min）	讲授（10 min）	操作过程（30 min）	评价（10 min）	作业及下发任务（10 min）
提供资料	（1）校本教材； （2）机械加工手册； （3）液压油选用手册						
对学生的要求	（1）掌握油液的能量守恒定律； （2）能够分析现实生活中一些相关现象						
思考问题	（1）冷冻机油的制冷系统为什么会发生“镀铜”现象？ （2）冷冻机抱轴烧瓦是怎样发生的？ （3）不同厂家同种类的汽轮机是否可以混用？ （4）汽轮机油被乳化后有什么危害？ （5）冷冻机油的“油击”现象是如何发生的？怎样才能避免						

表 2－7　项目考核评价表

记录表编号		操作时间	30 min	姓名		总分	
考核项目	考核内容	要求	分值	评分标准		互评	自评
主要项目（80 分）	安全文明操作	安全控制	15	违反安全文明生产规程扣 15 分			
	操作规程	理论实践	20	操作顺序错误 1 处扣 5 分			
	正确选用	正确	15	选错 1 次扣 5 分			
	操作能力	强	20	多 1 件、少 1 件各扣 5 分			
	阐述选择的理由	表达	10	陈述知识点错误 1 处扣 2～3 分			

知识拓展

1. 连续性方程

连续性方程是质量守恒定律在液体力学中的一种表达形式。设液体在管道中作稳定流动，若任取两个过流截面1、截面2，其截面积分别为A_1和A_2，此两断面上的密度和平均速度为ρ_1、v_1和ρ_2、v_2。假定液体不可压缩，根据质量守恒定律，在同一时间内流过两个断面的液体质量相等，即

$$\rho_1 v_1 A_1 = \rho_2 v_2 A_2 \tag{2-10}$$

$$v_1 A_1 = v_2 A_2 = 常数$$

亦可得

$$q = Av = 常数$$

上式表明液体在管中流动时，流过各个过流断面的流量是相等的，因而流速和过流面积成反比，管粗流速低，管细流速快。

2. 伯努利方程

伯努利方程是能量守恒定律在液体力学中的一种表达方式。

1）理想液体的伯努利方程

为了理论研究方便，一液流管道，假定其为理想液体，并为稳定流动。根据能量守恒定律，在同一管道内各个截面处的总能量都相等。

对于静止液体，由静力学基本方程可知

$$\frac{p_1}{\rho} + gh_1 = \frac{p_2}{\rho} gh_2 = 常数 \tag{2-11}$$

对于流动液体，除上述单位质量液体的压力能p/ρ和单位质量液体的位能gh之和外，还有单位质量液体的动能，即$mv^2/2m = v^2/2$。

当液体在管道中流动时，取两过流截面A_1、A_2其离基准线的距离分别为h_1、h_2，流速分别为v_1、v_2，压力分别为p_1、p_2，根据能量守恒定律则有

$$\frac{p_1}{\rho} + gh_1 + \frac{v_1^2}{2} = \frac{p_2}{\rho} + gh_2 + \frac{v_2^2}{2} \tag{2-12}$$

上式称为理想液体的伯努利方程。

（1）流体流动时的机械能。

流体在流动时具有3种机械能，即位能、动能、压力能。这3种能量可以互相转换。当管路条件改变时（如位置高低，管径大小），它们会自行转换。如果是黏度为零的理想流体，由于不存在机械能损失，因此在同一管路的任何两个截面上，尽管3种机械能彼此不一定相等，但这3种机械能的总和是相等的。

（2）机械能的转换。

对实际流体来说，因为存在内摩擦，流动过程中总有一部分机械能因摩擦和碰撞而消失，即转化成了热能。而转化为热能的机械能在管路中是不能恢复的。对实际流体来说，这部分机械能相当于被损失掉了，亦即两个截面上的机械能的总和是不是相等的，两者的差额就是流体在这两个截面之间因摩擦和碰撞而转换成为热的机械能。因此在进行机械能衡算时，就必须将这部分消失的机械能加到下游截面上，其和才等于流体在上游截面上的机械能

总和。

(3) 机械能的表示。

上述几种机械能都可以用测压管中的一段液体柱的高度来表示。在流体力学中，把表示各种机械能的流体柱高度称为“压头”。表示位能的，称为位“压头”；表示动能的，称为“动压头”（或“速度头”）；表示压力的，称为“静压头”；表示已消失的机械能的，称为“损失压头”（或“摩擦压头”）。这里所谓的压头是指单位重量的流体所有的能量。

其物理意义简单说就是：在密闭管道内做稳定流动的理想液体具有3种形式的能量（压力能、位能、动能），在沿管道流动的过程中3种能量之间可以互相转化，但在任一截面处，3种能量的总和为一常数。

2）实际液体的伯努利方程

实际液体在管道中流动时，由于液体有黏性，会产生内摩擦力，而且管道的形状和尺寸有所变化，局部会使液体产生扰动，而造成能量损失。另外由于实际流速在管道过流断面上的分布是变量，用平均流速 v 来代替实际流速计算动能时，必然会产生偏差，必须引入动能修正系数 α 来补偿偏差。因此，实际液体的伯努利方程为

$$\frac{p_1}{\rho}+gh_1+\frac{\alpha_1 v_1^2}{2}=\frac{p_2}{\rho}+gh_2+\frac{\alpha_2 v_2^2}{2}+gh_w \tag{2-13}$$

式中，gh_w——单位质量液体的能量损失；

α_1、α_2——动能修正系数，一般在紊流时取1，在层流时取2。

在流体静止时，$v_1=v_2=0$，$gh_w=0$；若呈水平放置，$h_1=h_2$。方程成为：

$$\frac{p_1}{\rho}=\frac{p_2}{\rho}=H$$

式中，H——水箱水位高度（液柱高度）。

从各能量柱面上看到同高度 H，说明了静止液体各点相等的原理。

若液体流动，则部分压能转变成阻力损失和动能 $\alpha v/2$，则式（2-13）可转变为

$$\frac{p_1}{\rho}+\frac{\alpha v_1}{2}=\frac{p_2}{\rho}+\frac{\alpha v_2}{2}+\rho g h_w \tag{2-14}$$

由连续方程知，速度 v 与过流断面成反比，断面小处 v 大，动能大，则压能小，反之亦然。此时，可看到能量液柱水平高低不一。粗截面处 v 小则动能小，而压能高，这充分体现了能量转换关系。

由上述分析可知，泵的吸油高度越小，泵越易吸油。在一般情况下，为了便于安装和维修，泵多安装在油箱截面以上，依据进口处形成的真空度来吸油。但工作时真空度也不能太大，因 p_2 低于油液的空气分离压时，空气就要析出，形成空穴现象，产生噪声和振动，影响液压泵和系统的工作性能。为使真空度不至过大，应减少 v_2，H 和 h_w。一般采用较大的吸油管径，减小管路长度以减小液体流动速度 v_2 和压力损失 gh_w，同限制泵的安装高度，一般 $H<0.5$ m。

3. 液体的流动状态

1）流层

流层亦称片流，是指在流速较小时，液体质点做有条不紊的有序的直线运动时，水流各层或各微小流束上的质点彼此互不掺混的流动，例如毛细血管中血液的流动，流速很小的细

直管道中的液体的流动等。

流体质点的轨迹是规则的光滑曲线。在流速较低、黏性较大的流体中带出现层流流动。若流体做不规则的运动，描述流体运动的物理量如速度、密度、温度、压强等值均有不规则的变化，只能从统计意义上求得它们的平均值，这种流动叫湍流。在流速较高，黏性较小的流体中易出现湍流。对于具体的流动，层流和湍流的变化可用临界雷诺数来表示。雷诺数低于其临界值时，流动为层流，高于其临界值时，流动为湍流。以直圆管中流体的流动为例，设管的直径为 d，流体的平均流速为 v，流体的运动黏度为 γ，则雷诺数 Re 定义为 $Re = vdr$，而临界雷诺数 $Recr$ 从实验中测得约为 230 ~ 280，当 $Re < Recr$ 时，管中的流动为层流，当 $Re > Recr$ 时，管中的流动为湍流。

（1）紊流的不规则性。

紊流中流体质点的运动是杂乱无章、无规律的随机游动。由于紊流场中含有大大小小不同尺度的涡体，理论上并无特征尺度，因此这种随机游动必然要伴随有各种尺度的跃迁。

（2）紊流的随机性。

紊流场中质点的各物理量是时间和空间的随机变量，它们的统计平均值服从一定的规律。近年来随着分形、混沌科学的问世和非线性力学的迅速发展，人们对这种随机性有了新的认识。

紊流的随机性并不仅仅来自外部边界条件的各种扰动和激励，更多的来自于内部的非线性机制。混沌的发现大大地冲击了“确定论”，确定的方程系统并不像著名科学家 Laplace 所说的那样，只要给出定解条件就可决定未来的一切，而是确定的系统可以产生不确定的结果。混沌将确定论和随机论有机地联系起来，使人们更加确信，确定的 Navier-Stokes 方程组可以用来描述紊流［即一个耗散系统受非线性惯性力的作用，在一定的条件下可能发生多次非线性分叉（Bifurcation）而最终变成混乱的结构］。

（3）紊流的扩散性。

由于紊流质点的脉动和混掺，紊流中的动量、能量、热量、质量、浓度等物理量的扩散大大增加，明显大于层流中的情况。

2）过渡流

过渡流是流体的一种流动状态。当流速很小时，流体分层流动，互不混合，称为层流或片流；逐渐增加流速，流体的流线开始出现波浪状的摆动，摆动的频率及振幅随流速的增加而增加，此种流况称为过渡流；当流速增加到很大时，流线不再清楚可辨，流场中有许多小漩涡，称为湍流，又称为乱流、扰流或紊流。

这种变化可以用雷诺数来量化。雷诺数较小时，黏滞力对流场的影响大于惯性力，流场中流速的扰动会因黏滞力而衰减，流体流动稳定，为层流；反之，雷诺数较大时，惯性力对流场的影响大于黏滞力，流体的流动较不稳定，流速的微小变化容易发展、增强，形成紊乱、不规则的湍流流场。

流态转变时的雷诺数值称为临界雷诺数。一般管道雷诺数 $Re < 2\ 300$ 时为层流状态，$Re > 4\ 000$ 时为湍流状态，$Re = 2\ 300 \sim 4\ 000$ 时为过渡流状态。

3）理想液体和稳定流动

由于实际液体有黏性和可压缩性，液体在外力作用下流动时有内摩擦力，压力变化又会使液体的体积发生变化。这样就增加了讨论问题的难度。为了简化起见，推导基本方程时先假定液体为无黏性、不可压缩的理想液体，然后再根据实验结果，对理想液体的基本方程加以修正和补充，使之比较符合实际情况。

液体流动时，若液体中任一点处的压力、流速和密度不随时间而变化，则称之为稳定流动，反之，若压力、流速或密度中有一个参数随时间而变化，则称之为非稳定流动。稳定流动与时间无关，研究起来比较方便。

4）流量和平均流速

流量和平均流速是描述液体流动的主要参数，液体在管道中流动时，通常将垂直于液体流动方向的截面称为流通截面或过流断面。

（1）流量。单位时间流过某一过流断面的液体体积为流量，用 q_v 表示。

$$q_v = \frac{V}{t} \tag{2-15}$$

其单位为 m^3/s 或 L/min，换算关系为 $1\ m^3/s = 6 \times 10^3$ L/min。

（2）平均流速。由于液体都具有黏性，液体在管中流动时，在同一截面上各点的流速是不相同的，其分布规律为抛物线体，计算很不方便，因而引入一个平均流速的概念，即假设过流断面上各点的流速均匀分布。流速是指液流质点在单位时间内流过的距离，通常用 v 表示，即

$$v = \frac{s}{t} \tag{2-16}$$

其单位为 m/s 或 m/min。

若把上式中的分子和分母各乘以过流截面积 A 则得

$$v = \frac{sA}{tA} = \frac{q_v}{A} \tag{2-17}$$

在实际工程中，平均流速才具有应用价值。液压缸工作时，活塞运动的速度就等于缸内液体的平均流速。可以根据上述公式建立起活塞运动速度 v 与液压缸有效面积 A 和流速 q_v 之间的关系。活塞运动速度的大小由输入液压缸的流量来决定。

5）雷诺数

雷诺数公式为：

$$Re = \frac{d \cdot v}{\boldsymbol{v}} \tag{2-18}$$

式中，d——试管直径（cm）；

v——管中平均流速；

$\boldsymbol{v}$——液压油的运动黏度。

该装置中，d 与运动黏度 $\boldsymbol{v}$ 为常数，所以雷诺数 Re 与流速 v 成正比。若改变水从管中流动的速度，可改变流态。

4. 液体的静压力及其特性

液体静力学是研究液体处于相对平衡状态下的力学规律的实际应用。这里所说的相对平衡是指液体内部各个质点之间没有相对位移。

1）液体的静压力

当液体相对静止时，液体单位面积上所受的法向力称为压力，它在物理学中称为压强，但在液体传动中称为压力，压力通常用 P 表示。

$$P = \frac{F}{A} \tag{2-19}$$

在SI制中压力的单位为N/m^2（牛/米^2）或Pa（帕斯卡）。由于Pa单位太小，工程中使用不便，因而常采用kPa（千帕）和MPa（兆帕）。

$$1\ \text{MPa} = 10^3\ \text{kPa} = 10^6\ \text{Pa}$$

在液压技术中，原来采用的压力单位有巴（bar）和千克力每平方厘米（kgf/cm^2），它们必须全部换算成MPa。

$$1\ \text{bar} = 1.02\ \text{kgf/cm}^2 = 10^2\ \text{kPa} = 0.1\ \text{MPa}$$

当液体受到外力的作用时，就形成液体的压力。

2）液体静压力的特性

液体的压力沿着内法线方向作用于承压面，即静止液体承受的只是法向压力，而不承受剪切力和拉力。

静止液体内任一点所受到的静压力在各方向上都相等。

5. 压力损失

测试薄壁小孔的“压差－流量”特性时，将薄壁小孔试件置于操作油路中，通过对节流阀的调整，由小至大逐点改变通过试件的流量，测量记录薄壁小孔的入口压P_1（MPa）、出口压P_2（MPa）和流量q（L/min），将测试数据绘制成$\Delta p - q$特性曲线（$\Delta p = p_1 - p_2$）。

理论上，薄壁小孔的前后压差Δp与通过薄壁小孔的流量q之间有一定的关系。

在液压传动系统中常遇到油液流经小孔或间隙的情况，例如节流调速中的节流小孔、液压元件相对运动表面间的各种间隙。研究液体流经这些小孔和间隙的流量压力特性，对于研究节流调速性能、计算泄漏都是很重要的。

1）管路内压力损失的计算

实际上液体具有黏性，同时液体在流动时会产生撞击和出现旋涡等，因而其在流动时会有阻力，为了克服阻力，就造成一部分能量损失。在液压管路中能量损失表现为液体压力损失。

液体压力损失分为两种，一种是沿程压力损失，一种是局部压力损失。

2）沿程压力损失

液体在等径直管中流动时因内外摩擦而产生的压力损失，称为沿程压力损失。它主要决定于液体的流速、黏性和管道的长度以及油管的内径等。经理论推导，液体流经等径为d的直管时在管长为l的段上的压力损失的计算公式为

$$\Delta p_\lambda = \lambda \frac{l \rho v^2}{d^2} \tag{2-20}$$

式中，v——液流的平均速度；

ρ——液体的密度；

λ——沿程阻力系数，它可适用于层流和紊流，只是λ选取的数值不同。对于圆管流层，理论值$\lambda = 64/Re$。考虑到实际圆管截面可能有变形以及靠近管壁处的液体也有可能被冷却，阻力略有加大。实际计算时对金属管应取$\lambda = 75/Re$，对橡胶管应取$\lambda = 80/Re$。紊流时，当$2.3 \times 10^3 < Re < 10^5$时，可取$\lambda \approx 0.316\,4Re^{0.25}$。因而计算沿程压力损失时，先判断流态，取正确的流程阻

力系数 λ 值，然后按式（2－20）进行计算。

3）局部压力损失

液体流经管道的弯头、接头、突变截面以及阀口时，流速的方向和大小发生剧烈变化，形成旋涡、脱流，因而液体质点相互撞击，造成能量损失，这种能量损失表现为局部压力损失。由于流动状况极为复杂，影响因素较多，局部压力损失的阻力系数一般要靠实验来确定。局部压力损失 Δp_ζ 的计算公式为

$$\Delta p_\zeta = \zeta \frac{\rho v^2}{2} \tag{2-21}$$

式中，ζ——局部阻力系数，由实验求得，一般可查有关手册。

液体流过各种阀类的局部压力损失常用以下实验公式计算：

$$\Delta p_V = \Delta p_n \left(\frac{q}{q_n}\right)^2 \tag{2-22}$$

式中，q_n——阀的额定流量；

Δp_n——阀在额定流量下的压力损失（可从阀的样本手册中查到）；

q——通过阀的实际流量。

4）管路系统的总压力损失

管路系统的总压力损失等于所有沿程压力损失和所有局部压力损失之和，即

$$\sum \Delta p = \sum \Delta p_\lambda + \sum \Delta p_\zeta + \Delta p_V \tag{2-23}$$

液压传动中的压力损失，绝大部分转变为热能，造成油温升高，泄漏增多，使液压传动效率降低，甚至影响系统的工作性能，所以应注意尽量减少压力损失。布置管道时应尽量缩短管道的长度，减少管道弯曲和截面的突然变化，管内壁力求光滑，选用合理管径，采用较低流速，以提高系统效率。

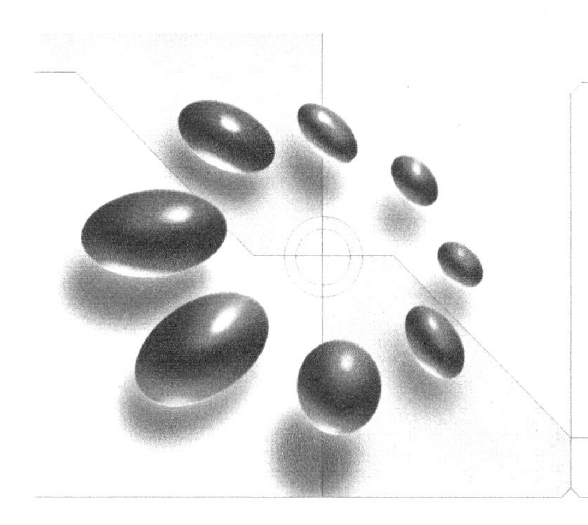

项目3 液压泵的拆装及维护

项目目标

(1) 液压工的岗位，泵的安装、调试。

(2) 设计岗位，泵的结构修改设计。

(3) 机械维修岗位，泵的维修、保养。

教学目标

(1) 通过教师提供资料与学生自己查阅资料，让学生了解泵的种类及用途。

(2) 教师告知学生泵的拆装要求与拆装要点，学生通过拆装泵理解其结构与原理。

(3) 教师讲解泵的作用、工作原理、结构特点等知识。

(4) 对照实物与图片，教师与学生分析泵的常见故障。

3.1 CB－B型齿轮泵的拆装及维护

项目导入

图3－1所示为CB－B型齿轮泵的拆装结构图，其应用广泛，现对其结构、工作原理进行分析。

图 3-1 CB-B 型齿轮泵的拆装结构

相关知识

液压泵是液压系统的动力元件，通过对此种泵的拆装，不但可以搞清楚结构图上难以表达的复杂结构和空间油路，还可以感性地认识各个元件的外形尺寸及有关零件的安装部位，而且对一些零件的材料、工艺及配合要求进行初步的了解，使学生对 CB-B 型齿轮泵的结构深入了解，并能依据流体力学的基本概念和定律来分析总结容积式泵的特性，掌握其他液压泵的工作原理、结构特点、使用性能等。同时锻炼学生的实际动手能力，以便其在将来的工作实践中能正确选用、维修相关元件，并能对液压元件的加工及装配工艺有一个初步的认识。

液压泵的图形符号如图 3-2 所示。

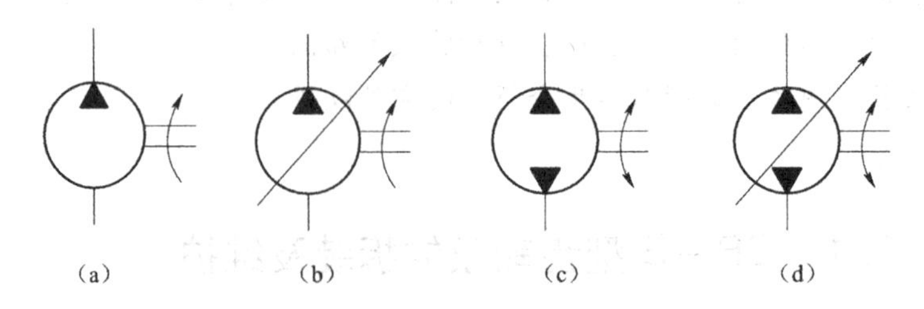

图 3-2 液压泵的图形符号

(a) 单向定量泵；(b) 单向变量泵；(c) 双向定量泵；(d) 双向变量泵

3.1.1 CB-B 型齿轮泵的结构及工作原理

齿轮泵的主要结构形式有外啮合和内啮合两种。外啮合式齿轮泵由于结构简单、价格低廉、体积小、重量轻、自吸性能好、对油液污染不敏感，所以应用广泛。其缺点是流量脉动大、噪声大。

CB－B 型齿轮泵如图 3－3 所示，其为外啮合容积式齿轮泵，主要由泵体、齿轮、前盖、后盖、轴承、骨架油封等零部件组成。

CB－B 型齿轮泵的泵体、前盖、后盖选用 HT250 灰铸铁，齿轮采用优质粉末冶金，泵轴选用 40Cr 结合钢淬硬处理，轴承选用 SF－1 无油润滑轴承或滚针轴承，密封采用双唇丁睛橡胶，其使齿轮泵工作性能稳定，耐磨损，寿命长，使用斜齿轮时声音会更低。

齿轮泵具有结构简单、制造方便、成本低、价格低廉、体积小、重量轻的优点。其工艺性好，自吸能力强，对油液污染不敏感，工作可靠，广泛应用于各种液压系统中。

CB－B 型齿轮泵的结构及工作原理如图 3－3 所示。

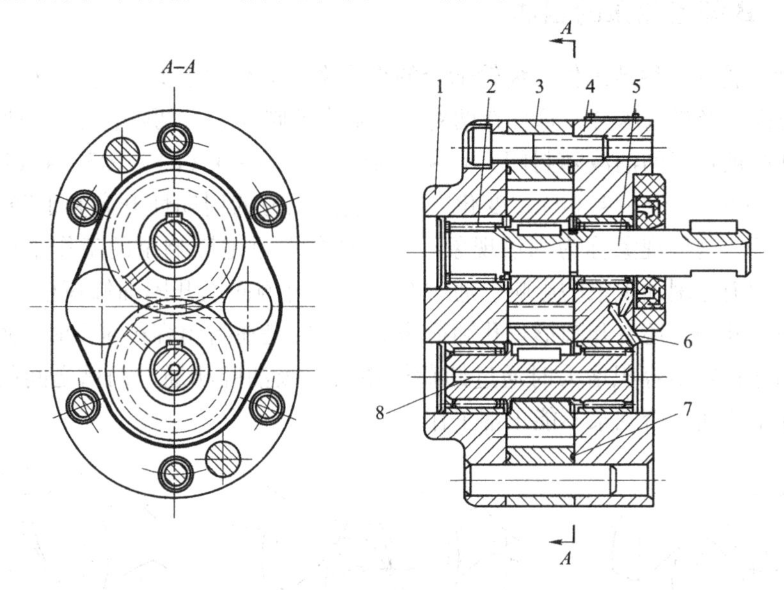

图 3－3 CB－B 型齿轮泵的结构及工作原理

1—后盖板；2—滚针轴承；3—泵体；4—前盖板；5—长轴；6—泄油通道；7—卸荷沟；8—压盖

在吸油腔，轮齿在啮合点相互从对方齿谷中退出，密封工作空间的有效容积不断增大，完成吸油过程。在排油腔，轮齿在啮合点相互进入对方齿谷中，密封工作空间的有效容积不断减小，实现排油过程。

CB－B 型齿轮泵在泵体内有一对等模数、齿数的齿轮，当吸油口和压油楼各用油管与油箱和系统接通后，齿轮各齿间槽和泵体以及与齿轮前后端面贴合的前后端盖（图中未表示）间形成密封工作腔，而啮合线又把它们分隔为两个互不串通的吸油腔和压油腔。当齿轮按图示方向旋转时，右侧轮齿脱开啮合（齿与齿分离时），让出空间使容积增大，形成真空，在大气压力的作用下从油箱吸进油液，并被旋转的齿轮带到左侧。在左侧进入啮合时，其使密封容积缩小，油液从齿间被挤出输入系统而压油。这就是齿轮泵的工作原理。

3.1.2 CB－B 型齿轮泵的性能参数

CB－B 型齿轮泵的排量可看作两个齿轮的齿槽容积之和。若假设齿槽容积等于齿轮体积，那么齿轮泵的排量就等于一个齿轮的齿槽和齿轮体积的总和。当齿轮齿数为 z、模数为 m、节圆直径为 D（其值等于 mz）、有效齿高为 $h=2m$、齿宽为 B 时，泵的排量为

$$V=\pi DhB=2\pi zm^2B \qquad (3-1)$$

实际上，齿间槽容积比轮齿体积稍大一些，所以通常取 π 为 3.33 加以修正，则上式变为

$$V=6.66zm^2B \qquad (3-2)$$

齿轮泵的流量为

$$q=6.66zm^2Bn\eta_V \qquad (3-3)$$

上式中的 q 是齿轮泵的平均流量。实际上齿轮泵的输油量是有脉动的。流量的脉动引起压力脉动，随之产生振动与噪声，所以在精度要求高的场合不宜采用齿轮泵供油。

3.1.3 CB－B 型齿轮泵的困油

CB－B 型齿轮要平稳地工作，齿轮啮合的重叠系数必须大于1，当前一对齿尚未退出啮合时，后一对齿已经进入啮合，这样在两对轮齿啮合的瞬间，在两啮合处之间形成了一个密封的容积，其内被封闭的油液随封闭容积从大到小［图 3－4（a）~图3－4（b）］，又从小到大［图 3－4（b）~图3－4（c）］变化。被困油液压力的周期性升高和下降会引起振动、噪声和空穴现象，这种现象称为困油现象。困油现象严重地影响泵的工作平稳性和使用寿命。为了减轻和消除困油现象的影响，通常在两端盖内侧面上开困油卸荷槽，有对称开的，也有偏向吸油腔开的，还有开圆形盲孔卸荷槽的。目的是在封闭容积减小时，通过卸荷槽使其与压油腔相通；封闭容积增大时通过卸荷槽使其与吸油腔相通。两槽之间的距离应保证吸、压油腔互不相通，否则泵不能正常工作。

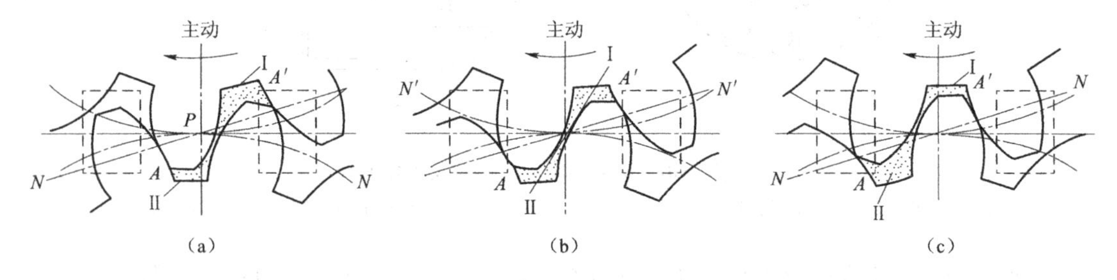

图 3－4 CB－B 型齿轮泵的困油现象

3.1.4 CB－B 型齿轮泵的拆装过程

1. 操作设备、操作用工具及材料

（1）拆装试验台（包括拆装工具一套）；

（2）内六角扳手、固定扳手、螺丝刀、CB－B 型齿轮泵；

（3）拆装的液压泵。

2. 具体操作过程

（1）先用内六角扳手在对称位置松开 6 个紧固螺栓，之后取掉螺栓，取掉定位销，掀去前泵盖，观察卸荷槽、吸油腔、压油腔等的结构，弄清楚其作用并分析工作原理。

（2）从泵体中取出主动齿轮及轴、从动齿轮及轴。

（3）分解端盖与轴承、齿轮与轴、端盖与油封（此步可以不做）。

（4）装配步骤与拆卸步骤相反。

3. 装配要点与维修注意事项

（1）仔细清选零件。

（2）各零件原规定的锐角处应保持锐角，不可倒角修圆。

（3）滚针装在轴承座圈内应充满，不得遗漏，滚针轴承应垂直压入前后盖板孔内，滚针在轴承保持架内应转动灵活无阻。

（4）长、短轴上之平键与齿轮配合，侧向间隙不应过大，顶面不得碰擦，且能轻松推进，轴不得在齿轮内产生径向摆动现象。

（5）CB－B型齿轮泵的径向间隙为0.13～0.16 mm，轴向间隙为0.03 mm。

（6）装配后旋转主动轴（长轴），保证用手旋转时平稳无阻滞现象。

（7）在拆装操作中要注意观察齿轮泵泵体中铸造的油道、骨架油封的密封唇口的方向、主被动齿轮的啮合情况、各零部件间的装配关系、安装方向等，随时做好记录，以便下一步进行安装。

（8）装配时要特别注意骨架油封的装备。应使骨架油封的外侧油封的密封唇口向外，内侧油封唇口向内。装配主动轴时应防止其擦伤骨架油封唇口。

（9）装配后向油泵的进出油口注入机油，用手转动时应均匀无过紧感觉。

3.1.5　常见故障及维护

齿轮泵的常见故障有容积效率低、压力提不高、噪声大、堵头或密封圈被冲出等。产生这些故障的原因及维护方法见表3－1。

表3－1　齿轮泵的常见故障及维护方法

故障现象	原　因	维　护
噪声大	（1）吸油管接头、泵体与盖板结合面、堵头和密封圈等处密封不良，有空气被吸	更换密封圈；用环氧树脂粘结剂涂敷堵头配合面再压进；用密封胶涂敷管接头并拧紧；修磨泵体与盖板结合面，保证平面度不超过0.005 mm
	（2）端面间隙过小	配磨齿轮、泵体和盖板端面，保证端面间隙
	（3）齿轮内孔与端面不垂直、盖板上两孔轴线不平行、泵体两端面不平行等	拆检，修磨或更换有关零件
	（4）两盖板端面修磨后，两困油卸荷槽距离增大，产生困油现象	修整困油卸荷槽，保证两槽的距离
	（5）装配不良，如主动轴转一周有时轻时重现象	拆检，装配调整
	（6）滚针轴承等零件损坏	拆检，更换损坏件
	（7）泵轴与电动机轴不同轴	调整联轴器，使同轴度误差小于ϕ0.1 mm
	（8）出现空穴现象	检查吸油管、油箱、过滤器、油位及油液黏度等，排除空穴现象

续表

故障现象	原　因	维　护
容积效率低、压力提不高	(1) 端面间隙和径向间隙过大	配磨齿轮、泵体和盖板端面，保证端面间隙；将泵体相对于两盖板向压油腔适当平移，保证吸油腔处的径向间隙，再紧固螺钉，试验后，重新配钻、铰销孔，用圆锥销定位
	(2) 各连接处泄漏	紧固各连接处
	(3) 油液黏度太大或太小	测定油液黏度，按说明书的要求选用油液
	(4) 溢流阀失灵	拆检、修理或更换溢流阀
	(5) 电动机转速过低	检查转速，排除故障根源
	(6) 出现空穴现象	检查吸油管、油箱、过滤器、油位等，排除空穴现象
堵头或密封圈被冲掉	(1) 堵头将泄漏通道堵塞	将堵头取出，涂敷上环氧树脂粘结剂后，重新压进
	(2) 密封圈与盖板孔配合过松	检查、更换密封圈
	(3) 泵体装反	纠正装配方向
	(4) 泄漏通道被堵塞	清洗泄漏通道

项目任务单

项目任务单见表3-2，项目考核评价表见表3-3。

表3-2　项目任务单

项目名称	液压泵的拆装及维护						对应学时	12
名称	CB-B型齿轮泵的拆装及维护							4
任务描述	工作步骤： (1) 详细解读操作步骤； (2) 观察、分析CB-B型齿轮泵的结构； (3) 叙述操作过程； (4) 确定操作方案； (5) 实施拆装过程							
时间安排 (180 min)	下达任务 (20 min)	资讯 (20 min)	初定方案 (30 min)	讲授 (30 min)	操作过程 (40 min)	评价 (20 min)	作业及下发任务 (20 min)	
提供资料	(1) 校本教材； (2) 机械加工手册； (3) 刀具手册							
对学生的要求	(1) 掌握齿CB-B型轮泵的结构； (2) 掌握齿轮泵的性能； (3) 了解拆装时的注意事项； (4) 学习齿轮泵的维修保养；							

续表

<table>
<tr><td>项目名称</td><td>液压泵的拆装及维护</td><td rowspan="2">对应
学时</td><td>12</td></tr>
<tr><td>名称</td><td>CB－B 型齿轮泵的拆装及维护</td><td>4</td></tr>
<tr><td>对学生的要求</td><td colspan="3">（5）了解 CB－B 型齿轮类油泵的结构特点和装配程度；
（6）根据实物，画出齿轮泵的工作原理简图；
（7）简要说明齿轮泵的结构组成；
（8）对齿轮泵拆装质检；
（9）检测被拆装泵体</td></tr>
<tr><td>思考问题</td><td colspan="3">（1）齿轮泵由几大部件组成，由哪些连结螺钉固定安装？
（2）组成齿轮泵的密封工作空间指的是哪一部分，齿轮泵的密封工作间有多少个？
（3）齿轮泵有没有特殊的配油装置，它是如何完成进排油的分配的？
（4）参照齿轮泵结构图，找到 a、b、c、d 小孔的位置，分析它们有什么作用？
（5）动手操作，完成一台齿轮泵的装配过程。
（6）齿轮泵在结构上存在那些问题？
（7）该泵如何减小径向力不平衡的问题？
（8）如何理解“液压泵压力升高会使流量减小”这句话？
（9）油液是从哪个油口吸入的？又是怎样进入压油腔的？
（10）齿轮泵的困油问题在结构上是如何解决的？
（11）齿轮泵的 3 个泄漏渠道在什么部位？端面整体环形小槽起什么作用</td></tr>
</table>

表 3－3 项目考核评价表

<table>
<tr><td colspan="2">记录表编号</td><td>操作时间</td><td colspan="2">20 min</td><td>姓名</td><td colspan="2">总分</td></tr>
<tr><td>序号</td><td>考核项目</td><td>考核内容及要求</td><td>分值</td><td colspan="2">评分标准</td><td>互评</td><td>自评</td></tr>
<tr><td>1</td><td>安全文明生产</td><td>（1）遵守拆装安全操作规程；
（2）工具、量具放置规范；
（3）设备保养、场地整洁</td><td>20</td><td colspan="2">酌情扣 1～10 分</td><td></td><td></td></tr>
<tr><td>2</td><td>工艺合理</td><td>（1）选择工具合理；
（2）拆装顺序合理</td><td>30</td><td colspan="2">酌情扣 1～20 分</td><td></td><td></td></tr>
<tr><td>3</td><td>拆装正确</td><td>（1）拆装正确，程序完整；
（2）零件的拆装磨损情况；
（3）拆装零件的流程正确、合理</td><td>30</td><td colspan="2">酌情扣 1～20 分</td><td></td><td></td></tr>
<tr><td>4</td><td>协作能力</td><td>同组间的协作性、团结性</td><td>20</td><td colspan="2">酌情扣 1～10 分</td><td></td><td></td></tr>
<tr><td>5</td><td colspan="7">对于重大事故（人身和设备安全事故）、严重违反工艺原则和情节严重的野蛮操作等，由监考人决定取消其实操资格</td></tr>
</table>

3.2 YB 型叶片泵的拆装及维护

项目导入

图 3-5 所示为 YB 型叶片泵拆装结构图，其应用广泛，现对其结构、工作原理进行分析和拆装。

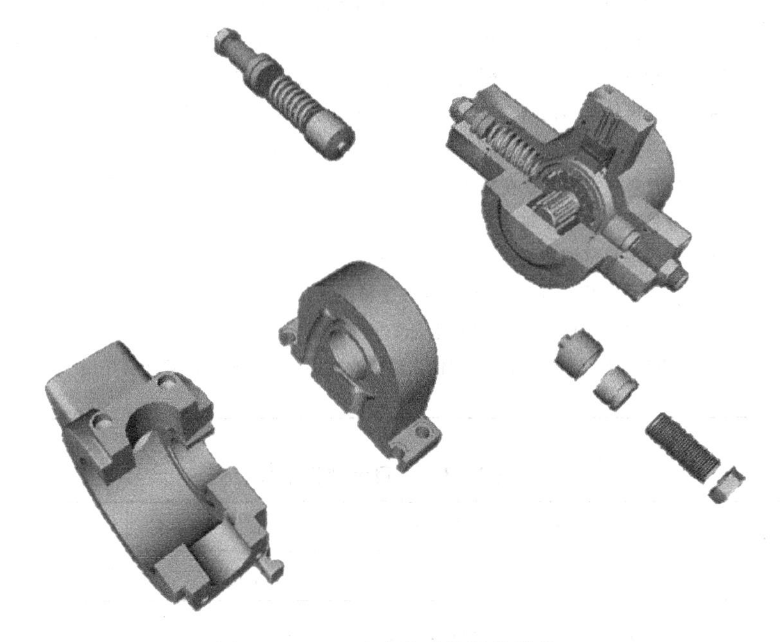

图 3-5 YB 型叶片泵的拆装结构

相关知识

叶片泵在机床液压系统中和部分工程机械中应用很广，它和其他液压泵相比较具有结构紧凑、外形尺寸小、流量均匀、运转平衡、噪声小等优点。其结构比较复杂、自吸性能差、对油液污染较敏感。叶片泵按其输出流量是否可调节可分为定量叶片泵和变量叶片泵两类。叶片油泵也分单作用叶片泵和双作用叶片泵，单作用泵可作变量泵使用，但工作压力较低，双作用叶片泵均为定量泵，工作压力可达 6.5 ~ 14 MPa。

YB 型叶片泵是我国自行设计的，性能较好的一种双作用式叶片泵，它的突出优点是结构对称、受力平衡、转子上基本上不受径向负荷。YB 型叶片泵的工作压力一般为 6.3 MPa，容积效率可达 90%。

3.2.1 YB型叶片泵的结构及工作原理

1. 结构及工作原理

图3-6所示为YB型叶片泵的工作原理。

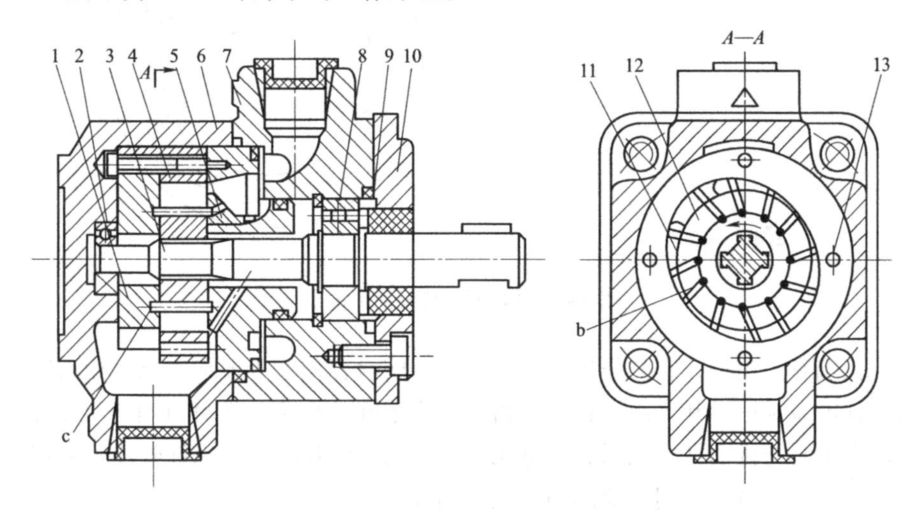

图3-6 YB型叶片泵的工作原理

1、5—配油盘；2—轴承；3—转动轴；4—定子；6—后泵体；7—前泵体；8—轴承；9—密封圈；10—压盖；11—叶片；12—转子；13—螺钉

它主要由前泵体7和后泵体6、左右配油盘1和5、定子4、转子12、叶片11及转动轴3等组成，定子内表面由2段长半径R圆弧、两段短半径r圆弧和4段过渡曲线8个部分组成，且定子和转子是同心的。

转子旋转时，叶片靠离心力和根部油压的作用伸出紧贴在定子的内表面上，两叶片之间和转子的外圆柱面、定子内表面及前后配油盘形成了一个密封工作容腔。图中转子逆时针方向旋转时，密封工作腔的容积在右上角和左下角处逐渐增大，形成局部真空而吸油，为吸油区。在左上角和右下角处逐渐减小而压油，为压油区。吸油区和压油区之间有一段油区把它们隔开。这种泵的转子每转一周，每个密封工作腔吸油、压油各2次，故称双作用叶片泵。泵的两个吸油区和压油区是径向对称的，作用在转子上的径向液压力平衡，所以又称为平衡式叶片泵。

它的结构有以下几个特点：

（1）油口与压油口有4个相对位置。前后泵体的4个连接螺钉布置成正方形，所以前泵体的压油口可变换4个相对位置装配，方便使用。

（2）采用组合装配和压力补偿配油盘。左右配油盘、定子、转子、叶片可以组成一个组件。2个长螺钉13为组件的进紧固螺钉，它的头部作为定位销插入后泵体6的定位孔内，并保证配油盘上吸、压油窗的位置能与钉子内表面的过渡曲线相对应。当泵运转建立压力后，配油盘5在右侧压力油的作用下，产生微量弹性变形，紧贴在定子上以补偿轴间隙，减少内泄漏，有效地提高了容积效率。

（3）配油盘。配油盘上的上、下两缺口b为吸油窗口，两个腰形孔a为压油窗口，相隔部分为封油区域（图3-7）。

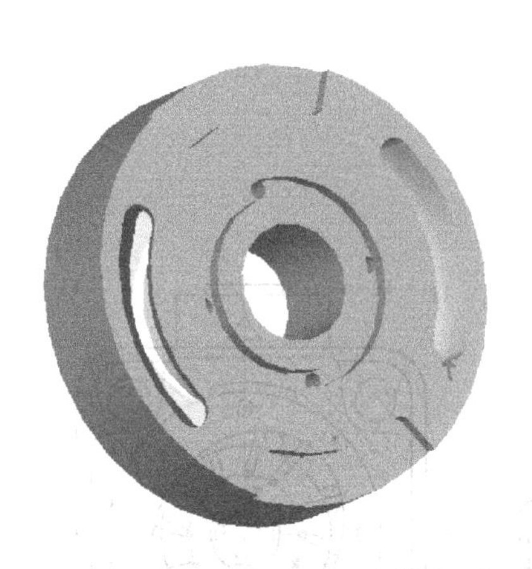

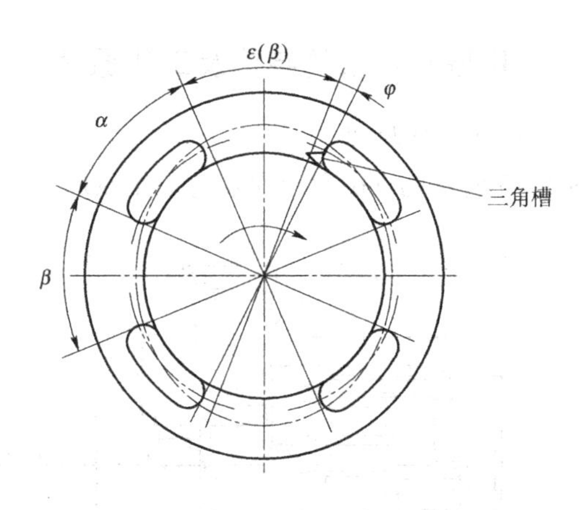

图 3－7 YB 型叶片泵的配油盘

在腰形孔端有三角槽，它的作用是使叶片间的密封容积逐步地和高压腔相通以避免产生液压冲击，且可减少振动和噪声。在配油盘上对应于叶片根部位置处开有一环形槽 c，在环形槽内有两个小孔与排油孔道相通，引进压力油作用于叶片底部，保证叶片紧贴定子内表面以可靠密封，泄漏孔将泵体间的泄漏油引入吸油腔。

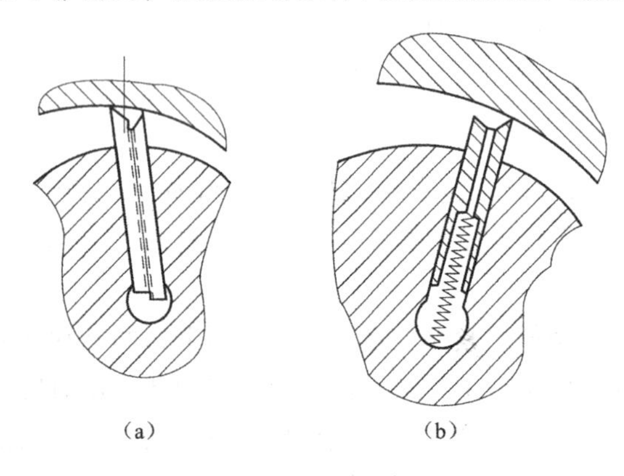

图 3－8 叶片的倾角

(4) 定子内曲线。定子的内曲线由 4 段圆弧和 4 段过渡曲线组成。理想的过渡曲线能使叶片顶紧定子内表面，又能使叶片在转子的槽在过渡曲线和弧线交接点处变小，减少了冲击、噪声及磨损。目前双作用叶片泵一般都使用综合性能较好的等加速、等减速曲线作为过渡曲线。

(5) 叶片倾角。目前国产双作用叶片泵的叶片在转子槽放置时不采用径向安装，而是有一个顺转向的前倾角，如图 3－8 所示。

其理由是，在压油区，如叶片径向安放，叶片和定子曲线有压力角 β，定子对叶片的反向力 F 在垂直叶片方向上的分力（$F_t=\sin\beta F$）使叶片产生弯曲，将叶片压紧在叶片槽的侧壁上。这样摩擦力增大，使叶片内缩不灵活，会使磨损增大，所以将叶片顺转向倾斜一个角度 θ（通常 $\theta=13°$）。这样使压力角减为 $\alpha=\beta-\theta$。压力角减小有利于叶片在槽内滑动。

它是目前液压系统中应用最广的一种低噪声油泵。目前还没有能代替它的油泵，其发展前景受到液压系统的限制，一般一套液压系统只用一台叶片泵。

2. 性能参数

由叶片的工作原理可知，叶片泵轴每转一周两叶片间排出的液体，等于大圆弧段的容积减去小圆弧的容积。若叶片数为 z，则泵轴每转一周时排出的液体的体积等于一个环形体积。由于其是双作用叶片泵，故其排量为两倍的环形体积（不计叶片所占的容积），即

$$V_0=2\pi(R^2-r^2)B$$

叶片所占的容积为：

$$V' = 2\frac{R-r}{\cos\theta}B\delta z$$

排量为：

$$V = V_0 - V' = 2B\left[\pi(R^2 - r^2) - \frac{(R-r)\delta z}{\cos\theta}\right] \quad (3-4)$$

流量为：

$$q = 2B\left[\pi(R^2 - r^2) - \frac{(R-r)\delta z}{\cos\theta}\right]n\eta_V \quad (3-5)$$

式中，B——定子宽度；

δ——叶片厚度；

θ——叶片倾角。

由式（3－5）可知，如不考虑叶片厚度，则双作用叶片泵的流量是均匀的，无流量脉动。这是因为在转子转动时，压油窗口处的叶片前后两个工作腔之间互相接通（图3－7），形成了一个组合的密封工作腔，随着转子的匀速转动，位于大、小半径圆弧处的叶片在圆弧上滑动，压油腔的容积不变，因此泵的瞬时流量也是均匀的。由于叶片有厚度，根部又连通压油腔，在吸油区叶片不断伸出，根部容积要由压力油补充，减少了输出流量，造成少量流量脉动。通过理论分析可知，流量脉动率在叶片数目的整数倍且大于8时最小，故定量叶片泵的叶片数为10或12。

项目实施

3.2.2 YB型叶片泵的拆装过程

1. 设备操作用工具及材料

（1）设备名称：拆装试验台（包括拆装工具1套）；

（2）内六角扳手、固定扳手、螺丝刀、齿轮泵（低压、中高压外啮合）；

（3）YB型双作用定量叶片泵。

2. 具体拆装过程

叶片泵具有结构紧凑、流量均匀、噪声小、运动平稳的特点，因而被广泛应用于低、中压系统中。本操作所拆装的叶片泵有双左右定量叶片泵和单左右变量叶片泵两种。

（1）主要掌握两种叶片泵的结构，理解其工作原理、使用性能，并能正确拆装。

（2）观察YB型双作用定量叶片泵的结构特点（钉子环内表面呈曲线形状）、配油盘的作用及尺寸角度要求、转子上叶片槽的倾角。

（3）观察限压式变量叶片泵的结构特点：转子上叶片槽的倾角、定子环的形状、配油盘的结构、泵体上调压弹簧及流量调节螺钉的位置。

（4）理解单作用变量叶片泵的使用性能，能够绘制其性能曲线。

3. 装配要点及注意事项

（1）装配前各零件必须仔细清洗干净，不得有切屑磨粒或其他污物。

（2）叶片在转子槽内，能自由灵活转动，其间隙为0.015～0.025 mm。

(3) 叶片高度略低于转子的高度，其值为0.005 mm。

(4) 转子及叶片在定子中应保持原装配方向，不可反装。

(5) 轴向间隙控制在0.04~0.07 mm范围之内。

(6) 紧固螺钉时用力必须均匀。

(7) 装配完工后用手旋转主动轴，应保持平稳，使其无阻滞现象。

叶片泵转子每转一周，每个工作空间完成一次吸油和压油，单作用叶片泵叶片的伸出主要靠离心力的作用，叶片槽根部分别接通吸、压力油腔，以保证叶片所受合力与运动方向一致，减少叶片受弯的力。单作用叶片泵的叶片后倾θ角；双作用叶片泵叶片的伸出主要靠离心力和压力油的作用，叶片槽根部全部通压力油，为减少叶片受弯的力，双作用叶片泵的叶片前倾θ角。所以，不管是双作用叶片泵还是单作用叶片泵，一旦安装好将不能反转。

3.2.3 常见故障及维护

YB型叶片泵的常见故障有：输出流量不足、压力不高、噪声和振动严重等。产生这些故障的原因及维护见表3-4。

表3-4 YB型叶片泵的常见故障及维护方法

故障现象	产生原因	维护方法
输油量不足，压力不高	① 连接处密封不严密，吸入空气	检查吸油口及连接处是否泄漏，紧固各连接件
	② 个别叶片移动不灵活	对不灵活的叶片单独研配
	③ 叶片或转子装反	重新装配纠正
	④ 配油盘内孔磨损	严重磨损时应更换
	⑤ 转子叶片槽和叶片间隙过大	单配叶片
	⑥ 叶片与定子内环曲线接触不良	定子磨损一般发生在吸油腔，对于双作用叶片泵，可将其翻转180°，在对称位置重新加工定位孔
	⑦ 吸油不畅通	清洗过滤器，定期更换液压油
噪声和振动严重	① 有空气侵入	检查吸油管、油封及油面高度
	② 配流盘端面与内孔不垂直或叶片本身垂直度不好	修磨配流盘端面和叶片侧面，使其垂直度在10 μm之内
	③ 配流盘上的三角形节流槽太短	适当用锉刀将其修长
	④ 叶片倾角大小或高度不一致	可将原C0.5倒角加大为C1或将其加工成圆弧形；修磨或更换叶片使其高度一致
	⑤ 转速过高	适当降低转速
	⑥ 轴的密封面过紧	适当调整密封圈，使之松紧适度
	⑦ 吸油不好或油面过低	清理吸油路，加油至油面要求高度

项目任务单

项目任务单见表3-5，项目考核评价表见表3-6。

表 3-5　项目任务单

<table>
<tr><td>项目名称</td><td colspan="5">液压泵的拆装及维护</td><td rowspan="2">对应学时</td><td>12</td></tr>
<tr><td>名称</td><td colspan="5">YB 型叶片泵的拆装及维护</td><td>2</td></tr>
<tr><td>任务描述</td><td colspan="7">工作步骤如下：
（1）详细解读操作步骤；
（2）观察、分析 YB 型叶片泵的结构；
（3）叙述操作过程；
（4）确定操作方案；
（5）认真、细致地完成泵的装配</td></tr>
<tr><td>时间安排
（90 min）</td><td>下达任务
（10 min）</td><td>资讯
（10 min）</td><td>初定方案
（15 min）</td><td>讲授
（15 min）</td><td>操作过程
（20 min）</td><td>评价
（10 min）</td><td>作业及下发任务
（10 min）</td></tr>
<tr><td>提供资料</td><td colspan="7">（1）校本教材；
（2）机械加工手册；
（3）刀具手册</td></tr>
<tr><td>对学生的要求</td><td colspan="7">（1）掌握 YB 型叶片泵的结构；
（2）掌握叶片泵的结构特点；
（3）了解拆装时的注意事项；
（4）掌握叶片的维修保养方法；
（5）了解 YB 型叶片泵的装配程序及结构特点；
（6）根据实物，画出叶片泵的工作原理简图；
（7）简要说明叶片泵的结构组成；
（8）对叶片泵拆装质检；
（9）检测被拆装的泵体</td></tr>
<tr><td>思考问题</td><td colspan="7">（1）密封的工作容积是怎样形成的？在此工作容积下，各个部件的安装位置如何？
（2）定子的形状是怎样的？转子与定子的相对安装位置如何？叶片的安装位置怎样？
（3）配油盘除开有通油窗口外，还开有与压油腔相通的环形槽 c，试分析环形槽 c 的作用，搞清其在泵体中的对应位置。
（4）YB 型双作用定量叶片泵的结构有什么特点？叙述其原理。
（5）困油问题是怎样解决的，配油盘上的三角槽的作用是什么？
（6）如何保证叶片与定子环的密封？组装时需注意哪几个问题？
（7）装配时如何保证配流盘吸、压油窗口的位置与定子内表面的曲线相一致？
（提示：叶片的转子与其两侧的配流盘由长销连接与定位，长销固定在后泵体内，故能保证配流盘上吸油、压油窗口的位置和定子内表面的曲线相一致。后泵体相对于前泵体可以在 90°的范围内任意回转安装，以便于用户把手放在合适的吸油口和排油口位置）
（8）YB 型叶片泵配油窗口一侧为何开有三角槽？
（9）观察配油盘的结构，各主要零件的作用是什么？吸油口和压油口的相对位置如何？
（10）观察叶片泵的结构，各主要零部件的用途和加工要求是什么？各部件的材料及配合程度如何？
（11）和齿轮泵比较，叶片泵有何特点？
（12）泵体内密封圈的形状和安放位置怎样？固定销和连接螺栓的位置及作用是什么？为什么要设置防尘盖</td></tr>
</table>

表 3-6　项目考核评价表

记录表编号		操作时间	20 min	姓名		总分	
序号	考核项目	考核内容及要求		分值	评分标准	互评	自评
1	安全文明生产	（1）遵守拆装安全操作规程； （2）工具、量具放置规范； （3）设备保养、场地整洁		20	酌情扣 1～10 分		
2	工艺合理	（1）选择工具合理； （2）拆装顺序合理		30	酌情扣 1～20 分		
3	拆装正确	（1）拆装正确，程序完整； （2）零件的拆装磨损情况； （3）拆装零件的方法正确、合理		30	酌情扣 1～20 分		
4	协作能力	同组间协作性，团结性		20	酌情扣 1～10 分		
5	对于重大事故（人身和设备安全事故）、严重违反工艺原则和情节严重的野蛮操作等，由监考人决定取消其实操资格						

知识拓展

1. 单作用叶片泵

单作用叶片泵工作原理如下：单作用叶片泵是由转子、定子、叶片和配油盘等零件组成的，如图 3-9 所示。转子有径向斜槽，内装叶片，配油盘装在转子两边，单作用叶片泵的转子回转时，由于离心力的作用，叶片紧靠在定子内壁，这样在定子、转子、叶片和两侧配油盘间就形成若干个密封的工作区间，当转子回转时，叶片逐渐伸出，叶片间的工作空间逐渐增大，从吸油口吸油，这就是吸油腔。叶片被定子内壁逐渐压进槽内，工作空间逐渐减小，将油液从压油口压出，这就是压油腔。

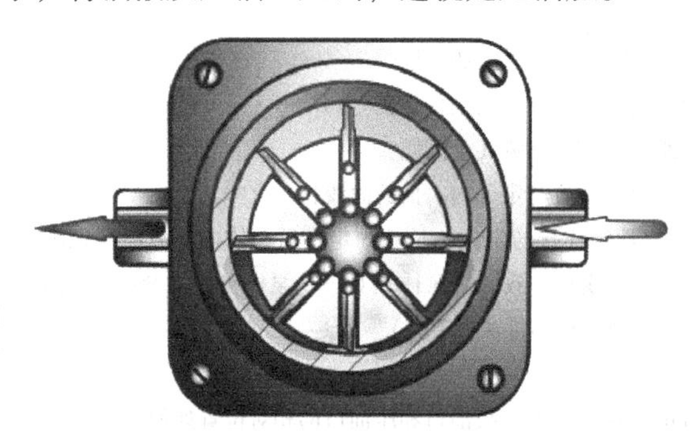

图 3-9　单作用叶片泵

单作用叶片泵一般是奇数，为 15 个左右。单作用叶片泵有一些可变量，但是不可以双向变量。单作用叶片泵的卸荷槽用来卸压，防止叶片因为负荷过大、应力集中而变形或者产生裂纹。单作用叶片泵取反方向倾角是为了抵消轴向力。

叶片泵的结构较齿轮泵复杂，但其工作压力较高，且流量脉动小，工作平稳、噪声较小、寿命较长，所以它被广泛应用于机械制造中的专用机床、自动线等中低液压系统中，但其结构复杂，吸油特性不太好，对油液的污染也比较敏感。

单作用叶片泵的排量和流量计算简图如图 3-10 所示。定子、转子的直径分别为 D 和 d，宽度为 B，两叶片间的夹角为 β，叶片数为 Z，定子与转子的偏心量为 e。当泵的转子转动时，两相邻叶片间的密封容积的变化量为 V_1-V_2。若把 AB 和 CD 看作是以 O_1 为中心的圆弧，则有：

$$V_1=\frac{1}{2}\left[\left(\frac{D}{2}+e\right)^2+\left(\frac{d}{2}\right)^2\right]\beta B$$

$$V_2=\frac{1}{2}\left[\left(\frac{D}{2}-e\right)^2-\left(\frac{d}{2}\right)^2\right]\beta B$$

所以，单作用叶片泵的排量为

$$V=(V_1-V_2)Z=2\pi DBe \qquad (3-6)$$

泵的实际流量 q 为

$$q=2\pi DBen\eta_{pv} \qquad (3-7)$$

式中，n——转子转速；

η_{pv}——泵的容积效率。

为了使叶片运动自如、减小磨损，叶片槽通常向后（注意，其与双作用叶片泵不同）倾斜 20°～30°。单作用叶片泵的配油盘和转子的结构简图如图 3－11 所示。

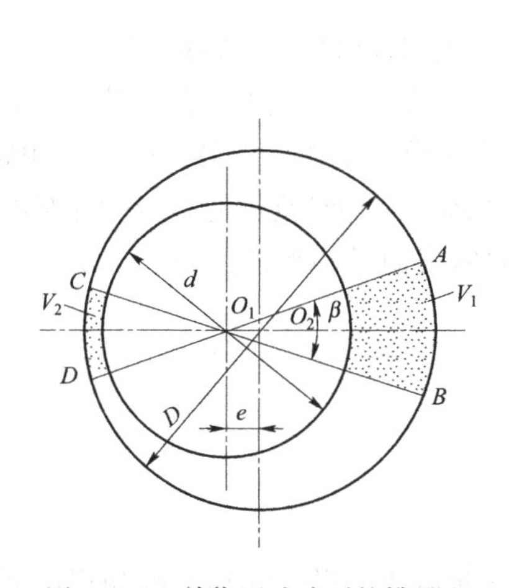

图 3－10　单作用叶片泵的排量和流量计算简图

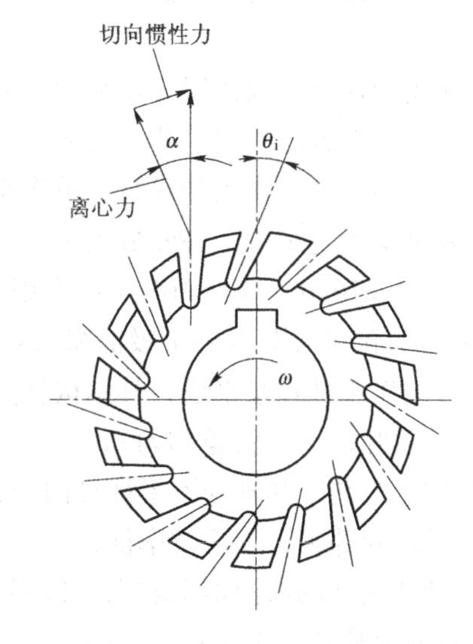

图 3－11　单作用叶片泵的配油盘和转子的结构简图

单作用叶片泵的流量脉动小，因为其叶片小、转速高。每个叶片的空腔所能提供的介质量小（这是相对齿轮泵、柱塞泵而言的）。

2. 单作用叶片泵的特点

（1）存在困油现象。

配流盘的吸、排油窗口间的密封角略大于两相邻叶片间的夹角，而单作用叶片泵的定子不存在与转子同心的圆弧段，因此，当上述被封闭的容腔发生变化时，会产生与齿轮泵类似的困油现象，通常通过在配流盘排油窗口边缘开三角卸荷槽的方法来消除困油现象。

（2）叶片沿旋转方向向后倾斜。

单作用叶片泵转子上的径向液压力不平衡，轴承负荷较大。这使泵的工作压力和排量的提高均受到限制。可以通过改变定子的偏心距 e 来调节泵的排量和流量。叶片槽根部分别通油，叶片厚度对排量无影响。

叶片仅靠离心力紧贴定子表面，考虑到叶片还受哥氏力和摩擦力的作用，为了使叶片所受的合力与叶片的滑动方向一致，保证叶片更容易地从叶片槽滑出，叶片槽常被加工成沿旋转方向向后倾斜。

（3）叶片根部的容积不影响泵的流量。

由于叶片头部和底部同时处在排油区或吸油区中，所以叶片厚度对泵的流量没有多大影响。

（4）转子承受径向液压力。

限压式变量叶片泵与定量叶片泵相比，结构复杂，轮廓尺寸大，作相对运动的部件较多，泄漏较大（例如流量为40 L/min的限压式变量叶片泵的片的泄漏一般为3 L/min左右，占了近10%），轴受不平衡的径向液压力，噪声较大，容积效率、机械效率较低，流量脉动也较（定量泵）严重；但它能根据负载的大小自动调节流量，在功率上使用较合理，可减少油液发热。对于有快进程和工作行程要求的液压系统，采用限压式变量叶片泵（与采用双联泵相比）可以简化系统，节省一些液压元件。

因叶片矢径是转角的函数，瞬时理论流量是脉动的。将叶片数取为奇数，可减小流量的脉动。

单作用叶片泵与双作用叶片泵的明显不同之处是：根据各密封工作容积在转子旋转一周时吸、排油液次数的不同，叶片泵分为两类，即完成一次吸、排油液的单作用叶片泵和完成两次吸、排油液的双作用叶片泵。单作用叶片泵多为变量泵，工作压力最大为7.0 MPa，双作用叶片泵均为定量泵，一般最大工作压力亦为7.0 MPa，结构经改进的高压叶片泵的最大工作压力可达16.0~21.0 MPa。单作用叶片泵定子的内表面是圆形的，转子与定子之间有一偏心量e，配油盘只开一个吸油窗口和一个压油窗口。

对于单作用叶片泵来说，其结构特点如下：

① 单数叶片（使流量均匀）；

② 定子、转子和轴受不平衡径向力；

③ 轴向间隙大，容积效率低；

④ 叶片底部的通油槽采取高压区通高压、低压区通低压，以使叶片底部和顶部的受力平衡，叶片靠离心力甩出；

⑤ 叶片常后倾（压力角较小）。

对于双作用叶片泵来说，其结构特点如下：

① 双数叶片（使流量均匀）；

② 定子、转子和轴受平衡径向力；

③ 叶片底部的通油槽均通以压力油（定子曲线矢径的变化率较大，在吸油区外伸的加速度较大，叶片的离心力不足以克服惯性力和摩擦力）；

④ 叶片常前倾（叶片在吸油区和压油区的压力角变化较大）。

总结如下：叶片泵流量大，压力大，压力稳定，噪音小。其缺点是工作时易发热，制作精度高，成本高。

3. 变量叶片泵

（1）变量叶片泵的工作原理。

图3-12所示为变量叶片泵的工作原理图。

它由定子、转子、叶片、配油盘等组成。转子和定子有偏心距 e，当电动机驱动转子朝箭头方向旋转时，由于离心力的作用，叶片顶紧于定子内两侧的配油盘之间，形成了一个个密封容积。叶片经下半部时，从吸油窗口吸油。叶片经上半部时，被定子内表面又逐渐压入槽内，密封容积减小，从压油窗口将油压出。这种叶片泵，每转一周吸油、压油各一次，称为单作用叶片泵，又因这种转子受不平衡径向液压力的作用，又称为非平衡式叶片泵。由于轴承所承受的负荷大，压力提高受到限制。

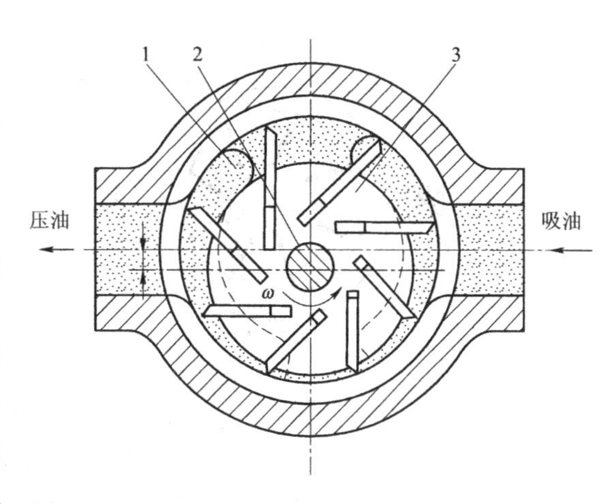

图3-12 变量叶片泵的工作原理图

1—转子；2—定子；3—叶片

（2）变量叶片泵的排量和流量。

变量叶片泵排量的计算与定量叶片泵基本相同，为长短半径（$R-r$）扫过的环形体积，即 $V=\pi(R^2-r^2)B$。当定子内径为 D、宽度为 B、定子与转子偏心为 e 时，$R=\left(\frac{D}{2}+e\right)$，$r=\left(\frac{D}{2}-e\right)$。

排量为

$$V=\pi\left[\left(\frac{D}{2}+e\right)^2-\left(\frac{D}{2}-e\right)^2\right]B=2\pi DeB \tag{3-8}$$

流量为

$$q=2\pi DeBn\eta_V \tag{3-9}$$

式（3-9）表明，只要改变偏心距 e，即可改变流量。

变量叶片泵在吸油区的片根部不通压力油，否则叶片对定子内壁的摩擦力较大，会削弱泵的压力反馈作用。因此，为了能使叶片在惯性力的作用下能顺利甩出，叶片采用后倾一个角度（$\alpha=24°$）安放。

（3）限压式变量泵。

变量叶片泵的变量方式有手调和自调两种。自调变量泵又根据工作特性的不同分为限压式、恒压式和恒流式3类，其中以限压式应用较多。限压式变量泵又可分为外反馈式和内反馈式。

① 外反馈式变量叶片泵。其工作原理如图3-13（a）所示，其特性曲线如图3-13（b）所示。

转子1的中心 O_1 是不变的，定子2则可以左右移动，定子在右侧限压弹簧3的作用下，被推向左端和柱塞5靠牢，使定子和转子间有原始偏心量 e_0，它决定了泵的最大流量，e_0 的大小可通过流量调节螺钉6调节。泵的出口压力 p，经泵体内通道作用于左侧反馈柱塞5上，使反馈柱塞对定子2产生一个作用力 p_A（A 为柱塞的面积）。由于泵的出口压力 p 决定于负载，随负载而变化，当供油压力较低，$p_A \leqslant kx_0$ 时（k 为弹簧刚度，x_0 为弹簧的预压缩量），定子不动，最大偏心距 e_0 保持不变，泵的输出流量为最大。当泵的工作压力升高而大于限定压力 p_B 时，$p_A \geqslant kx_0$，这时限压弹簧被压缩，定子右移，偏心量减少，泵的流量就越小。泵

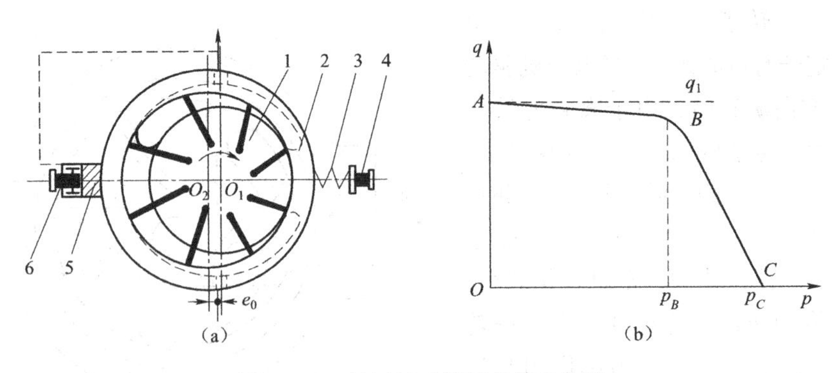

图 3－13　外反馈式限压变量叶片泵

(a) 原理图；(b) 特性曲线图

1—转子；2—定子；3—限压弹簧；4、6—柱塞；5—调节螺钉

的工作压力越高，偏心量就越小，泵的流量也就越小。当泵的压力增加，使定子与转子的偏心量近似为零（微小偏心量所排出的流量只补偿内泄漏）时，泵的输出流量为零。此时泵的压力 p_0 为泵的极限工作压力。p_B 称为限定压力（即保持原偏心量 e_0 不变时的最大工作压力）。限压式变量泵的流量压力特性曲线如图 3－13（b）所示。调节螺钉 6 可改变偏量 e_0，输出流量随之变化，AB 曲线上下平移。调节限压螺钉 4 时，改变 x_0 可使 BC 曲线左右平移。

② 内反馈式变量叶片泵。其工作原理如图 3－14 所示。

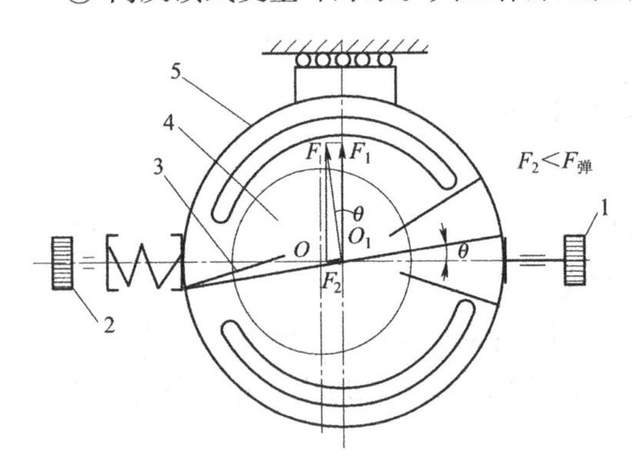

图 3－14　内反馈式变量叶片泵的工作原理

1、2—调节螺钉；3—叶片；4—定子；5—转子

其结构与外反馈基本相同，只是没有“外”反馈柱塞缸；“内”反馈力的产生，是配油盘上吸、压油窗口偏转一个角度 θ（见图 3－14），致使压油区的液压力作用在定子上的径向不平衡力 F 的水平分力 F_x 与 kx_0 方向相反。当泵的工作压力 p 升高时，F_x 也增大。当 $F_x > kx_0$ 时，定子右移，e 减小，流量减小。

(4) 限压式变量叶片泵的调整和应用。

由曲线可知，它很适用于机床有“快进、慢进”以及“保压系统”的场合。快速时负载小、压力低、流量大，泵处于特性曲线的 AB 段。慢速进给时，负载大、压力高、流量小，泵自动转换到特性曲线 BC 段的某点工作。保压时，在近 p_C 点工作，提供小流量补偿系统泄漏。

若机床快进时所需泵的工作压力为 1 MPa，流量为 30 L/min，工作时泵的工作压力为 4 MPa，所需要的流量为 5 L/min，可调整泵的 $q-p$ 特性曲线以满足工作需要。

若按泵的原始 $q-p$ 特性曲线工作，快进流量太大，工进时泵的出口工作压力也太高，与机床的工作要求不适应，所以必须进行调整。调整时一般先调节流量螺钉，移动定子，减小偏心 e_0，使 AB 线向下移至流量为 30 L/min 处，然后调整限压螺钉，减少弹簧预压缩量，使 BC 段左移工作，以满足机床工作需要。

限压式变量叶片泵用于执行需要元件有快、慢速运动的液压系统中，可降低功率损耗，减少油液发热，与采用双联泵供油相比，其可以简化油路，节省液压元件。

3.3　YCY14 – IB 型轴向柱塞泵的拆装及维护

项目导入

图 3 – 15 所示为 YCY14 – IB 型轴向柱塞泵的拆装结构，其应用广泛，现对其结构、工作原理进行分析。

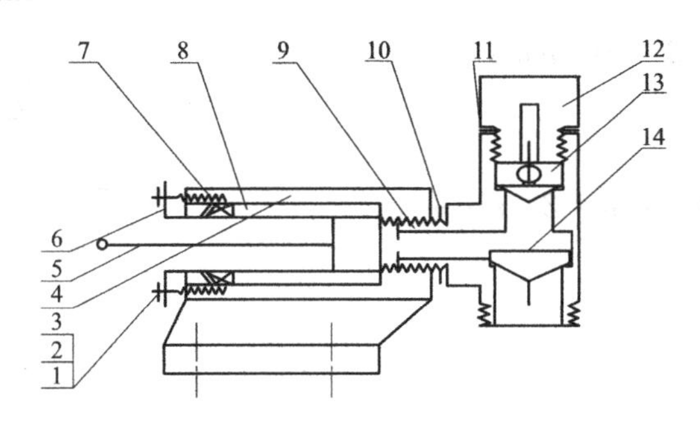

图 3 – 15　YCY14 – IB 型轴向柱塞泵的结构

1—螺柱；2—螺母；3—垫圈；4—泵体；5—柱塞；6—压盖；7—填料；
8—衬套；9—管接头；10、11—垫片；12—螺塞；13—上活瓣；14—下活瓣

柱塞泵具有额定压力高、结构紧凑、效率高及流量调节方便等优点，常用于高压、大流量和流量需要调节的场合。

轴向柱塞泵是利用与传动轴平行的柱塞在柱塞孔内往复运动所产生的容积变化来进行工作的。由于柱塞和柱塞孔都是圆形零件，加工时可以达到很高的精度配合，因此其容积效率高、运转平稳、流量均匀性好、噪声低、工作压力高，但对液压油的污染较敏感，结构较复杂，造价较高。

YCY14 – IB 型轴向柱塞泵的公称压力为 32 MPa，公称流量为 10 ~ 16 L/min，公称转速为 1 000 ~ 1 500 r/min。

相关知识

3.3.1　柱塞泵的结构与工作原理

柱塞泵根据结构可分为径向柱塞泵和轴向柱塞泵两种。

轴向柱塞泵是斜盘相对回转的缸体有一倾斜角度，而引起柱塞在泵缸中往复运动，其结构如图 3 – 15 所示。传动轴轴线和缸体轴线是一致的。这种泵的结构较简单，转速较高，但工作条件要求高，柱塞端部与斜盘的接触部往往是薄弱环节。斜轴式的斜盘轴线与传动轴轴线是一

致的。它是由柱塞缸体相对传动轴倾斜一角度而使柱塞作往复运动。流量调节依靠摆动柱塞缸体的角度来实现，故有的又称摆缸式。它与斜盘式相比，工作可靠，流量大，但结构复杂。

轴向柱塞泵的输出流量是脉动的。理论分析和实验研究表明，当柱塞个数多且为奇数时流量脉动较小。从结构和工艺考虑，柱塞个数多采用7或9，见表3-7。

表3-7 流量脉动率与柱塞数Z的关系

Z	5	6	7	8	9	10	11	12
$\delta_q/\%$	4.98	14	2.53	7.8	1.53	4.98	1.02	3.45

轴向柱塞泵的流量计算，如图3-16所示。

轴向柱塞泵的排量为：

$$V=\frac{\pi}{4}\cdot d^2\cdot D\cdot \tan r;$$

实际流量为：

$$q=\frac{\pi}{4}\cdot d^2\cdot D\cdot \tan r\cdot Z\cdot n\cdot \eta_V。$$

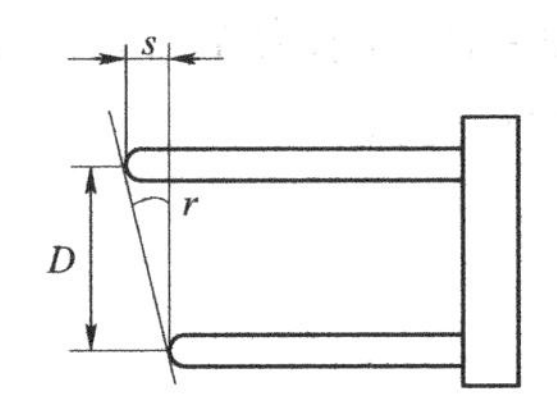

图3-16 轴向柱塞泵流量的计算

项目实施

3.3.2 YCY14-IB型轴向柱塞泵的拆装过程

1. 设备操作用工具及材料

(1) 设备名称：拆装试验台（包括拆装工具1套）；

(2) 内六角扳手、固定扳手、螺丝刀、YCY14-IB型轴向柱塞泵；

(3) YCY14-IB定量轴向柱塞泵。

2. 具体拆装过程、装配要点及注意事项

根据图3-15拆卸零件。首先拆下序号1、2、3中的螺纹连接件，分别取出压盖、柱塞、密封圈、衬套，再旋出管接头，取出垫片，拿出螺塞和垫片，然后倒出上下活瓣。放好所有拆下的零件，观察斜盘的结构、变量机构的构造和作用，了解各部分的组装关系，根据柱塞泵的工作原理来推理需要配合的表面，了解其调整方法及密封原理，从使用性能和手感上了解零件的表面粗糙度的大小。

(1) 拆卸该泵时应注意各零件所在的位置，拆卸下来的零件应分别排放整齐，切不可乱堆乱放。

(2) 柱塞泵各零件，尤其是柱塞、配油盘、伺服滑阀、回程盘、斜盘等的加工精度高，因此拆卸下来的零件应小心排放，加工表面不能与硬物碰擦，以保持零件表面粗糙度的精度。

(3) 装配组装时，应按原装的要求组装好，切不能漏零件，零件装配位置、方向应正确。

(4) 装配前必须仔细清洗干净各零件，不得有切屑磨粒或其他污物。清洗干净的零件若有相对运动部分，应适当抹上液压油后进行装配。

(5) 装配后柱塞在柱塞孔内应能自由灵活运动，装配这一工序时必须认真检查。

（6）紧固螺钉时用力必须均匀，注意螺钉拧紧的顺序，应相互对称旋拧，不能变换顺序旋拧。

3.3.3　常见故障及维护

柱塞泵的常见故障有液压泵的输出流量不足或无流量输出、变量操纵机构失灵等。产生这些故障的原因及维护方法见表3－8。

表3－8　柱塞泵的常见故障及维护方法

故障现象	原　因	维护方法
液压泵的输出流量不足或无流量输出	（1）泵的吸入量不足，可能因为油箱液压油油面过低、油温过高、进油管漏气等	针对原因排除
	（2）泵的泄漏量过大	检查原因，排除故障
	（3）泵斜盘的实际倾角太小，使泵的排量变小	调节操纵机构，增大斜盘倾角
	（4）压盘损坏	更换压盘并对液压系统排除碎渣
输出压力异常	（1）输出压力不上升，自吸进油管道漏气或因油口杂质划伤零件造成内漏过甚	紧固或更换元件
	（2）负载一定，输出压力过高	调整溢流阀进行确定
斜盘零角度时仍有排油量	斜盘耳轴磨损，控制器的位置偏离、松动或损坏	更换斜盘或研磨耳轴，重新调零、紧固或更换控制器元件
变量操纵机构失灵	（1）油液不清洁、变质或黏度过大（过小）造成操纵失灵	更换液压油
	（2）操纵机构损坏	修理、更换操纵机构

项目任务单

项目任务单见表3－9，项目考核评价表见表3－10。

表3－9　项目任务单

<table>
<tr><td>项目名称</td><td colspan="5">液压泵的拆装及维护</td><td rowspan="2">对应
学时</td><td>12</td></tr>
<tr><td>名称</td><td colspan="5">YCY14－IB型轴向柱塞泵的拆装及维护</td><td>2</td></tr>
<tr><td>任务描述</td><td colspan="7">工作步骤如下：
（1）详细解读操作步骤；
（2）观察、分析装置各部分的结构；
（3）叙述操作过程；
（4）确定操作方案；
（5）认真、细致地完成泵的装配</td></tr>
<tr><td>时间安排
（90 min）</td><td>下达任务
（10 min）</td><td>资讯
（10 min）</td><td>初定方案
（15 min）</td><td>讲授
（15 min）</td><td>操作过程
（20 min）</td><td>评价
（10 min）</td><td>作业及下发任务
（10 min）</td></tr>
<tr><td>提供资料</td><td colspan="7">（1）校本教材；
（2）机械加工手册；
（3）工具手册</td></tr>
</table>

续表

项目名称	液压泵的拆装及维护	对应学时	12
名称	YCY14 - IB 型轴向柱塞泵的拆装及维护		2
对学生要求	(1) 柱塞泵的结构; (2) 掌握柱塞泵的性能; (3) 了解拆装时的注意事项; (4) 掌握柱塞泵的维修保养方法; (5) 了解 YCY14 - IB 型轴向柱塞泵的装配程序及结构特点		
思考问题	(1) 简述直轴轴向柱塞泵的结构和工作原理。 (2) 压力补偿变量柱塞泵时功率输出恒定吗? (3) 柱塞泵的应用特点有哪些?		

表 3-10　项目考核评价表

记录表编号		操作时间	20 min	姓名		总分
序号	考核项目	考核内容及要求	分值	评分标准	互评	自评
1	安全文明生产	(1) 遵守拆装安全操作规程; (2) 工具、量具放置规范; (3) 设备保养、场地整洁	20	酌情扣 1 ~ 10 分		
2	工艺合理	(1) 选择工具合理; (2) 拆装顺序合理	30	酌情扣 1 ~ 20 分		
3	拆装正确	(1) 拆装正确，程序完整; (2) 零件的拆装磨损情况; (3) 拆装零件是否正确、合理	30	酌情扣 1 ~ 20 分		
4	协作能力	同组间的协作性、团结性	20	酌情扣 1 ~ 10 分		
5	对于重大事故（人身和设备安全事故）、严重违反工艺原则和情节严重的野蛮操作等，由监考人决定取消其实操资格					

知识拓展

1. 柱塞泵的特点

柱塞泵是依靠柱塞在缸体中往复运动，使密封工作容腔的容积发生变化来实现吸油、压油的。与齿轮泵和叶片泵相比它具有以下特点：

(1) 工作压力高。由于密封容腔是由柱塞孔和柱塞构成的，圆柱面相对容易加工，可以达到较高的尺寸精度，因此这种泵的密封性很好，有较高的容积效率。柱塞泵的工作压力一般为 20 ~ 40 MPa，最高可达 1 000 MPa。

(2) 易于变量。由于便于改变柱塞的行程，改变柱塞的工作行程就能改变流量，因此其容易实现单向或双向变量。

（3）流量范围大。其在设计上可以选用不同的柱塞直径或数量，因此可得到不同的流量。

当然，柱塞泵也存着在对油污染敏感和价格较昂贵等缺点。

轴向柱塞泵一般都由缸体、配油盘、柱塞和斜盘等主要零件组成。其缸体内有多个柱塞，柱塞是轴向排列的，即柱塞的中心线平行于传动轴的轴线，因此称为轴向柱塞泵。但它又不同于往复式柱塞泵，因为它的柱塞不仅在泵缸内做往复运动，而且柱塞和泵缸与斜盘相对有旋转运动。柱塞以一球形端头与斜盘接触。其配油盘上有高低压月形沟槽，它们彼此由隔墙隔开，保证一定的密封性，它们分别与泵的进油口和出油口连通。斜盘的轴线与缸体轴线之间有一倾斜角度。

轴向柱塞泵的优点是结构紧凑、径向尺寸小、惯性小、容积效率高，目前最高压力可达 40 MPa，甚至更高，但其轴向尺寸较大，轴向作用力也较大，结构比较复杂。传动轴带动缸体旋转，缸体上均匀分布着奇数个柱塞孔，孔内装有柱塞，柱塞的头部通过油靴紧压在斜盘上。缸体旋转时，柱塞一面随缸体旋转，并由于斜盘的作用而在柱塞孔内做往复运动。当缸体从最下方位置向上转动时，柱塞向外伸出，柱塞孔的密封容积增大，形成局部真空，油箱中的油液被吸入柱塞孔，这就是吸油过程；当缸体带动柱塞从最上方位置向下转动时，柱塞被压入柱塞孔，柱塞孔内的密封容积减小，孔内油液被挤出供系统使用，这就是压油过程。缸体每旋转一周，每个柱塞孔都完成一次吸油和压油的过程。

由于柱塞泵压力高、结构紧凑、效率高、流量调节方便，故被应用在高压、大流量、大功率的系统中和流量需要调节的场合，如龙门刨床、拉床、液压机、工程机械、矿山冶金机械、船舶等。柱塞泵按柱塞的排列和运动方向不同，可分为轴向柱塞泵和径向柱塞泵两大类。

轴向柱塞泵根据倾斜元件的不同，有斜盘式和斜轴式两种。轴向柱塞泵中的柱塞是轴向排列的。当缸体轴线和传动轴轴线重合时，称为斜盘式轴向柱塞泵；当缸体轴线和传动轴轴线不在一条直线上而成一个夹角 γ 时，称为斜轴式轴向柱塞泵。轴向柱塞泵具有结构紧凑、工作压力高、容易实现变量等优点。

柱塞泵的优点如下：

（1）参数高，额定压力高，转速高，泵的驱动功率大。

（2）效率高，容积效率为 95% 左右，总效率为 90% 左右。

（3）寿命长。

（4）变量方便，形式多。

（5）单位功率的重量轻。

（6）柱塞泵的主要零件均受压应力，材料强度的性能得以充分利用。

柱塞泵的缺点如下：

（1）结构较复杂，零件数较多。

（2）自吸性差。

（3）制造工艺的要求较高，成本较贵。

（4）对油液污染较敏感，要求较高的过滤精度，对使用和维护的要求较高。

2. 斜轴式轴向柱塞泵

斜轴式轴向柱塞泵的工作原理如图 3－17 所示，当电动机带动传动轴旋转时，泵缸与柱塞一同旋转，柱塞头永远保持与斜盘接触，因斜盘与缸体成一角度，因此缸体旋转时，柱塞就在泵缸中做往复运动。以图 3－17 的下一柱塞为例，它从 0°转到 180°，即转到上面柱塞的位置，柱塞缸的容积逐渐增大，因此液体经配油盘的吸油口吸入油缸；而该柱塞从 180°转到 360°时，柱塞缸的容积逐渐减小，因此油缸内的液体经配油盘的出口排出。只要传动轴不断旋转，泵便不断地工作。

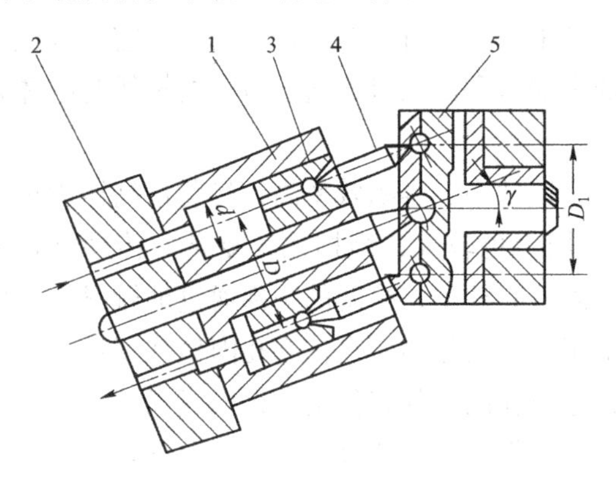

图 3－17　斜轴式轴向柱塞泵的工作原理

1—缸体；2—配油盘；3—柱塞；4—连杆；5—后向铰链

改变倾斜元件的角度就可以改变柱塞在泵缸内的行程长度，即可改变泵的流量。倾斜角度固定的称为定量泵，倾斜角度可以改变的便称为变量泵。

3. 径向柱塞泵

径向柱塞泵的工作原理如图 3－18 所示。这种泵由柱塞 1、衬套 2、转子 3、定子 4 和配油轴 5 组成。定子和转子之间有一个偏心 e。衬套 2 固定在转子孔内随之一起转动。配油轴 5 是固定不动的。柱塞在转子（缸体）的径向孔内运动，形成了泵的密封工作容腔。显然，当转子按图示方向转动时，位于上半周的工作容腔处于吸油状态，油箱中的油液经配油轴的 a 孔进入 b 腔，位于下半周的工作容腔则处于压油状态，c 腔中的油将从配油轴的 d 孔向外输出。改变定子与转子偏心距 e 的大小和方向，就可以改变泵的输出流量和泵的吸、压油方向，因此径向柱塞泵可以做成单向或双向变量泵。

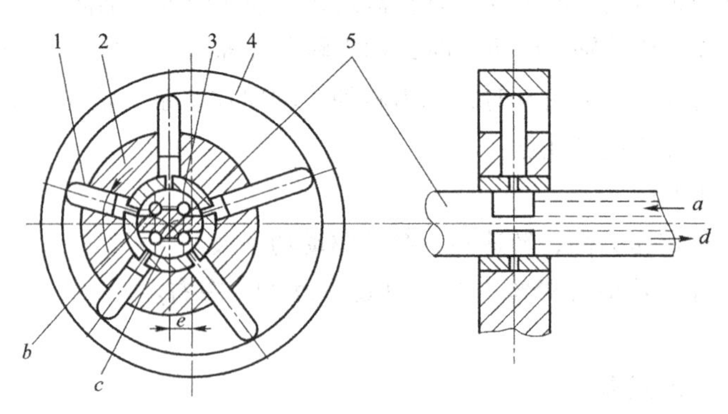

图 3－18　径向柱塞泵的工作原理

1—柱塞；2—衬套；3—转子；4—定子；5—配油轴

径向柱塞泵的径向尺寸大，自吸能力差，配油轴受径向不平衡液压力的作用，易于磨损，这些原因限制了其转速和工作压力的提高。

径向柱塞泵的输出流量是脉动的。理论与实验分析表明，柱塞的数量为奇数时流量脉动小，因此径向柱塞泵柱塞的个数通常是 7 个或 9 个。

径向柱塞泵的流量计算如下。

径向柱塞泵的排量为：$V=\frac{\pi}{4}\cdot d^2\cdot 2ez=\frac{\pi}{2}\cdot d^2 ez$

轴向柱塞泵与径向柱塞泵比较，排出压力高，一般可在20～50 MPa的范围内工作，效率也高，径向尺寸小，结构紧凑，体积小，重量轻，但结构较径向柱塞泵复杂，加工制造要求高，价格较贵。

轴向柱塞泵一般用于机床、冶金、锻压、矿山及起重机械的液压传动系统中，特别广泛地应用于大功率的液压传动系统中。为了提高效率，在应用时还通常用齿轮泵或滑片泵作为辅助油泵，用来给油，弥补漏损及保持油路中有一定的压力。

3.4　液压泵性能的测定

项目目标

（1）液压工岗位，泵的安装、调试。

（2）设计岗位，泵的结构修改设计。

（3）机械维修岗位，泵的维修、保养。

教学目标

（1）了解液压泵的主要性能（功率特性、效率特性）和测试装置。

（2）掌握液压泵主要特性的测试原理和测试方法。

（3）测试液压泵的工作特性。

（4）增进对液压泵工作的感性认识，如噪声、油压脉动、油温等。

项目导入

测试液压泵的下列特性：

（1）测试输入扭矩——压力特性；

（2）测试输出流量——压力特性；

（3）测试输入功率——压力特性；

（4）测试转速——压力特性；

（5）计算输出功率——压力特性；

（6）计算容积效率——压力特性；

（7）计算总效率——压力特性；

（8）计算机械效率——压力特性。

计算压力脉动值、额定压力下的额定流量等。

液压泵是液压系统的动力源，本操作要求了解、掌握液压泵的主要性能及其测试方法，为今后设计、选择和使用液压泵打下初步基础。

相关知识

液压泵是液压系统的动力元件，它把原动机的机械能转换成为输出油液的压力能。液压马达则是液压系统的执行元件，它把输入油液的压力能转换成机械能，用来拖动负载做功。

3.4.1 液压泵的主要性能参数

1. 液压泵的压力

液压泵的工作压力是指泵工作时油液的实际压力，其大小由工作负载决定。

（1）工作压力。其系泵正常工作时，输出油液的实际压力。液压泵实际工作时的输出压力称为工作压力。工作压力取决于外负载的大小和排油管路上的压力损失，而与液压泵的流量无关。

（2）额定压力。液压泵在正常工作条件下，按试验标准规定连续运转的最高压力称为液压泵的额定压力。

（3）最高允许压力。在超过额定压力的条件下，根据试验标准规定，允许液压泵短暂运行的最高压力值，称为液压泵的最高允许压力。

液压泵的额定压力受泵本身的泄漏和结构的制约，由于液压传动的用途不同，系统所需要的压力也不相同，液压泵的压力分为几个等级，见表 3-11。

表 3-11 压力分级

压力等级	低压	中压	中高压	高压	超高压
压力/MPa	≤2.5	2.5~8	8~16	16~32	>32

2. 液压泵的排量和流量

（1）排量。排量是指泵轴每转一周由其密封容积的几何尺寸变化计算而得的排出的液体体积，排量可以调节的液压泵称为变量泵；排量不可以调节的液压泵则称为定量泵。其用 V 表示，常用单位为 cm^3/r。排量的大小取决于泵的密封工作腔的几何尺寸（与转速无关）。

（2）流量。其有理论流量和实际流量之分。

理论流量是指在不考虑液压泵的泄漏流量的条件下，在单位时间内排出的液体体积。如果液压泵的排量为 V，其主轴转速为 n，则该液压泵的理论流量 q_t 为

$$q_t = Vn \tag{3-10}$$

液压泵在某一具体工况下，单位时间内所排出的液体体积称为实际流量，它等于理论流量 q_t 减去泄漏和压缩损失后的流量 q_i，即

$$q_i = q_t - q_l$$

额定流量 q_n 是在正常工作条件下，试验标准规定（如在额定压力和额定转速下）必须

保证的流量。

流量 q_V 是指泵在某工作压力下实际排出的流量。由于泵存在内泄漏，所以泵的实际流量小于理论流量。

3. *液压泵的功率和效率*

（1）液压泵的功率。功率是指单位时间内泵所做的功，用 P 来表示。

① 输出功率 P_o。当液压缸内油液对活塞的作用力与负载相等时，其能推动活塞以速度 v 运动，则液压缸的输出功率为

$$P_o = Fv \tag{3-11}$$

泵的理论功率为

$$pq_t = 2\pi nT_t \tag{3-12}$$

$F = pA$，$v = q_V/A$，将其代入式（3-12）中得

$$P = pA\frac{q_V}{A} = pq_V \tag{3-13}$$

上式即为液压缸的输入功率计算式，其值等于进液压缸的流量和液压缸工作压力的乘积。按上述原理液压泵的输出功率等于泵的输出流量和工作压力的乘积。

② 输入功率 P_i。泵输入的机械能，表现为转矩 T 和转速 n；泵的输出的压力能表现为油液的压力 p 和流量 q，若忽略泵转换过程中的能量损失，泵的输出功率等于输入功率，即称为功率。

$$P_i = T2\pi n \tag{3-14}$$

（2）液压泵的效率。液压泵在能量转换和传递过程中，必然存在能量损失，如泵的泄漏造成的流量损失、机械运动副之间的摩擦引起的机械能损失等。

液压泵的功率损失有容积损失和机械损失两部分。

① 容积效率 η_v。容积损失是指液压泵在流量上的损失，液压泵的实际输出流量总是小于其理论流量，其主要原因是液压泵内部高压腔的泄漏、油液的压缩以及在吸油过程中由于吸油阻力太大、油液黏度大以及液压泵的转速高等原因导致油液不能全部充满密封工作腔。液压泵的容积损失用容积效率来表示，它等于液压泵的实际输出流量 q 与其理论流量 q_t 之比，即液压泵的实际输出流量 q 为

$$q = q_t - \Delta q$$

Δq 为泄漏量，它与泵的工作压力 p 有关，随压力 p 的增高而加大，而实际流量则随压力 p 的增高而相应减小，容积效率 η_V 可用下式表示：

$$\eta_V = \frac{q}{q_t} = \frac{q}{V_n} \tag{3-15}$$

由此得出泵输出的实际流量的公式：

$$q = V_n\eta_V \tag{3-16}$$

② 机械效率 η_m。机械损失是指液压泵在转矩上的损失。

由于存在机械损耗和液体黏性引起的摩擦损失，因此，液压泵的实际输入转矩 T_i 必然大于泵所需的理论转矩 T，其机械效率为：

$$\eta_m = T_t/T_i = \frac{PV}{2\pi T} \tag{3-17}$$

③ 总效率 η。液压泵的总效率为泵的输出功率 P_o和输入功率 P_i之比：

$$\eta = \frac{P_o}{P_i} = \frac{pq}{2\pi n T_i} = \frac{pV_n}{2\pi n T_i}\frac{q}{V_n} = \eta_m \eta_V \tag{3-18}$$

即液压泵的总效率等于容积效率 η_V和机械效率 η_m 的乘积。

3.4.2 性能测定操作过程

1. 操作设备

本操作在 JCYS－01 综合液压传动操作台上进行，操作部分液压系统的原理如图 3－19 所示。

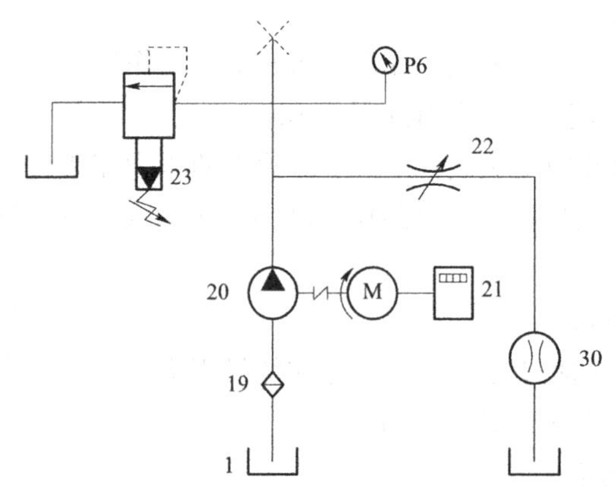

图 3－19 液压泵性能操作的液压系统的原理

2. 性能操作内容

液压元件应符合国家规定的性能指标，掌握测试方法是十分重要的。

液压泵的主要性能参数包括额定压力、额定流量、容积效率、总效率、压力脉动（振摆）值等，泵的性能测试主要是检查这几项。同时观察泵的噪声、温升、振动等。本操作台使用单级定量液压泵，其各项技术指标见表 3－12。

测定液压泵在不同工作压力下的实际流量，得出流量—压力特性曲线 $Q=f_1\,(p)$。液压泵因内泄漏将造成流量的损失，油液黏度越低，压力越高，其泄漏损失越大。

表 3－12 单级定量各项技术指标

项目名称	额定压力/MPa	公称排量/（mL·r⁻¹）	容积效率/%	总效率/%	压力振摆/MPa
单级定量叶片泵	6.3	≤10	≥80	≥65	±0.2
		16	≥88	≥78	
		25～32	≥90	≥80	
		40～125	≥92	≥81	
		≥160	≥93	≥82	

（1）液压泵的空载性能测试。

液压泵的空载性能测试主要是测试泵的空载排量。

液压泵的排量是指在不考虑泄漏的情况下，泵轴每转排出油液的体积。理论上，排量应按泵密封工作腔容积的几何尺寸精确计算出来；在工业上，以空载排量取而代之。空载排量是指泵在空载压力（不超过 5% 额定压力或 0.5 MPa 的输出压力）下泵轴每转排出油液的体积。

测试时，将节流阀全关，将溢流阀调至高于泵的额定工作压力，启动被试液压泵，待其稳定运转后，将节流阀全开，压力传感器显示数值满足空载压力要求，测试记录泵的流量 q（L/min）和泵的轴转速 n（r/min），则泵的空载排量 V_o 可由下式计算：

$$V_o = q/1\,000 \times n(m^3/r)$$

在实际生产中，泵的理论流量 $Q_{理}$ 并不是按液压泵设计时的几何参数和运动参数计算的，通常在公称转速下以空载时的流量 $Q_{空}$ 代替 $Q_{理}$。在本操作中应在节流阀的流通面积为最大的情况下测出泵的空载流量 $Q_{空}$。

（2）液压泵的流量特性和功率特性测试。

液压泵的流量特性是指泵的实际流量 q 随出口工作压力 p 的变化特性。

液压泵的功率特性是指泵轴输入功率随出口工作压力 p 的变化特性。

测试时，将溢流阀调至高于泵的额定工作压力，用节流阀给被试液压泵由低至高追点加载。测试时，记录各点泵的出口工作压力 p（MPa）、泵流量 q（L/min）、电机功率（kW）和泵轴转速 n（r/min），用测试数据绘制泵的效率特性曲线和功率特性曲线。

额定流量：指泵在额定压力和公称转速的工作情况下，测出的流量 $Q_{额}$。本装置中由节流阀进行加载。

（3）液压泵的效率特性（机械效率、容积效率、总效率）测试。

液压泵的效率特性是指泵的容积效率、机械效率和总效率随出口工作压力 p 的变化特性。

测试时，将溢流阀调至高于泵的额定工作压力，用节流阀给被试液压泵由低至高追点加载。测试时，记录各点泵的出口压力 p（MPa）、泵流量 q（L/min）、电机功率（kW）和泵轴转速 n（r/min）。实测的电机效率（η_{motor}）特性数据已保存入文件，供计算调用。

不同的工作压力由节流阀确定（通过改变节流开口的大小改变液流阻力），可读出相应压力下的流量 Q（通过流量计直接读数）。

① 液压泵的容积效率 $\eta_{容}$：

测试液压泵的输出流量、压力特性，计算容积效率。

液压泵因内泄露造成流量的损失，油液黏度越低，压力越高，其损失越大。本操作是测定液压泵在不同的工作压力下的实际流量。

液压泵的容积效率 $\eta_{容}$ 为：$\eta_{容} = \dfrac{Q_{实}}{Q_{理}} = \dfrac{Q_{额}}{Q_{空}}$ （$\eta_{容} \approx \eta_{额}$）

泵的理论流量 q_t 是指额定转速下空载（零压）的流量。为了测定理论流量 q_t，应将节流阀的通流截面积调至最大，此时测出的流量为 q_t。也可通过 $p-q$ 曲线与坐标的交点来测定。

实际流量 q 为不同的工作压力下泵输出的流量。

② 液压泵的总效率 $\eta_{总}$：

$$\eta_{总} = \frac{P_{出}}{P_{入}}$$

式中，$P_{入}$——液压泵的输入功率：$P_{入} = P_{表} \cdot \eta_{电}$。

其中，$P_{表}$——直接由功率表读出；

$\eta_{电}$——由 $P_{表}$ 根据电机效率曲线查出（一般 $\eta_{电} = 0.55 \sim 0.75$）；

$P_{出}$——液压泵的输出功率：$P_{出}=\frac{P \cdot Q}{60}$（kW）。

P 的单位为 MPa，Q 的单位为 L/min，$P_{入}$、$P_{出}$、$P_{表}$的单位为 kW。

（4）根据操作所得数据绘制流量特性曲线与效率曲线。

3. 具体操作步骤

（1）空载排量测试。

① 根据泵的工作压力测试区间，由小至大设置若干个测试点。

② 全开节流阀，使液压泵处于空载状态。

③ 启动液压系统，测试泵转动，检查各电磁阀开关是否均处于“0”位。如果不是全处于“0”位，关闭节流阀。将溢流阀打开至最大，将压力表开关置于 P6，液压泵的出口压力 p 应小于 0.5 MPa。

④ 项目运行，记录空载排量的测试值。

⑤ 一般测试 5 次，计算其平均值。

（2）液压泵性能测试。

① 根据泵的工作压力测试区间，由小至大设置若干个测试点；启动液压泵，调节溢流阀，使压力高于被试泵的额定压力，达到 7 MPa。

② 将节流阀全松，使液压泵处于压力最小状态。

③ 调节溢流阀的开度，开度最大时测出 q_t，作为泵的不同负载。对应测出压力 p，流量 q，电功率 $P_{电}$（根据电机性能曲线查得）。

④ 项目运行，[AD 卡] 指示灯变为绿色，表明测试系统工作正常。

⑤ 第一个测试数据记录在【操作数据表】的第一行。

⑥ 细心将节流阀旋紧一点，使液压泵的工作压力升至下一个测压点。

⑦ 下一个测试数据记录在【操作数据表】的下一行。

⑧ 重复⑥ ⑦ 的操作，直至预设的全部测压点完成测试。

⑨ 操作完毕后，调节溢流阀，使 P6 为“0”，停止液压泵。

测试操作必须按预设的测压点由小到大进行操作，若想在已设的数据文件名下增加测试数据，可重复上面的操作。

4. 操作数据记录

（1）操作内容：以液压泵性能测定记录数据填写表 3－13。

（2）操作条件：油温________℃

根据 $Q=f_1(P)$、$N=f_2(P)$、$\eta=\psi_1(P)$、$\eta=\psi_2(P)$ 和 $\eta=\psi(P)$，用直角坐标纸绘制特性曲线，并分析被试泵的性能。

表 3－13　液压泵的性能参数

序号	参　数	1	2	3	4	5	6	7	备注
1	被测泵的压力 P/MPa								
2	泵输出油液容积的变化量/L								
3	对应 ΔV 所需时间 t/s								
4	泵的流量 q/（$L \cdot s^{-1}$）								

续表

序号	参 数	1	2	3	4	5	6	7	备注
5	泵的输出功率 P/kW								
6	电机输出功率 $P_{电}$/kW								
7	泵的输入功率 P_i/kW								
8	泵的总效率 η/%								
9	泵的容积效率 η/%								
10	泵的机械效率 η/%								

说明：被试泵的压力 P 可在0.1~7 MPa的范围内，间隔1 MPa取一点，建议对每点诸项内容测两次，分a、b记入表内。

项目任务单

项目任务单见表3-14，项目考核评价表见表3-15。

表3-14 项目任务单

<table>
<tr><td>项目名称</td><td colspan="6">液压泵的拆装及维护</td><td rowspan="2">对应学时</td><td>12</td></tr>
<tr><td>名称</td><td colspan="6">液压泵性能的测定</td><td>4</td></tr>
<tr><td>任务描述</td><td colspan="8">工作步骤如下：
（1）详细解读操作步骤；
（2）掌握泵的性能参数；
（3）叙述操作过程；
（4）确定操作方案；
（5）实施测定过程；
（6）填写数据表格</td></tr>
<tr><td>时间安排
（180 min）</td><td>下达任务
（20 min）</td><td>资讯
（20 min）</td><td>初定方案
（30 min）</td><td>讲授
（30 min）</td><td>操作过程
（40 min）</td><td>评价
（20 min）</td><td colspan="2">作业及下发任务
（20 min）</td></tr>
<tr><td>提供资料</td><td colspan="8">（1）校本教材；
（2）机械加工手册；
（3）设备仪器使用手册</td></tr>
<tr><td>对学生的要求</td><td colspan="8">（1）掌握泵的性能参数；
（2）掌握测定方法</td></tr>
<tr><td>思考问题</td><td colspan="8">（1）已知：某液压泵的输出油压 $p=6$ MPa，排量 $V=100\ cm^3/r$，转速 $n=1\ 450$ r/min，容积效率 $\eta_V=0.94$，总效率 $\eta=0.9$，求：泵的输出功率 P 和电动机的驱动功率 P_m
（2）操作系统中，液压系统中的溢流阀起什么作用</td></tr>
</table>

续表

<table>
<tr><td>项目名称</td><td>液压泵的拆装及维护</td><td rowspan="2">对应学时</td><td>12</td></tr>
<tr><td>名称</td><td>液压泵性能的测定</td><td>4</td></tr>
<tr><td>思考问题</td><td colspan="3">（3）操作系统中，节流阀为什么能够对被测泵加载　（可用流量公式 $q = kA\Delta p^m$ 进行分析）？
（4）泵的液压损失是指什么？为什么在计算时可以忽略不计？
（5）作出 $q-p$、$\eta-p$、$P-p$ 曲线并分析泵的效率曲线（如合理选择泵的功率、泵的合理使用区间等方面）。
（6）泵的理论流量和额定流量的区别是什么？
（7）本操作台用的泵产生泄漏量最主要出现在何处？
（8）液压泵是否存在最佳工作点？为什么</td></tr>
</table>

表 3－15　项目考核评价表

<table>
<tr><td>记录表编号</td><td></td><td>操作时间</td><td>20 min</td><td>姓名</td><td></td><td>总分</td><td></td></tr>
<tr><td>考核项目</td><td>考核内容</td><td>要求</td><td>分值</td><td colspan="2">评分标准</td><td>互评</td><td>自评</td></tr>
<tr><td rowspan="9">主要项目
（80 分）</td><td>安全操作</td><td>安全控制</td><td>10</td><td colspan="2">违反安全规定扣 10 分</td><td></td><td></td></tr>
<tr><td>对流体力学原理的理解</td><td>理论实践</td><td>10</td><td colspan="2">阐述错误酌情扣分</td><td></td><td></td></tr>
<tr><td>公式应用</td><td>实践</td><td>10</td><td colspan="2">根据计算能力，错误扣 5 分</td><td></td><td></td></tr>
<tr><td>液压油黏度的测量</td><td>正确</td><td>10</td><td colspan="2">测量数据不合理扣 10 分</td><td></td><td></td></tr>
<tr><td>清洗滤油器</td><td>正确</td><td>10</td><td colspan="2">清洗不干净扣 10 分</td><td></td><td></td></tr>
<tr><td>操作能力</td><td>高</td><td>15</td><td colspan="2">操作有误 1 处扣 5 分</td><td></td><td></td></tr>
<tr><td>分析能力</td><td>高</td><td>5</td><td colspan="2">陈述错误 1 处扣 2 分</td><td></td><td></td></tr>
<tr><td>污染判断</td><td>表达</td><td>5</td><td colspan="2">判断错误扣 5 分</td><td></td><td></td></tr>
<tr><td>故障查找</td><td>高</td><td>5</td><td colspan="2">1 次未排除扣 3 分</td><td></td><td></td></tr>
</table>

知识拓展

在设计液压系统时，应根据设备的工作情况和系统要求的压力、流量、工作性能合理地选择液压泵。表 3－16 列出了对液压系统中常用液压泵的一般性能的比较。

表 3－16　各类液压泵的性能比较及应用

类型 项目	齿轮泵	双作用叶片泵	限压式变量叶片泵	轴向柱塞泵	径向柱塞泵	螺杆泵
工作压力/MPa	<20	6.3～21	≤7	20～35	10～20	<10
容积效率	0.70～0.95	0.80～0.95	0.80～0.90	0.90～0.98	0.85～0.95	0.75～0.95
总效率	0.60～0.85	0.75～0.85	0.70～0.85	0.85～0.95	0.75～0.92	0.70～0.85
流量调节	不能	不能	能	能	能	不能
流量脉动率	大	小	中等	中等	中等	很小

续表

项目＼类型	齿轮泵	双作用叶片泵	限压式变量叶片泵	轴向柱塞泵	径向柱塞泵	螺杆泵
自吸特性	好	较差	较差	较差	差	好
对油污染的敏感性	不敏感	敏感	敏感	敏感	敏感	不敏感
噪声	大	小	较大	大	大	很小
单位功能率造价	低	中等	较高	高	高	较高
应用范围	机床、工程机械、农机、航空、船舶、一般机械	机床、注塑机、液压机、起重运输机械、工程机械、飞机	机床、注塑机	工程机械、锻压机械、起重运输机械、矿山机械、冶金机械、船舶、飞机	机床、液压机、船舶机械	精密机床、精密机械，食品、化工、石油、纺织等机械

一般对于负载小、功率小的液压设备，可用齿轮泵、双作用叶片泵；对于精度较高的机械设备（磨床），可用双作用叶片泵，螺杆泵；对于负载较大并有快速和慢速工作行程的机械设备（组合机床），可选用限压式变量液压泵和双联叶片泵；对于负载大、功率大的设备（刨床、拉床、压力机），可选用柱塞泵；对于机械设备的辅助装置在如送料、夹紧等不重要场合，可选用价格低廉的齿轮泵。

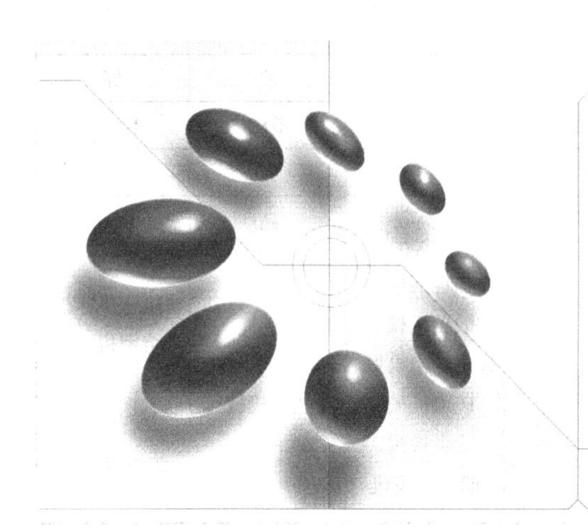

项目4 液压缸、马达的拆装及维护

项目目标

（1）通过教师提供资料与学生自己查阅资料，让学生了解液压缸、马达的用途。

（2）教师告知学生液压缸、马达的拆装要求与拆装要点，通过拆装液压缸、马达使学生理解其结构与原理。

（3）教师讲解液压缸、马达的作用、工作原理、结构、性能参数、图形符号等知识。

（4）对照实物与图片，教师与学生分析液压缸、马达的常见故障及维护方法。

教学目标

（1）使学生对液压缸和马达的结构及工作原理有进一步的认识，培养学生自己动手拆装液压缸、液压马达的能力及对液压缸、液压马达简单故障的判断能力。

（2）理解液压缸、液压马达的工作原理。

（3）认识液压缸、液压马达的密封、缓冲、排气等结构。

（4）掌握活塞式液压缸三种进油连接的速度、推力的计算及设计方法。

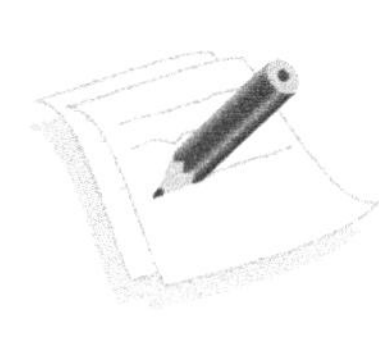

4.1 液压缸的拆装及维护

项目导入

液压缸的结构如图4-1所示。

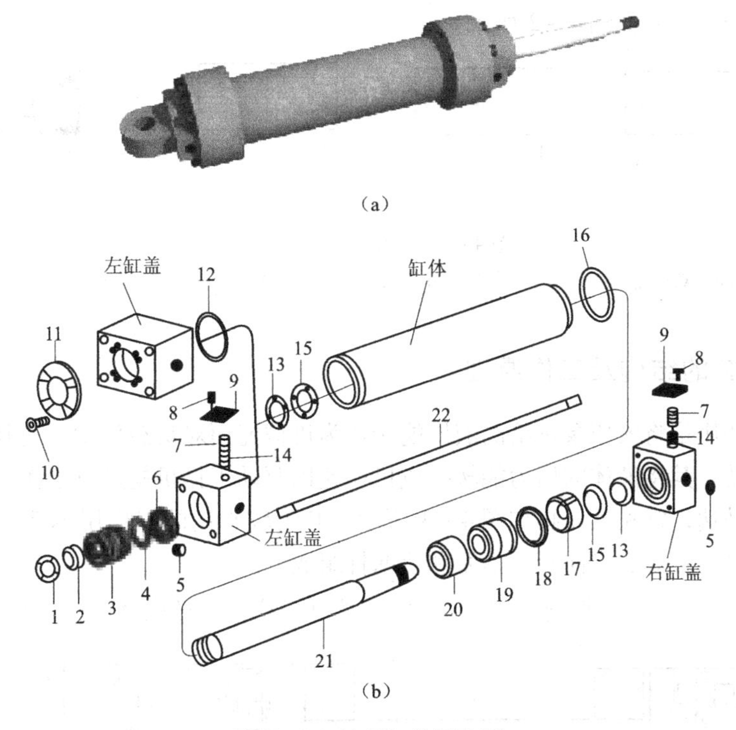

图4-1 液压缸的拆装图

(a) 外观图；(b) 立体分解图

1—防尘密封；2—磨损补偿环；3—导向套；4、6—密封圈；5—螺母；7—缓冲节流阀；8、10—螺钉；9—支承板；11—法兰盖；12、14、16—密封圈；13—减振垫；15—卡簧；17—活塞补偿环；18—活塞密封；19—活塞；20—缓冲套；21—活塞杆；22—双头螺杆

(1) 液压缸结构简单、工作可靠；

(2) 液压缸易实现直线往复运动或摆动；

(3) 液压缸很容易获得很大的推力，克服外部负载；

(4) 液压缸制造容易、维修方便。

相关知识

4.1.1 液压缸的类型及符号

1. 分类

液压缸按结构形式，可分为活塞式、柱塞式、组合式。

液压缸按作用方式，可分为单作用式（液体或气体只控制缸一腔的单向运动）、双作用式（液体或气体控制缸两腔实现双向运动）。

2. 液压缸的图形符号

液压缸的图形符号如图 4-2 所示。

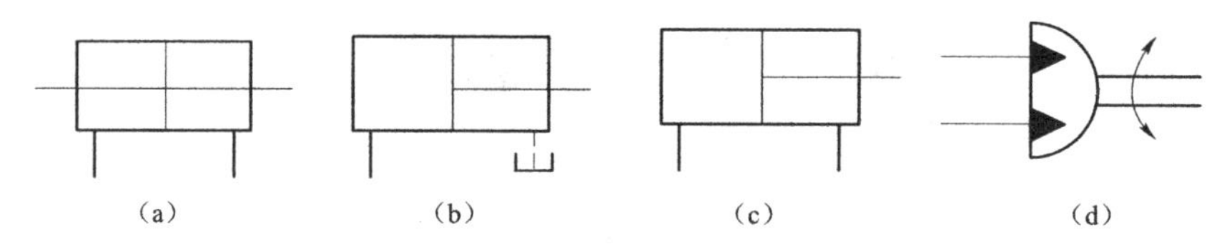

图 4-2 液压缸的图形符号

（a）双杆活塞缸；（b）单作用单杆活塞缸；（c）双作用单杆活塞缸；（d）摆动缸

4.1.2 液压缸的结构及工作原理

液压缸的功用是将液压泵供给的液压能转换为机械能而对负载作功，使其实现直线往复运动或旋转运动。其将液体的压力能转换成机械能以驱动工作机构进行工作。执行元件包括液压缸和液压马达，常见液压缸如图 4-3 所示，其为较常用的双作用单活塞杆液压缸的结构。它是由缸底、缸筒、导向套、活塞和活塞杆组成的。

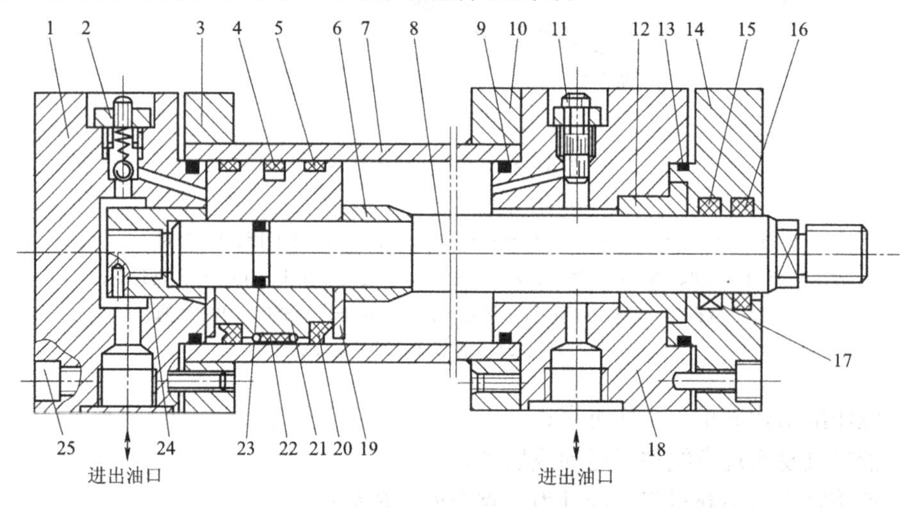

图 4-3 单杆液压缸的结构

1—缸底；2—带放气孔的单向阀；3、10—法兰；4—格来圈密封；5—导向环；6—缓冲套；7—缸筒；8—活塞杆；9、13、23—O 型密封圈；11—缓冲节流阀；12—导向套；14—缸盖；15—斯特圈密封；16—防尘圈；17—Y 型密封圈；18—缸头；19—护环；20—Y_Z 密封圈；21—活塞；22—导向环；24—无杆端缓冲套；25—连接螺钉

项目实施

4.1.3 液压缸的拆装

1. 拆装的一般步骤

在拆装液压元件的过程中，要注意遵守安全操作规程，一般按照以下步骤进行拆装：

（1）拆卸液压元件之前必须分析液压元件的产品铭牌，了解所选取的液压元件的型号和基本参数，查阅产品目录等资料，分析该元件的结构特点，制定出拆卸工艺过程。

（2）按照制定的拆卸工艺过程，将液压元件解体，分析故障原因。在解体过程中应特别注意关键零件的位置关系并记录拆卸顺序。

（3）拆卸下来的全部零件必须用煤油或柴油清洗，干燥后用不起毛的布擦拭干净，检查各个零件，进行必要的修复，更换已损坏的零件。

（4）按照与拆卸相反的顺序重新组装液压元件。

（5）液压系统在实际应用中，由于液压元件都是密封的，发生故障时不易查找原因，能否迅速地找出故障源一方面取决于对系统和元件结构、原理的理解，另一方面还依赖于实践经验的积累。

2. 具体拆装过程

液压缸的具体拆装顺序如下：

（1）缸体组件，包括缸筒、缸盖、缸底等零件；

（2）活塞组件，包括活塞与活塞杆等零件；

（3）密封装置，有活塞与缸筒、活塞杆与缸盖的密封；

（4）缓冲装置；

（5）排气装置。

液压缸通常由后端盖、缸筒、活塞杆、活塞组件、前端盖等主要部分组成。为防止油液向液压缸外泄漏或由高压腔向低压腔泄漏，在缸筒与端盖、活塞与活塞杆、活塞与缸筒、活塞杆与前端盖之间均设置有密封装置，在前端盖外侧，还装有防尘装置。为防止活塞快速退回到行程终端时撞击缸盖，液压缸端部还设置有缓冲装置；有时还需设置排气装置。

如图4－1所示，按以下步骤操作：

（1）准备好内六角扳手1套、耐油橡胶板1块、油盘1个及钳工工具1套。

（2）卸下双头螺杆22和两个螺母5。

（3）卸下右端盖。

（4）卸下左端盖上的螺钉10，取下法兰盖11。

（5）依次卸下防尘密封1，磨损补偿环2，导向套3，密封圈4、6。

（6）卸下左端盖。

（7）卸下左、右端盖上的螺钉8，取下支承板9、缓冲节流阀7、密封圈14。

（8）卸下密封圈12、减振垫13。

（9）卸下活塞和活塞杆组件。

（10）卸下卡簧 15，取下活塞补偿环 17、活塞密封 18、活塞 19、缓冲套 20 和密封圈 16。

（11）观察液压缸主要零件的作用和结构：

① 观察所拆卸液压缸的类型和安装形式。

② 观察活塞与活塞杆的连接形式。

③ 观察缸盖与缸体的连接形式。

④ 观察液压缸中所用密封圈的位置和形式。

（12）按拆卸时的反向顺序进行装配。

3. 液压缸拆装与维修的注意事项

（1）拆卸过程中注意观察导向套、活塞、缸体的相互连接关系，卡键的位置及其与周围零件的装配关系，油缸的密封部位、密封原理，以及液压缸的缓冲结构的形式和工作原理。

（2）拆卸下来的全部零件同样必须用煤油或柴油清洗。注意检查密封元件、弹簧卡圈等是否损坏，必要时应予以更换。

（3）装配时要注意调整密封圈的压紧装置，使之松紧合适，保证活塞杆能用手来回拉动，而且在使用时不能有过多泄漏（允许有微量的泄漏）。

（4）在拆装液压缸时应注意密封圈是否因过度磨损、老化而失去弹性，唇边有无损伤；检查缸筒、活塞杆、导向套等零件表面有无纵向拉痕或单边过大磨损并予以修整。

4.1.4 常见故障及维护

液压缸的常见故障有不动作，速度达不到规定要求，爬行、运动过程中发生不正常声响，缓冲效果不好和泄漏等。液压缸常见故障的原因分析及维护方法见表 4－1。

表 4－1　液压缸的常见故障与维护方法

<table>
<tr><th>故障现象</th><th colspan="2">原　　因</th><th>维护方法</th></tr>
<tr><td rowspan="11">活塞杆不能动作</td><td rowspan="9">压力不足</td><td>（1）油液未进入液压缸</td><td></td></tr>
<tr><td>① 换向阀未换向</td><td>检查换向阀</td></tr>
<tr><td>② 系统未供油</td><td>检查液压泵和主要液压阀</td></tr>
<tr><td>（2）有油但没有压力</td><td></td></tr>
<tr><td>① 系统有故障（主要是液压泵或溢流阀）</td><td>检查调整或更换</td></tr>
<tr><td>② 内部泄露，活塞与活塞杆松动密封件损坏</td><td>将活塞与活塞杆固牢，更换密封件</td></tr>
<tr><td>（3）压力达不到规定值</td><td></td></tr>
<tr><td>① 密封件老化、失效，唇口装反或有破损</td><td>检查，更换，正确安装</td></tr>
<tr><td>② 系统调定压力过低或压力调节阀有故障</td><td>调整压力或排除压力阀的故障</td></tr>
<tr><td rowspan="2">压力已到达要求，但仍不动作</td><td>（1）液压缸结构件变形损坏，导致阻力过大</td><td>检修、更换结构件</td></tr>
<tr><td>（2）液压回路回油不畅，主要是液压缸背压腔油液未与油箱相通，回油路上的调速节流口调节过小或换向阀未动作</td><td>检查液压缸背压腔与油箱的连接情况，检查调速阀或换向阀</td></tr>
</table>

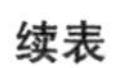

续表

<table>
<tr><th>故障现象</th><th colspan="2">原 因</th><th>维护方法</th></tr>
<tr><td rowspan="2">速度达不到规定</td><td rowspan="2">内泄漏严重</td><td>（1）密封件破损</td><td>更换密封件</td></tr>
<tr><td>（2）液压油变质</td><td>更换适宜的液压油</td></tr>
<tr><td rowspan="5">液压缸爬行</td><td rowspan="5">缸内进入空气</td><td>（1）新液压缸，修理后的液压缸或设备停止时间过长的缸，缸内有气或液压缸内管道排气不净</td><td>空载大行程往复运动，直接把空气排完</td></tr>
<tr><td>（2）缸内部形成负压，从外部吸入空气</td><td>先用油脂封住结合面和接头处，若吸入情况有好转，则将螺钉及接头紧固</td></tr>
<tr><td>（3）从液压缸到换向阀之间的管道容积比液压缸内的容积大得多，液压工作时，这段管道上的油液未排完，所以空气也很难排完</td><td>在靠近液压缸管道的最高处加排气阀，活塞在全行程的情况下运动多次，把气排完后再把排气阀关闭</td></tr>
<tr><td>（4）泵吸入空气</td><td>拧紧泵的吸油管接头</td></tr>
<tr><td>（5）液压中混入空气</td><td>用液压缸的排气阀排气或换油</td></tr>
<tr><td rowspan="16">外泄漏</td><td rowspan="6">装配不良</td><td>（1）液压缸装配时端盖装偏，活塞杆与缸筒定心不良，使活塞杆伸出困难，加速密封件磨损</td><td>拆开检查，重新装配并更换密封件</td></tr>
<tr><td>（2）密封件安装出错，如密封件划伤、切断、密封唇装反，唇口破损或轴倒角尺寸不对，装错或漏装</td><td>重装或更换</td></tr>
<tr><td>（3）密封件压盖未装好</td><td></td></tr>
<tr><td>① 压盖安装有偏差</td><td>重新安装</td></tr>
<tr><td>② 紧固螺钉受力不均</td><td>拧紧螺钉使之受力均匀</td></tr>
<tr><td>③ 紧固螺钉过长，使压盖不能压紧</td><td>按螺钉孔的深度选配螺钉长度</td></tr>
<tr><td rowspan="2">密封件质量不佳</td><td>（1）保管不良，变质或损坏</td><td rowspan="2">更换密封件</td></tr>
<tr><td>（2）胶料性能差，不耐油或胶料与油液相容性差</td></tr>
<tr><td rowspan="2">油的黏度过低</td><td>（1）用错了油品</td><td rowspan="2">更换油液</td></tr>
<tr><td>（2）油液中掺有乳化液</td></tr>
<tr><td rowspan="3">油温过高</td><td>（1）液压缸进油口阻力太大</td><td>检查进油口是否畅通</td></tr>
<tr><td>（2）周围环境温度太高</td><td>采用隔热措施</td></tr>
<tr><td>（3）泵或冷却器有故障</td><td>检查、排除故障</td></tr>
<tr><td rowspan="3">活塞杆拉伤</td><td>（1）防尘圈老化、失效</td><td>更换防尘圈</td></tr>
<tr><td>（2）防尘圈内侵入砂粒、切屑等脏物</td><td>清洗、更换防尘圈，修复活塞杆表面拉伤处</td></tr>
<tr><td>（3）夹布胶木导向套与活塞杆之间配合得太紧，使活动层表面过热，造成活塞杆表面层脱落并拉伤</td><td>检查清洗，用刮刀刮导向套内径</td></tr>
</table>

项目任务单

项目任务单见表4-2，项目考核评价表见表4-3。

表4-2 项目任务单

<table>
<tr><td>项目名称</td><td colspan="6">液压缸、马达的拆装及维护</td><td rowspan="2">对应
学时</td><td>12</td></tr>
<tr><td>名称</td><td colspan="6">液压缸的拆装及维护</td><td>2</td></tr>
<tr><td>任
务
描
述</td><td colspan="8">工作步骤如下：
（1）读元件图，进行拆装工艺分析；
（2）划分拆装工序；
（3）确定拆装步骤；
（4）选择工具；
（5）确定拆装方案，填写资讯单</td></tr>
<tr><td>时间安排
（90 min）</td><td>下达任务
（10 min）</td><td>资讯
（10 min）</td><td>初定方案
（15 min）</td><td>讲授
（15 min）</td><td>操作过程
（20 min）</td><td>评价
（10 min）</td><td colspan="2">作业及下发任务
（10 min）</td></tr>
<tr><td>提供资料</td><td colspan="8">（1）校本教材；
（2）机械拆装手册；
（3）工具手册</td></tr>
<tr><td>对学生的要求</td><td colspan="8">（1）学习目标：
① 理解液压缸的工作原理；
② 认识液压缸的密封、缓冲、排气等结构；
③ 掌握活塞式液压缸3种进油连接的速度、推力的计算，积极动脑。
（2）能力目标：
① 使学生对液压缸的结构及工作原理有进一步的认识，培养学生自己动手拆装液压缸的能力及对液压缸简单故障的判断能力；
② 认识液压缸的密封、缓冲、排气等结构；
③ 掌握活塞式液压缸3种进油连接的速度、推力的计算，积极动脑，掌握拆装液压缸的基本能力</td></tr>
<tr><td>思考问题</td><td colspan="8">（1）液压缸的结构如何？
（2）液压缸的密封应注意什么？
（3）液压缸精度较高的位置在什么地方？
（4）液压缸如何分类？
（5）液压缸在拆装时应注意的问题有哪些</td></tr>
</table>

表4-3 项目考核评价表

<table>
<tr><td>记录表编号</td><td></td><td>操作时间</td><td>20 min</td><td>姓名</td><td></td><td>总分</td><td></td></tr>
<tr><td>考核项目</td><td>考核内容</td><td>要求</td><td>分值</td><td colspan="2">评分标准</td><td>互评</td><td>自评</td></tr>
<tr><td rowspan="3">主要项目
（80分）</td><td>安全操作</td><td>安全控制</td><td>10</td><td colspan="2">违反安全规定扣10分</td><td></td><td></td></tr>
<tr><td>拆卸顺序</td><td>实践</td><td>10</td><td colspan="2">错误1处扣5分</td><td></td><td></td></tr>
<tr><td>安装顺序</td><td>正确</td><td>10</td><td colspan="2">错误1处扣5分</td><td></td><td></td></tr>
</table>

续表

考核项目	考核内容	要求	分值	评分标准	互评	自评
主要项目（80分）	工具使用	正确	10	选择错误1处扣2分		
	操作能力	高	20	操作有误1处扣5分		
	分析能力	高	10	陈述错误1处扣2分		
	故障查找	高	10	1处未排除扣3分		

知识拓展

1. 活塞式液压缸

（1）结构形式：双杆式和单杆式液压缸如图4－4所示。

（2）安装方式：缸筒固定式和活塞杆固定式。

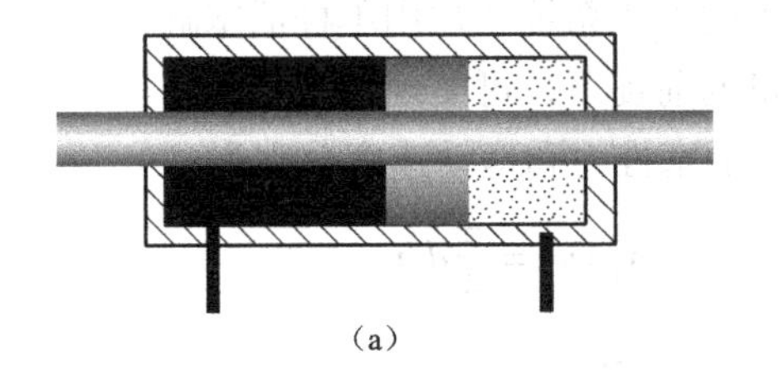

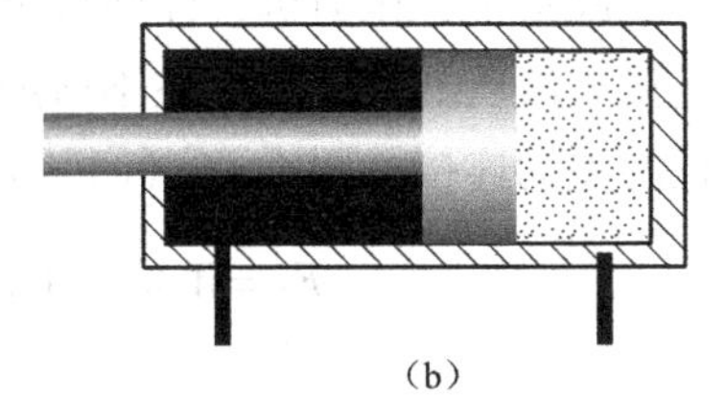

(a)　　(b)

图4－4　活塞式液压缸的结构形式

（a）双杆式；（b）单杆式

2. 双杆活塞液压缸的特点

（1）两腔面积相等。

（2）压力相同时，推力相等；流量相同时，速度相等，即具有等推力等速度特性。

缸固定、杆固定式双杆活塞液压缸的工况如4－5图所示，其推力、速度计算如下：

$$v=\frac{q}{A}=\frac{4q}{\pi(D^2-d^2)}$$

$$F=(p_1-p_2)A=\pi(D^2-d^2)(p_1-p_2)/4F$$

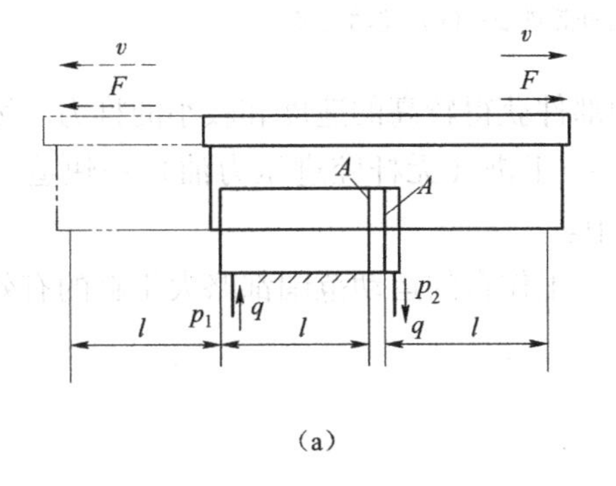

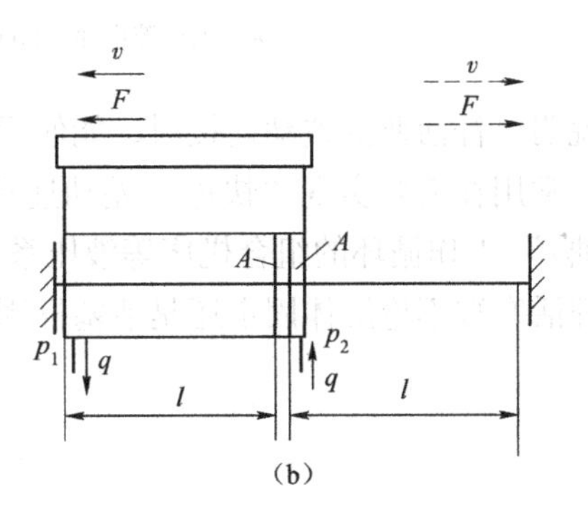

(a)　　(b)

图4－5　缸固定、杆固定式双杆活塞液压缸的工况

3. 单活塞杆液压缸的特点

（1）两腔面积不等，$A_1 > A_2$

（2）压力相同时，推力不等；流量相同时，速度不等，即不具有等推力等速度特性。

单杆活塞液压缸的工况如图 4－6 所示，无杆腔进油时，

$$v_1 = \frac{q}{A_1} = \frac{4q}{\pi D^2}$$

$$F_1 = p_1 A_1 - p_2 A_2 = \pi[D^2 p_1 - (D^2 - d^2) p_2]/4$$

有杆腔进油时，

$$v_2 = \frac{q}{A_2} = \frac{4q}{\pi(D^2 - d^2)}$$

$$F_2 = p_1 A_{21} - p_2 A_1 = \pi[(D^2 - d^2) p_1 - D^2 p_2]/4$$

无杆腔进压力油工作时，推力大，速度低；有杆腔进压力油工作时，推力小，速度高。因此单杆活塞缸常用于一个方向有较大负载但运行速度低，另一个方向为空载且快速退回运动的设备，如起重机、压力机、注塑机等设备的液压系统就常用单杆活塞缸。

差动连接式液压缸特点是，在不增加流量的前提下，可实现快速运动。

液压缸的差动连接如图 4－6（c）所示，活塞推力和运动速度分别为：

$$F_3 = A_1 p_1 - A_2 p_1 = (A_2 - A_1) p_1 = \frac{\pi}{4} d^2 p_1$$

$$v_3 = \frac{q}{A_1 - A_2} = \frac{4q}{\pi d^2}$$

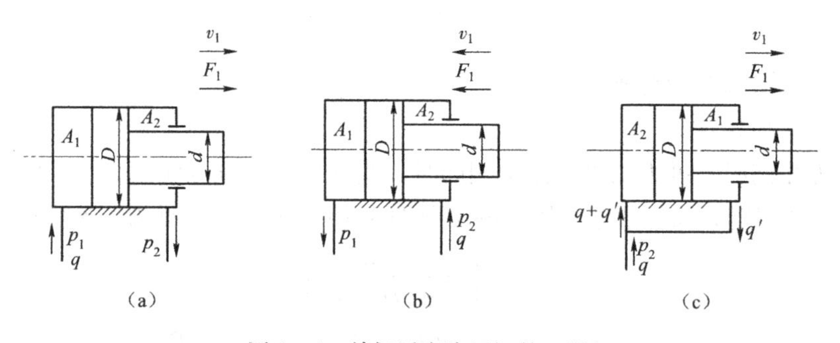

图 4－6 单杆活塞液压缸的工况

（a）无杆腔进油；（b）有杆腔进油；（c）差动连接

这说明单杆活塞缸差动连接时，能使运动部件获得较高的速度和较小的推力。因此，单杆活塞缸常用在需要实现“快进（差动连接）→工进（无杆腔进压力油）→快退（有杆腔进压力油）”工作循环的组合机床等液压系统中。

单杆活塞缸不论缸体固定还是活塞杆固定，工作台的运动范围都略大于缸的有效行程的两倍。

4.2 液压缸性能测试操作

项目导入

对液压缸的性能参数所反映出来的问题，试想如果液压缸在出厂前不进行液压缸性能测定会出现什么情况呢?

相关知识

4.2.1 液压缸的性能参数

1. 活塞式液压缸

1）双杆式活塞缸

双杆式活塞缸依安装方式可分为缸筒固定式和活塞杆固定式。缸筒固定式的工作台的运动范围约为3 L（有效行程），用于小型设备。

活塞杆固定式的工作台的运动范围约为2 L，用于大、中型设备。

其性能参数（双向性能相同）如下：

推（拉）力： $F=pA$;

推（拉）速： $v=\dfrac{q}{A}$。

由于其双向性能相同，故适用于双向负载相同或相近的场合。

2）单杆式活塞缸

由于这种缸两腔的有效工作面积不相等，故在两个方向的推力和速度也不相等。

（1）无杆腔进油，有杆腔回油时：

$$F_1=pA_1=\frac{\pi}{4}D^2p \tag{4-1}$$

$$v_1=\frac{q}{A_1}=\frac{4q}{\pi D^2} \tag{4-2}$$

（2）有杆腔进油，无杆腔回油时：

$$F_2=pA_2=\frac{\pi}{4}(D^2-d^2)p \tag{4-3}$$

$$v_2=\frac{q}{A_2}=\frac{4q}{\pi(D^2-d^2)} \tag{4-4}$$

显然，由于 $A_1>A_2$，所以 $F_1>F_2$，$V_1<V_2$，故这种缸常用于双向负载不等的场合。

（3）两腔同时通入压力油时，由于无杆腔的作用力大于有杆腔，活塞以一定速度右移，而有杆腔排出的油与泵供给的油汇合后进入无杆腔，这种工况叫差动连接。

差动连接时，活塞的推力 F_3 为

$$F_3 = pA_1 - pA_2 = pA_3 = \frac{\pi}{4}d^2 p \tag{4-5}$$

设活塞的速度为 v_3，则无杆腔的进油量为 v_3A_1，有杆腔的出油量为 v_3A_2，显然二者的差值即为液压缸的进油量 q，因而有

$$v_3A_1 = q + v_3A_2$$

即

$$v_3 = \frac{q}{A_1 - A_2} = \frac{q}{A_3} = \frac{4q}{\pi d^2} \tag{4-6}$$

式中　A_3 为活塞杆的截面积。

比较式（4-2）和式（4-6）可知，$v_3 \geqslant v_1$；比较式（4-1）和式（4-5）可知，$F_3 < F_1$。

在组合机床等设备的液压系统中，上述3种供油方式都常使用到，其工作循环“快进（差动连接）→工进（无杆腔供压力油）→快退（有杆腔供压力油）”可以很方便地实现。

如果要求“快进”和“快退”的运动速度相等，即 $v_3 = v_2$，由式（4-3）和式（4-6）可知，只要保证 $A_3 = A_2$，即

$$D = \sqrt{2}d \tag{4-7}$$

2. 柱塞式液压缸

与活塞缸相比，其主要结构特点为缸内壁不需精加工，工艺性好，成本低，但它属于单作用液压缸（回程需借助自重或其他外力）。

其性能参数如下：

$$F = pA = p\frac{\pi}{4}d^2 \tag{4-8}$$

$$v = \frac{q}{A} = \frac{4q}{\pi d^2} \tag{4-9}$$

它一般垂直安装使用。因水平安装易产生单边磨损，要使其驱动的负载双向运动需成对使用。

3. 摆动式液压缸

摆动式液压缸分为单叶片式（理论值 <360°，实际值 <280°）和双叶片式（理论值 <180°，实际值 <150°）。

其性能参数如下：

$$T = \frac{b(D^2 - d^2)}{8} p\eta_{cM} \tag{4-10}$$

$$\omega = \frac{pq}{T}\eta_{cv} = \frac{8q\eta_{cv}}{b(D^2 - d^2)} \tag{4-11}$$

摆动式液压缸常用于机床送料装置、回转夹具及其他回转装置。

项目实施

4.2.2　性能参数测定

1. 操作仪器设备

本操作所用设备为 YCS－C 型液压综合教学操作台，液压缸性能测定原理如图 4－7 所示。

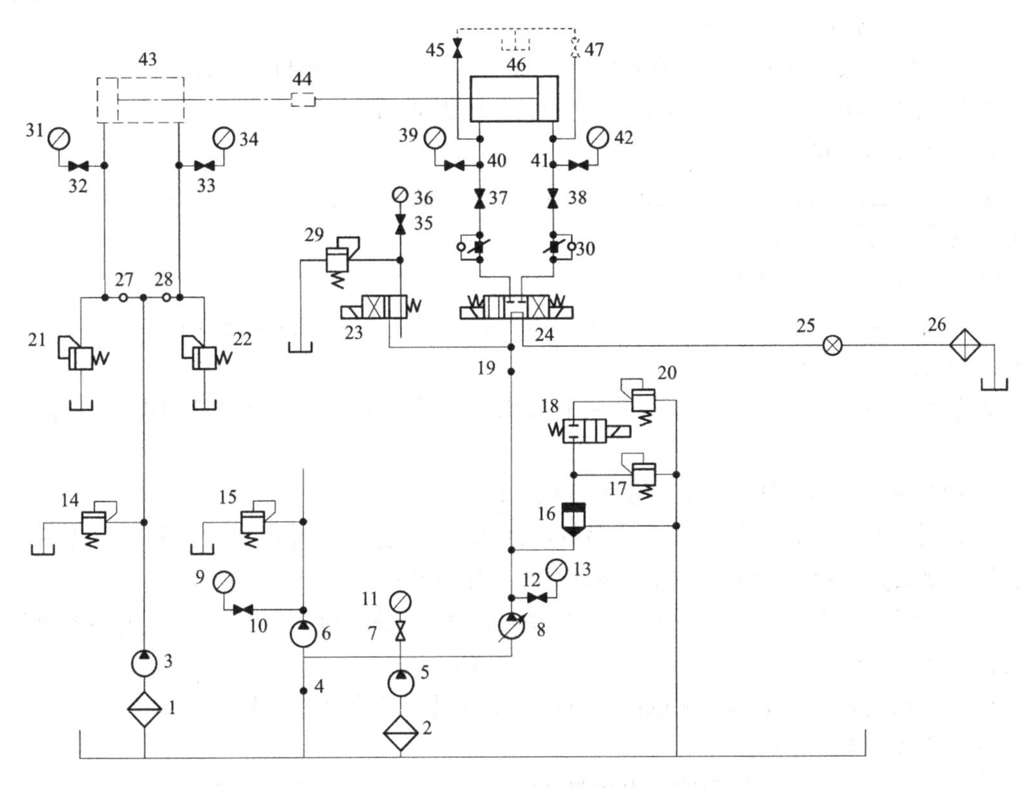

图 4－7　液压缸性能测定原理

2. 操作原理

在测试装置液压原理图中，工作缸是被试液压缸，负载缸用于给被试液压缸施加负载，它们分别由两个泵驱动。

(1) 测试液压缸的最低启动压力时，将被试液压缸置于空载工况下，向液压缸无杆腔通入压力油，逐渐提高进油压力，同时测量并记录进油压力和活塞位移，液压缸产生位移时刻的压力值为最低启动压力。应测量 3～5 次，计算其平均值。

测量时，负载缸应脱离工作缸保持静止状态，对电磁铁通电，用电磁溢流阀调节被试液压缸的进油压力。

(2) 液压缸的负载效率的测试。

液压缸的负载效率及机械效率，在测试系统中可按下式计算：

$$\eta = F / (P_2A_1 - P_3A_2)$$

液压缸的负载效率特性是指负载效率随工作缸的工作压力 P_2 变化的情况。

测试时，调节溢流阀为一个系统设定压力，锁紧手柄；节流阀为全开，锁紧手柄；设定若干个加载压力测量点，由小到大调节溢流阀（即调节负载缸的工作压力，调节工作缸的负载），测量记录各测量点的压力值 $P_2 \sim P_5$（MPa）及位移 L（mm），并由下面公式计算相关参数：

液压缸的线速度：$v = \Delta L \Delta t$；

液压缸的摩擦力：$F_f =$（$P_2A_1 - P_3A_2 - P_4A_1 + P_5A_2$）$\times 10 \times 10 \times 10 \times 10 \times 10 \times 10 / 2$；

液压缸的机械效率：$\eta = 1 - F_f \times 10 /$（$P_2A_1 - P_3A_2$）；

液压缸的负载：$F =$（$P_4A_1 - P_5A_2$）$\eta_m \times 10 \times 10 \times 10 \times 10 \times 10 \times 10$；

液压缸的负载效率：$\eta = F / P_2A_1 - P_3A_2$。

式中，A_1 为液压缸无杆腔的有效面积；A_2 为液压缸有杆腔的有效面积。

由上述测试数据，绘制负载效率 η - 进油压力 P_2 曲线。

3. 具体操作过程

操作时，应根据操作装置正确地输入操作参数：液压缸的直径、活塞杆的直径、液压泵的实际流量（实测平均值）等。

（1）最低启动压力测试。

① 按液压原理图连接好回路，电磁铁 1YA 和 2YA 由计算机自动控制，电磁铁 3YA 和 4YA 由手动控制；

② 启动主液压泵，关闭节流阀，调节液压泵为系统最高压力（如 7 MPa），加载泵不启动；

③ 调节节流阀的手柄，使之处于全开状态；

④ 在【操作项目选择】栏选中【最低启动压力测试】，按【项目运行】键，【AD 卡】指示和【测试】指示变为绿色，说明测试系统工作正常；

⑤ 缓慢地关闭节流阀，使系统压力逐渐增大，【已采样数】不断更新，同时观察液压缸的状态变化，直至液压缸开始动作，测试自动完成；

⑥ 液压缸的最低启动压力测试结果自动记录在【最低启动压力】框内。

（2）负载效率特性测试。

① 按液压原理图连接好回路，电磁铁 1YA 和 2YA 由计算机自动控制，电磁铁 3YA 和 4YA 由手动控制；

② 启动两个液压泵，一个调节为系统最高压力（如 MPa），一个调节为最低压力；

③ 按最高加载压力，由小到大预设若干个压力测量点；

④ 手动开启电磁铁 3YA，使负载缸左行至终点；

⑤ 在【负载效率特性测试】栏填写【测试次数】、【测试数据文件】等；

⑥ 在【操作项目选择】栏选中【负载效率特性测试】，按【项目运行】键，【AD 卡】指示变为绿色，说明测试系统工作正常；

⑦ 同时弹出一个【开始下次测试】对话框；

⑧ 按对话框上的【OK】键，工作缸右行，当达到【测试运行】时，测试数据自动显示在【操作数据表（HF）】一行内，工作缸左行返回，此时弹出一个【工作缸停止返回】对话框；

⑨ 当工作缸左行至末端，按对话框上的【OK】键，该测试点测试结束，同时又弹出一个【开始下次测试】对话框；

⑩ 小心调整液压泵，观察压力显示值，使其至下一个测试点，重复⑧ ⑨操作，直至测试全部完成。

测试操作必须按预设的加载点（或测速点）由小到大进行操作，若想在已设的数据文件名下增加测试数据，可重复上面的操作；若想在已设的数据文件名下删除某一记录数据，可在【操作数据修改】栏中进行操作。

（3）数据采集接线说明。

① 本操作使用 AD 通道 7 个，DO 通道 2 个；

② AD 起始通道→节流阀入口压力传感器 p1；

③ AD 起始通道 +1→节流阀出口压力传感器 p2（工作缸无杆腔）；

④ AD 起始通道 +2→工作缸有杆腔压力传感器 p3；

⑤ AD 起始通道 +3→负载缸有杆腔压力传感器 p4；

⑥ AD 起始通道 +4→负载缸无杆腔压力传感器 p5；

⑦ AD 起始通道 +5→流量传感器 q（本操作不需使用）；

⑧ AD 起始通道 +6→位移传感器 L。

（4）DO 通道的默认设置，见表 4 -4。

表 4 -4 DO 通道的默认设置

DO 通道设置	2YA（DO2）	1YA（DO1）
工作缸右行	0	1
工作缸左行	1	0

① AD 卡共有 16 个通道可供使用，即 1 ~16，默认 AD 起始通道为 1 通道；

② DO 通道共有 8 个通道可供使用，设置必须按二进制格式输入，如“1101”表示：DO1 通道输出为高电位，DO2 通道输出为高电位，DO3 通道输出为低电位，DO4 通道输出为高电位；

③ 电磁铁 3YA 和 4YA 用手动控制，以驱动负载缸动作。

项目任务单

项目任务单见表 4 -5，项目考核评价表见表 4 -6。

表 4 -5 项目任务单

<table>
<tr><td>项目名称</td><td>液压缸、马达的拆装及维修</td><td rowspan="2">对应学时</td><td>16</td></tr>
<tr><td>名称</td><td>液压缸性能测试操作</td><td>2</td></tr>
<tr><td>任务描述</td><td colspan="3">工作步骤如下：
（1）了解液压缸的性能参数；
（2）按测试步骤进行项目；
（3）记录数据；
（4）对数据进行分析；
（5）确定、填写资讯单</td></tr>
</table>

续表

<table>
<tr><td>项目名称</td><td colspan="6">液压缸、马达的拆装及维修</td><td rowspan="2">对应学时</td><td>16</td></tr>
<tr><td>名称</td><td colspan="6">液压缸性能测试操作</td><td>2</td></tr>
<tr><td>时间安排
（90 min）</td><td>下达任务
（5 min）</td><td>资讯
（10 min）</td><td>初定方案
（10 min）</td><td>讲授
（20 min）</td><td>操作过程
（30 min）</td><td>评价
（10 min）</td><td colspan="2">作业及下发任务
（5 min）</td></tr>
<tr><td>提供资料</td><td colspan="8">（1）校本教材；
（2）机械拆装手册；
（3）工具手册</td></tr>
<tr><td>对学生的要求</td><td colspan="8">（1）学习目标：
① 理解液压缸的工作原理；
② 认识液压缸的密封、缓冲、排气等结构；
③ 掌握活塞式液压缸 3 种进油连接的速度、推力的计算，积极动脑。
（2）能力目标：
① 使学生对液压缸的结构及工作原理有进一步的认识，培养学生自己动手拆装液压缸的能力及对液压缸简单故障进行判断的能力；
② 认识液压缸的密封、缓冲、排气等结构；
③ 掌握活塞式液压缸 3 种进油连接的速度、推力的计算，积极动脑，掌握液压缸拆装的基本能力</td></tr>
<tr><td>思考问题</td><td colspan="8">（1）有一差运连接缸供油，流量为 q，压力为 P_0；① 当活塞杆直径 d 变小时，其活塞运动速度 V 及作用力 F 将如何变化？② 要使 $V_3/V_2=2$，则 $D/d=$？
（2）若柱塞固定缸体活动，则性能参数如何计算？
（3）液压缸的类型及各自结构与性能的特点、适用场合是什么？
（4）液压缸主要结构尺寸的确定方法和性能参数的计算方法是什么？
（5）液压缸的结构与性能特点、参数计算方法是什么？
（6）有效工作面积概念是什么</td></tr>
</table>

表 4－6　项目考核评价表

<table>
<tr><td>记录表编号</td><td></td><td>操作时间</td><td>30 min</td><td colspan="2">姓名</td><td>总分</td><td></td></tr>
<tr><td>考核项目</td><td>考核内容</td><td>要求</td><td>分值</td><td colspan="2">评分标准</td><td>互评</td><td>自评</td></tr>
<tr><td rowspan="7">主要项目
（80 分）</td><td>安全操作</td><td>安全控制</td><td>10</td><td colspan="2">违反安全规定扣 10 分</td><td></td><td></td></tr>
<tr><td>液压缸原理的理解</td><td>理论实践</td><td>10</td><td colspan="2">阐述错误酌情扣分</td><td></td><td></td></tr>
<tr><td>公式应用</td><td>实践</td><td>10</td><td colspan="2">计算能力不足扣 5 分</td><td></td><td></td></tr>
<tr><td>参数测量</td><td>正确</td><td>10</td><td colspan="2">不合理 1 处扣 5 分</td><td></td><td></td></tr>
<tr><td>操作能力</td><td>高</td><td>20</td><td colspan="2">操作有误 1 处扣 5 分</td><td></td><td></td></tr>
<tr><td>分析能力</td><td>高</td><td>10</td><td colspan="2">陈述错误 1 处扣 2 分</td><td></td><td></td></tr>
<tr><td>准确性</td><td>高</td><td>10</td><td colspan="2">不准确 1 处扣 2 分</td><td></td><td></td></tr>
</table>

4.3　液压马达的拆装及维护

项目导入

液压马达的结构如图4-8所示。

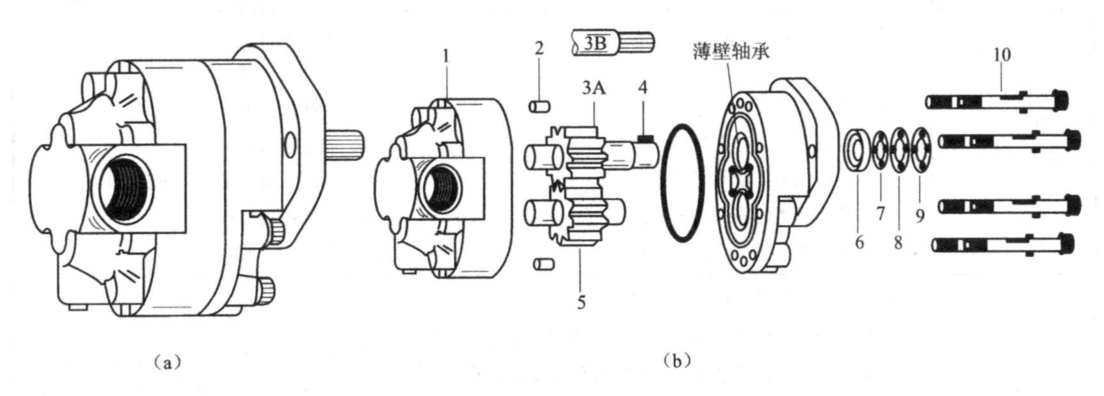

图4-8　液压马达的结构

(a) 外观图；(b) 立体分解图

1—壳体；2—定位销；3A、3B—输出齿轮轴；4—键；5—从动齿轮轴；6—轴封；7、8—垫；9—卡簧；10—螺钉

项目实施

4.3.1　液压马达的拆装

图4-8所示的是齿轮式液压马达的外观图和立体分解图，现以这种液压马达为例说明液压马达的拆装步骤和方法。

(1) 准备好内六角扳手1套、耐油橡胶板1块、油盘1个及钳工工具一套。

(2) 卸下4个螺钉10。

(3) 卸下壳体1。

(4) 卸下键4，卡簧9，垫7、8，轴封6。

(5) 卸下定位销2。

(6) 卸下输出齿轮轴3、从动齿轮轴5。

(7) 观察主要零件的作用和结构。

(8) 按拆卸的反向顺序装配液压马达。装配前清洗各零部件，在轴与泵盖之间、齿轮与泵体之间的配合表面涂润滑液，并注意各处密封的装配。

4.3.2 常见故障的诊断与维护方法

液压马达的常见故障的诊断与维护方法见表4－7。

表4－7 液压马达的常见故障及维护方法

故障现象	产生原因	维护方法
低速稳定性下降	（1）液压油污染使马达内零部件磨损； （2）液压泵等不正常使供油等出现异常； （3）液压系统混入空气，使压力出现波动或液压油存在空穴现象	（1）修理更换马达并清洗液压油； （2）检查有关元件，恢复正常供油； （3）排除系统的气体
转速低， 输出转矩小	（1）电机转速低，功率不匹配； （2）滤油器或管路阻塞； （3）液压油黏度不合适； （4）密封不严，有空气进入； （5）油液污染，堵塞了马达通道； （6）液压马达的零件过度磨损； （7）单向阀密封不严，溢流阀失灵	（1）更换电机； （2）清洗滤油器或疏通管路； （3）更换液压油； （4）固紧密封圈； （5）拆卸、清洗马达，更换液压油； （6）检修或更换； （7）修理阀芯或阀座
噪声过大	（1）联轴器与马达传动轴不同轴； （2）齿轮式液压马达齿形精度低，接触不良，轴向间隙小，内部个别零件损坏，齿轮内孔与端面不垂直，端盖上两孔不平行，滚针轴承断裂，轴承架损坏； （3）叶片或主配油盘接触的两侧面、叶片顶端或定子内表面磨损或刮伤，扭力弹簧变形或损坏	（1）调整或重新安装； （2）更换齿轮或研磨修整齿形，研磨有关零件，重配轴向间隙，更换损坏的零件； （3）更换叶片或主配油盘
泄漏	（1）管接头未拧紧； （2）接合面未拧紧； （3）密封件损坏； （4）相互运动零件间的间隙过大； （5）配油装置发生故障	（1）拧紧管接头； （2）拧紧接合面； （3）更换密封件； （4）调整间隙或更换损坏零件； （5）检修配油装置

项目任务单

项目任务单见表4－8，项目考核评价表见表4－9。

表4－8 项目任务单

项目名称	液压缸、马达的拆装及维护	对应学时	16
名称	液压马达的拆装及维护		2
任务描述	工作步骤如下： （1）读元件图，分析拆装工艺； （2）划分拆装工序； （3）确定拆装步骤； （4）选择工具； （5）确定拆装方案		

续表

<table>
<tr><td>项目名称</td><td colspan="6">液压缸、马达的拆装及维护</td><td rowspan="2">对应
学时</td><td>16</td></tr>
<tr><td>名称</td><td colspan="6">液压马达的拆装及维护</td><td>2</td></tr>
<tr><td>时间安排
（90 min）</td><td>下达任务
（5 min）</td><td>资讯
（10 min）</td><td>初定方案
（10 min）</td><td>讲授
（20 min）</td><td>操作过程
（30 min）</td><td>评价
（10 min）</td><td colspan="2">作业及下发任务
（5 min）</td></tr>
<tr><td>提供资料</td><td colspan="8">（1）校本教材；
（2）机械拆装手册；
（3）工具手册</td></tr>
<tr><td>对学生的要求</td><td colspan="8">（1）学习目标：
① 理解液压缸的工作原理；
② 认识液压缸的密封、缓冲、排气等结构；
③ 掌握活塞式液压缸 3 种进油连接的速度、推力的计算，积极动脑。
（2）能力目标：
① 使学生对液压缸的结构及工作原理有进一步的认识，培养学生自己动手拆装液压缸的能力及对液压缸简单故障的判断能力；
② 认识液压缸的密封、缓冲、排气等结构；
③ 掌握活塞式液压缸 3 种进油连接的速度、推力的计算，积极动脑，掌握拆装液压缸的基本能力</td></tr>
<tr><td>思考问题</td><td colspan="8">（1）液压马达的结构有何特点？
（2）液压马达和液压泵在结构上有何区别？
（3）液压马达是怎样工作的？适用于什么样的工作环境？
（4）液压马达的类型有哪些</td></tr>
</table>

表 4-9 项目考核评价表

<table>
<tr><td>记录表编号</td><td colspan="2"></td><td>操作时间</td><td colspan="2">30 min</td><td>姓名</td><td>总分</td><td></td></tr>
<tr><td>考核项目</td><td colspan="2">考核内容</td><td>要求</td><td>分值</td><td colspan="2">评分标准</td><td>互评</td><td>自评</td></tr>
<tr><td rowspan="7">主要项目
（80 分）</td><td colspan="2">安全操作</td><td>安全控制</td><td>10</td><td colspan="2">违反安全规定扣 10 分</td><td></td><td></td></tr>
<tr><td colspan="2">液压马达的拆卸</td><td>实践</td><td>20</td><td colspan="2">拆装步骤错 1 步扣 5 分</td><td></td><td></td></tr>
<tr><td colspan="2">安装过程</td><td>实践</td><td>20</td><td colspan="2">安错 1 个零件扣 5 分</td><td></td><td></td></tr>
<tr><td colspan="2">操作能力</td><td>高</td><td>15</td><td colspan="2">操作有误 1 处扣 5 分</td><td></td><td></td></tr>
<tr><td colspan="2">阐述拆装过程</td><td>高</td><td>5</td><td colspan="2">表述不严谨酌情扣 2 ~ 4 分</td><td></td><td></td></tr>
<tr><td colspan="2">保养方法</td><td>实践</td><td>5</td><td colspan="2">判断错误扣 5 分</td><td></td><td></td></tr>
<tr><td colspan="2">故障查找</td><td>高</td><td>5</td><td colspan="2">1 处未排除扣 3 分</td><td></td><td></td></tr>
</table>

知识拓展

液压马达的结构和工作原理。

液压马达是实现连续回转运动的执行元件，它将液体的压力能转换成机械能。它可分为齿轮式、叶片式和柱塞式 3 种。

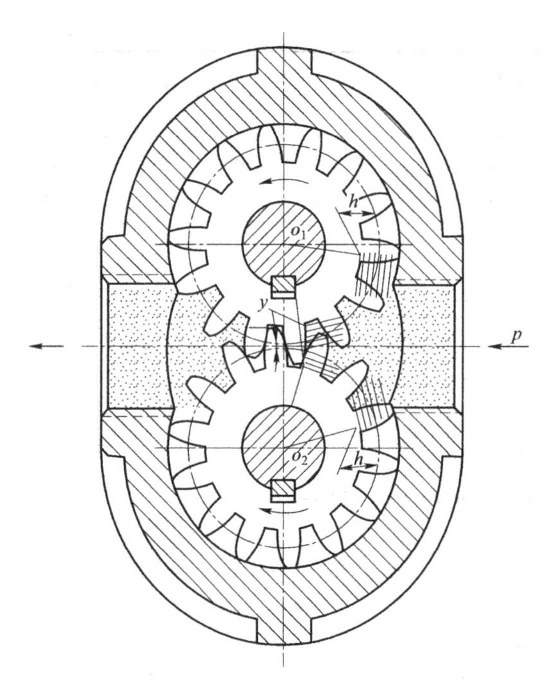

图 4 -9　齿轮式液压马达的结构和工作原理

(1) 齿轮式液压马达的结构和工作原理。

齿轮式液压马达适用于高转速、低扭矩的场合，它的结构和工作原理如图 4 -9 所示。它与齿轮式液压泵的结构基本相同，最大的不同是齿轮式液压马达的两个油口一样大，且内泄漏时单独引出油箱。当高压油进入右腔时，由于两个齿轮的受压面积存在差异，因而产生转矩，推动齿轮转动。

(2) 叶片式液压马达的结构和工作原理。

叶片式液压马达的动作灵敏，转子惯性小，可以频繁换向，但泄漏量较大，不宜用于低速场合。叶片式液压马达多用于转速高、转矩小、要求动作灵敏的场合。

叶片式液压马达的结构和工作原理如图 4 -10 所示，这种马达由转子、定子、叶片、配油盘转子轴和泵体等组成。叶片式液压马达的叶片径向放置，以便马达可以正反向旋转。在吸、压油腔通入叶片根部的通路上设有单向阀，其使叶片底部能与压力油相通，以保证马达的正常启动。在每个柱塞根部均设有弹簧，其使叶片始终处于伸出状态，以保证密封性。

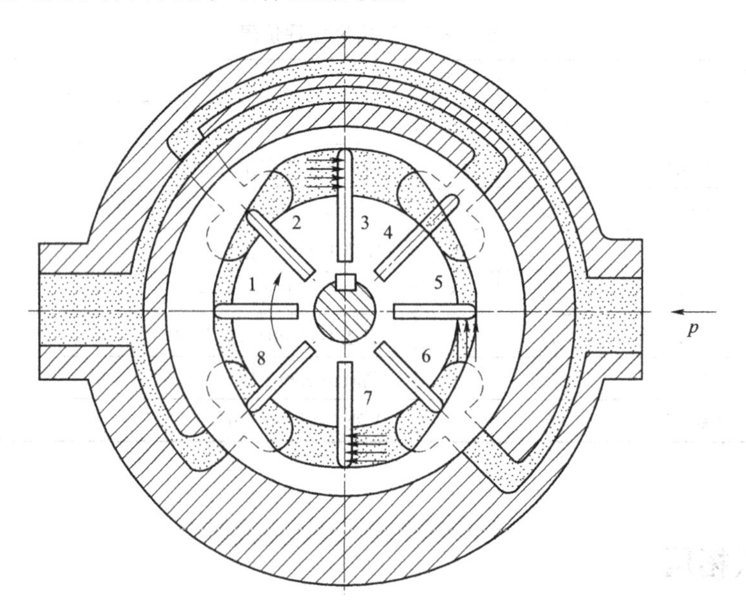

图 4 -10　叶片式液压马达的结构和工作原理

当压力油进入压油腔后，在叶片 3、7 和叶片 1、5 上，一面作用有高压油，另一面则为低压油，由于叶片 3、7 的受力面积大于叶片 1、5 的受力面积，从而由叶片受力差构成的力矩推动转子和叶片顺时针旋转。如果改变进油方向，液压马达就会反转。

（3）轴向柱塞式液压马达的结构和工作原理。

斜盘式轴向柱塞马达一般转矩小，多用于低转矩、高转速的工作场合，它的结构和工作原理如图4－11所示，这种马达由倾斜盘1、缸体2、柱塞3、配油盘4组成。工作时，压力油经配油盘进入柱塞底部，柱塞受压力油作用外伸，并紧压在斜盘上，这时在斜盘上产生一反作用力，其可分成轴向分力和径向分力，轴向分力与作用在柱塞上的液压力相平衡，而径向分力使转子产生转矩，使缸体旋转，从而带动液压马达的传动轴转动。

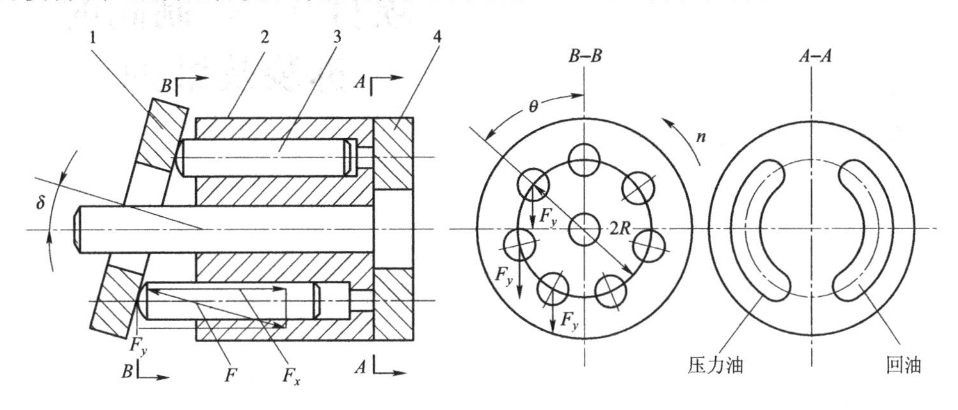

图4－11 斜盘式轴向柱塞马达的结构和工作原理

1—倾斜盘；2—缸体；3—柱塞；4—配油盘

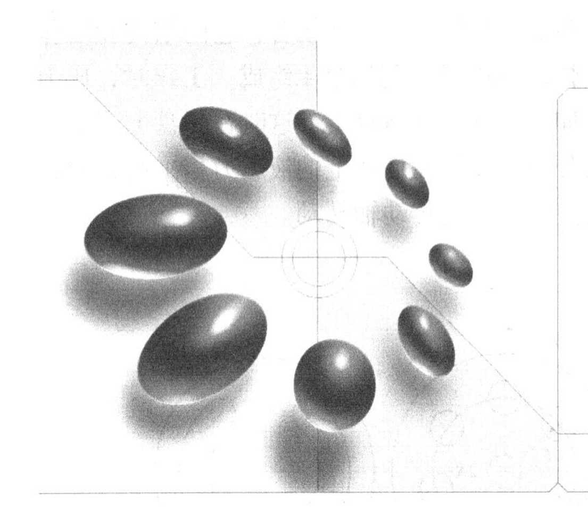

项目5　控制阀的拆装及维护

项目目标

（1）液压操作工对液压系统控制阀的安装所需的技能。

（2）液压维修工对液压系统控制阀的维修保养。

（3）设计员对液压系统中控制阀的使用及元件技改。

（4）通过教师提供资料与学生自己查阅资料，让学生了解液压阀的种类与换向阀的用途。

（5）教师告知学生滑阀式换向阀的拆装要求与拆装要点，学生通过拆装换向阀理解其结构与原理。

（6）教师讲解换向阀的作用、工作原理、结构特点等知识。

（7）对照实物与图片，教师与学生分析常用换向阀的常见故障及维护方法。

教学目标

（1）认识液压阀的种类及分类方法。

（2）通过对液压阀的实际拆装操作，掌握各种液压阀的工作原理和拆装阀的结构。

（3）掌握典型液压阀的结构特点、应用范围及设计选型。

（4）按要求完成操作报告。

5.1 方向控制阀的拆装及维护

项目导入

工作台的往复运动如图 5－1 所示。

图 5－1 工作台的往复运动

相关知识

液压控制阀的种类很多，可按不同的特征对其进行分类，其分类方法见表 5－1。

表 5－1 液压控制阀的分类

分类方法	类别	类别内容
按功能分	压力控制阀	溢流阀、减压阀、顺序阀、压力继电器等
	方向控制阀	单向阀、液控单向阀、换向阀、截止阀、梭阀
	流量控制阀	节流阀、单向节流阀、调速阀、比例流量控制阀
按结构分类	滑阀	圆柱滑阀、转阀、平板滑阀
	座阀	锥阀、球阀、喷嘴挡板阀
	射流管阀	射流阀
按操纵方式分类	手动阀	手柄及手轮、踏板、杠杆
	电动阀	电磁铁、电液动阀、伺服控制
	机动阀	挡块及碰块、弹簧
	液动阀	液动阀

续表

分类方法	类别	类别内容
按连接方式分类	管式连接	法兰板式连接、螺纹式连接
	板式或叠加式连接	单双连接板式、叠加式
	插装饰连接	螺纹式插装、法兰式插装

5.1.1 方向控制阀的分类

方向控制阀的作用是利用阀芯对阀体的相对运动，控制液压油路接通、关断或变换油流方向，从而实现液压执行元件及其驱动机构启动、停止或变换运动方向。方向控制阀分为单向阀和换向阀两类。方向控制阀也有其他分类方法，见表5－2。

表5－2 方向控制阀的分类

分类方法	形　　式
按阀芯运动方式	滑阀、转阀
按阀的工作位置数和通路数	两位三通、两位四通、三位四通
按阀的操纵方式	手动、机动、电动、液动、电液动
按阀的安装方式	管式、板式、法兰式

5.1.2 方向控制阀的结构及工作原理

1. 单向阀

单向阀（Check Valve）使油只能在一个方向流动，反方向则堵塞。图5－2所示的为管式普通单向阀的外观和立体分解图。单向阀分为普通单向阀和液控单向阀。

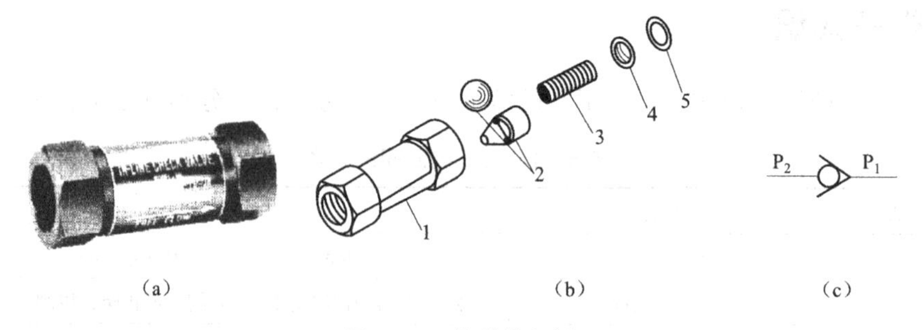

图5－2 普通单向阀

(a) 外观图；(b) 立体分解图；(c) 图形符号

1—阀体；2—阀芯；3—弹簧；4—垫；5—卡环

2. 换向阀

这里以电磁换向阀为例，它是液压控制系统与电器控制系统之间的转换元件，它利用两端电磁铁的吸力来实现阀芯的运动，从而改变油路的通断，进而实现执行元件的换向。

“三位四通”可从字面作如下理解：“三位”针对阀芯来讲，阀芯可实现3个位置的变换。“四通”针对其机能来讲，指其可实现4个油路口间不同方式的贯通。阀芯可实现左位、中位、右位 3 个位置的变换。如图 5－3 所示，当阀芯处于中位时各油口不相通，当阀芯处于左位时油路可由 *P* 口进，*A* 口出，同时 *B* 口与 *T* 口相通。当阀芯处于右位时油路可由 *P* 口进，*B* 口出，同时 *A* 口与 *T* 口相通。图 5－3（b）所示为三位四通电磁换向阀的立体分解图。

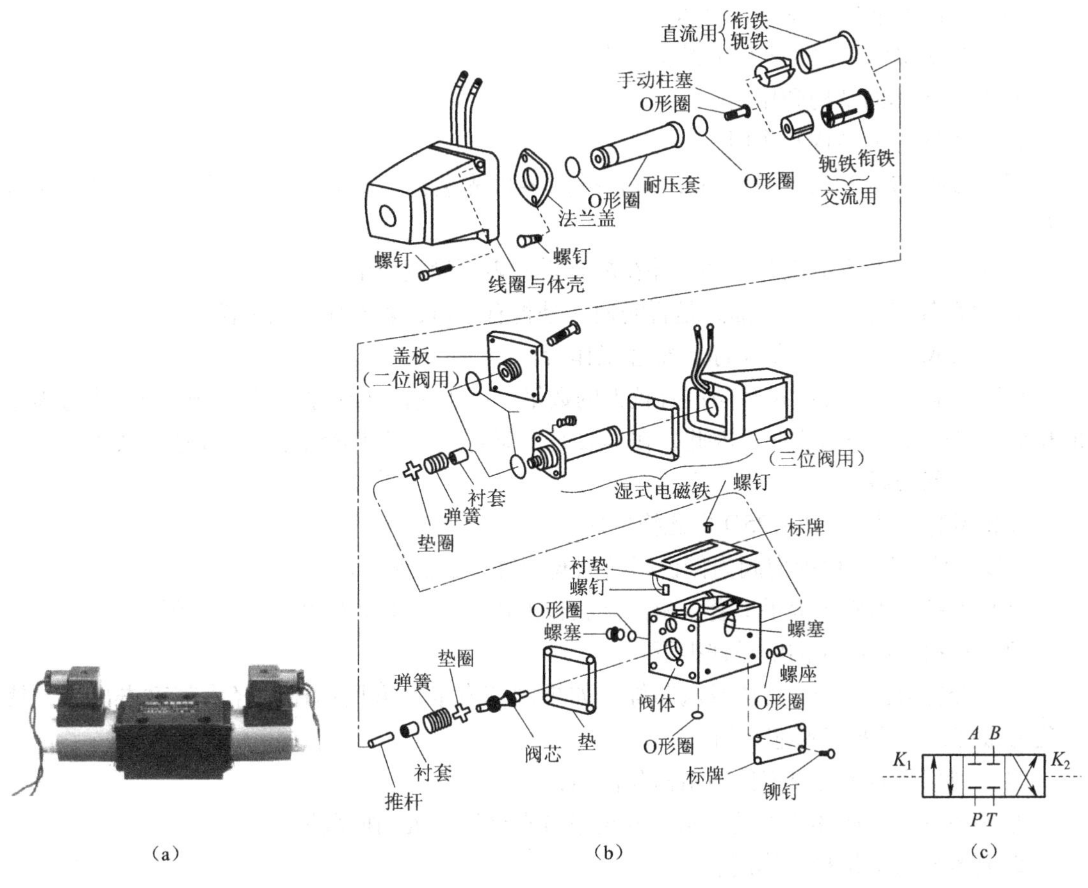

（a）　　（b）　　（c）

图 5－3　三位四通电磁换向阀

（a）外观图；（b）立体分解图；（c）图形符号

当 K_1 通压力油，K_2 回油时，*P* 与 *A* 接通，*B* 与 *T* 接通；当 K_2 通压力油，K_1 回油时，*P* 与 *B* 接通，*A* 与 *T* 接通；当 K_1、K_2 都未通压力油时，*P*、*T*、*A*、*B* 4 个油口全堵死。

5.1.3　拆装步骤和方法

1. 操作仪器设备

（1）设备：拆装操作台（包括拆装工具 1 套）。

（2）拆装的部分液压阀名称（见图 5－2、图 5－3）。

（3）单向阀、三位四通电磁换向阀。

2. 单向阀的拆装

拆装步骤和方法如下：

(1) 准备好内六角扳手1套、耐油橡胶板1块、油盘1个及钳工工具1套。

(2) 用卡环钳卸下卡环。

(3) 依次取下垫、弹簧、阀芯。

(4) 观察单向阀主要零件的结构和作用：

① 观察阀体的结构和作用。

② 观察阀芯的结构和作用。

(5) 按拆卸的相反顺序装配，即后拆的零件先装配，先拆的零件后装配。装配时应注意：

① 装配前应认真清洗各零件，并在配合零件表面涂润滑油。

② 检查各零件的油孔、油路是否畅通、是否有尘屑，若有应重新清洗。

(6) 将阀的外表面擦拭干净，整理工作台。

在液压系统中，方向控制阀占有较大的数量，由于它的工作原理是利用改变阀体与阀芯的相对位置以控制油的流向，因此，在拆装时，应着重了解其操纵方式、连通形式等。

3. 换向阀的拆装

拆装阀的型号为34E－25D电磁换向阀。

现以三位四通电磁换向阀为例说明换向阀的拆装步骤和方法。

(1) 准备好内六角扳手1套、耐油橡胶板1块、油盘1个及钳工工具1套。

(2) 将换向阀两端的电磁铁拆下。

(3) 轻轻取出弹簧、挡块及阀芯等。如果阀芯发卡，可用铜棒轻轻将其敲击出来，禁止猛力敲打，以防损坏阀芯台肩。

(4) 观察换向阀主要零件的结构和作用：

① 观察阀芯与阀体内腔的构造，并记录各自台肩与沉割槽数量。

② 观察阀芯的结构和作用。

③ 观察电磁铁的结构。

④ 如果是三位换向阀，判断中位机能的型式。

(5) 按拆卸的相反顺序装配换向阀。

(6) 将换向阀的外表面擦拭干净，整理工作台。

5.1.4 常见故障及维护方法

拆装方向换向阀时除检查密封元件工作的可靠性，保持弹簧弹力适合之外，要特别检查配合间隙，配合间隙不当是换向阀出现机械故障的一个重要原因。当阀芯直径小于20 mm时配合间隙应为0.008～0.015 mm；当阀芯直径大于20 mm时配合间隙应为0.015～0.025 mm。

对于电磁控制的电磁换向阀还要注意检查电磁铁的工作情况，对于液控换向阀还要注意控制油路的连接和畅通，以防使用中出现电气故障和液控系统故障。

1. 单向阀的常见故障及维护方法

单向阀常见的故障有不起单向作用、泄漏、产生异常声音等。产生这些故障的原因及维护方法见表5-3。

表5-3　单向阀的常见故障及维护方法

故障现象	原　因	维护方法
不起单向作用	（1）阀体或阀芯变形、阀芯有毛刺、油液污染引起的单向阀卡死	清洗、检修或更换阀体或阀芯，更换液压油
	（2）弹簧折断、漏装或弹簧刚度太大	更换或补装弹簧
	（3）锥阀与阀座同轴度超差或密封表面有生锈麻点，从而形成接触不良和严重磨损等	清洗、研磨阀芯和阀座
	（4）锥阀（或钢球）与阀座完全失去作用	研磨阀芯和阀座
	（5）单向阀密封不良	研配接触面或更换密封圈
	（6）阀体孔变形，使滑阀在阀体孔内咬住	修研阀体孔
	（7）滑阀配合处有毛刺，使滑阀不能正常工作	修理、除毛刺
	（8）滑阀变形胀大，使滑阀在阀体孔内咬住	修研滑阀外径
阀与阀座有严重泄漏	（1）滑座锥面密封不好，滑座或阀座拉毛	重新研配
	（2）阀座碎裂	更换并研配阀座
结合处泄漏	螺钉或管螺纹没拧紧	拧紧螺钉或管螺纹
泄漏	（1）油中有杂质，阀芯不能关死	清洗阀，更换液压油
	（2）螺纹连接的结合部分没有拧紧或密封不严，从而引起外泄漏	拧紧，加强密封
	（3）阀座锥面密封不严	检查、研磨锥面
	（4）锥阀的锥面（或钢球）不圆或磨损	检查、研磨或更换阀芯
	（5）加工、装配不良，阀芯或阀座拉毛甚至损坏	检修或更换
噪声	（1）单向阀与其他元件产生共振	适当调节阀的工作压力或改变弹簧的刚度
	（2）单向阀的流量超过额定流量	更换大规格的单向阀或减少通过阀的流量

2. 三位四通换向阀的常见故障及维护方法

三位四通换向阀的常见故障有冲击和振动、电磁铁噪声大、滑阀不动作等。产生这些故障的原因及维护方法见表5-4。

表5-4　三位四通换向阀的常见故障及维护方法

故障现象	原　因	维护方法
冲击与振动	（1）大通径电磁换向阀，吸合速度快而产生冲击	需要大径换向阀时，应选用电液换向阀
	（2）液动换向阀因控制流量大、阀芯移动速度太快而产生冲击	调节流阀节流口，减慢阀芯的移动速度

续表

故障现象	原　因	维护方法
冲击与振动	（3）单向阀的封闭性太差而使主阀芯移动过快	修理、研配或更换单向阀
	（4）电磁铁的紧固螺钉松动	紧固螺钉并加防松垫圈
	（5）控制流量过大，滑阀的移动速度太快，产生冲击声	调节单向节流阀的节流口，减慢滑阀的移动速度
	（6）固定电磁铁的螺钉松动而产生振动	紧固螺钉并加防松垫圈
	（7）电磁铁的铁芯接触面不平或接触不良	清除异物并修整电磁铁的铁芯
	（8）滑阀时卡时动或局部摩擦力过大	研磨修整或更换滑阀
主阀芯不动作	（1）电磁铁故障	检修电磁铁
	①电压太低造成吸力不足，推不动阀芯	提高电源电压
	②电磁铁接线焊接不良，接触不好	检查并重新焊接
	③漏磁引起吸力不足	更换电磁铁
	④因滑阀卡住，交流电磁铁的铁芯不吸合底面烧毁	清除滑阀卡住故障，更换电磁铁
	⑤湿式电磁铁使用前未先松开放气螺钉放气	湿式电磁铁在使用前要松开放气螺钉放气
	（2）滑阀卡住	检修滑阀
	①阀体因安装螺钉的拧紧力过大或不均匀使阀芯卡住	检查，使拧紧力适当、均匀
	②阀芯被碰伤，油液被污染	检查、修磨或重配阀芯，更换液压油
	③滑阀与阀体的配合间隙过小，阀芯在阀孔中卡住不动作或动作不灵活	检查间隙情况，研磨或更换阀芯
	④阀芯的几何形状超差，阀芯与阀体装配不同心，产生轴向液压卡紧现象	检查、修正几何偏差和同心度，检查液压卡紧情况
	（3）液动换向阀控制油路故障	检修液动换向阀控制油路
	①油液控制压力不够，滑阀不动，不能换向或换向不到位	提高控制油压，检查弹簧是否过硬，以便更换
	②节流阀关闭或堵塞	检查、清洗节流口
	③滑阀两端的泄油口没有接回油箱或泄油管堵塞	检查并通接回油箱；清洗回油管，使之通畅
	（4）电磁换向阀的推杆磨损后长度不够，使阀芯移动过小，使换向不灵或不到位	检修，必要时更换推杆
	（5）弹簧折断、漏装、太软，不能使滑阀恢复中位	检查、更换或补装弹簧
阀芯换位后通过流量不足	（1）开口量不足	增加开口
	（2）电磁阀中推杆过短	更换推杆
	（3）阀芯与阀体的几何精度差，间隙太小，移动时有卡死现象，不到位	研配
	（4）弹簧太弱，脱力不足，使阀芯行程达不到终端	更换弹簧

续表

故障现象	原　因	维护方法
电磁铁噪声较大	(1) 推杆过长，电磁铁不能吸合	修磨推杆
	(2) 弹簧太硬，推杆不能将阀芯推到位而引起电磁铁不能吸合	更换弹簧
	(3) 电磁铁铁芯接触面不平或接触不良	清除污物，修整接触面
	(4) 交流电磁铁分磁环断裂	更换电磁铁
	(5) 单向节流阀的阀芯与阀孔的配合间隙过大，单向阀弹簧漏装，阻尼失效，产生冲击声	检查、修整到合理间隙，补装弹簧

项目任务单

项目任务单见表5-5，项目考核评价表见表5-6。

表5-5　项目任务单

项目名称	控制阀的拆装及维护					对应学时	12
任务名称	方向控制阀的拆装及维护						4
任务描述	工作步骤如下： (1) 详细解读操作步骤； (2) 观察阀体各部分的结构； (3) 确定操作方案； (4) 叙述操作过程； (5) 绘制结构简图						
时间安排(180 min)	下达任务(20 min)	资讯(20 min)	初定方案(20 min)	讲授(30 min)	操作过程(50 min)	评价(20 min)	作业及下发任务(20 min)
提供资料	(1) 校本教材； (2) 机械加工手册； (3) 刀具手册						
对学生的要求	(1) 了解方向控制阀的分类； (2) 了解方向控制阀的结构； (3) 掌握控制阀的拆装和保养方法； (4) 能熟练组装一个单向阀； (5) 根据实物，画出单向阀的结构简图； (6) 根据实物说出该阀有几种工作位置； (7) 说出液动换向阀、电液动换向阀的结构及工作原理						

续表

项目名称	控制阀的拆装及维护	对应学时	12
任务名称	方向控制阀的拆装及维护		4
思考问题	(1) 单向阀阀芯结构（钢球式或锥心式）有何不同? (2) 单向阀中的弹簧起什么作用? 用手压一下弹簧，其刚度怎样? 应该怎样确定其刚度? (3) 液控单向阀控制油口通压力油时，其工作状态是怎样的? (4) 进出油口的形式是直通式还是直角式? 有何优缺点? (5) 单向阀有几个零件? 各是由什么材料制成的? (6) 何谓换向阀的“位”与“通”? 画出三位四通电磁换向阀、二位三通机动换向阀及三位五通电液换向阀的职能符号。 (7) 何谓中位机能? 画出O型、M型、P型中位机能并说明其各适用于何种场合。 (8) 换向阀的控制形式有哪几种? (9) 选择三位换向阀的中位机能时，对于液压系统工作性能的影响要考虑哪几方面问题		

表5-6 项目考核评价表

记录表编号		操作时间	50 min	姓名		总分	
考核项目	考核内容	要求	分值	评分标准		互评	自评
主要项目（80分）	安全操作	安全控制	10	违反安全规定扣10分			
	拆卸顺序	实践	10	错误1处5分			
	安装顺序	正确	10	错误1处扣5分			
	工具使用	正确	10	错误1处扣5分			
	操作能力	高	20	操作有误1处扣5分			
	分析能力	高	10	陈述错误1处扣2分			
	故障查找	高	10	1处未排除扣3分			

知识拓展

通过对各种液压阀进行拆卸和安装，使学生对各种液压阀的结构深入了解，从而掌握各种阀的工作原理、结构特点和使用性能等，锻炼学生的实际动手能力。

1. 方向控制阀选型的步骤

(1) 根据使用目的和使用条件，选择结构形式。

① 阀芯的结构形式：座阀式、滑注式、滑板式。

② 动作方式：

a. 直动式：通径小，换向频度高。

b. 先导式：通径大，换向频度低，有内部先导（使用压力在0.1 MPa以上）和外部先导（可用于真空）两种。

③ 密封形式：

a. 弹性密封：换向力较大，密封性好，对空气质量的要求比间隙密封式的低。

b. 间隙密封：换向力较小，有微漏，对空气质量的要求高。

（2）选择控制方式。

① 电磁控制：适合电、气联合控制和远距离控制以及复杂系统的控制。

② 气压控制：适用于易燃、易爆、粉尘多和潮湿等恶劣环境下，也适合流体流量和压力的放大。

③ 机械控制：主要用作行程信号阀，可选用不同的操作机构。

④ 人力控制：可按人的意志改变控制对象的状态。

（3）选择阀的机能。

① 阀芯位置数：二位单控、二位双控、三位中封式、三位中泄式、三位中压式。

② 阀的通口数：二位二通、二位三通、多位多通。

③ 阀的零位状态：

a. 常断式：无控制信号时，出口无输出。

b. 常通式：无控制信号时，出口有输出。

c. 通断式：流动方向无限制。

（4）选择阀的有效截面积的大小。

根据气缸选择对应阀的流量大小。

（5）选择阀的连接方式。

其有管式、板式和集装式。

（6）选择电气规格。

① 电源种类：

a. 交流 AC：行程大时吸力较大；动铁芯不能吸合时，易烧毁线圈，且易发出蜂鸣声。

b. 直流 DC：行程大时吸力较小；行程小时吸力大；动铁芯不能吸合时，不会烧毁线圈，无蜂鸣声。

② 电压大小：

a. 交流 AC：220 V、110 V、240 V、200 V、100 V、48 V、24 V、12 V。

b. 直流 DC：110 V、100 V、48 V、24 V、12 V、6 V、5 V、3 V。

2. 换向阀的图形符号

（1）按接口数及切换位置数表示。

接口是指阀上各种接油管的进、出口，进油口通常标为 P，回油口则标为 R 或 T，出油口则以 A、B 来表示。阀内阀芯可移动的位置数称为切换位置数，通常将接口称为“通”，将阀芯的位置称为“位”。例如：图5－4（a）所示的手动换向阀有3个切换位置、4个接口，故称该阀为三位四通换向阀。该阀的3个工作位置与阀芯在阀体中的对应位置如图5－4（b）~图5－4（d）所示，各种换向阀的位和通的符号如图5－5所示。

（2）操作方式表示。

推动阀内阀芯移动的动力有手、脚、机械、液压和电磁等方法，如图5－6所示。阀上如装弹簧，则当外加压力消失时，阀芯会回到原位。

3. 换向阀的中位机能

当液压缸或液压马达需在任何位置均可停止时，须使用三位阀（即除前进端与后退端外，还有第三位置），此阀双边皆装弹簧，如无外来的推力，阀芯将停在中间位置，称此位

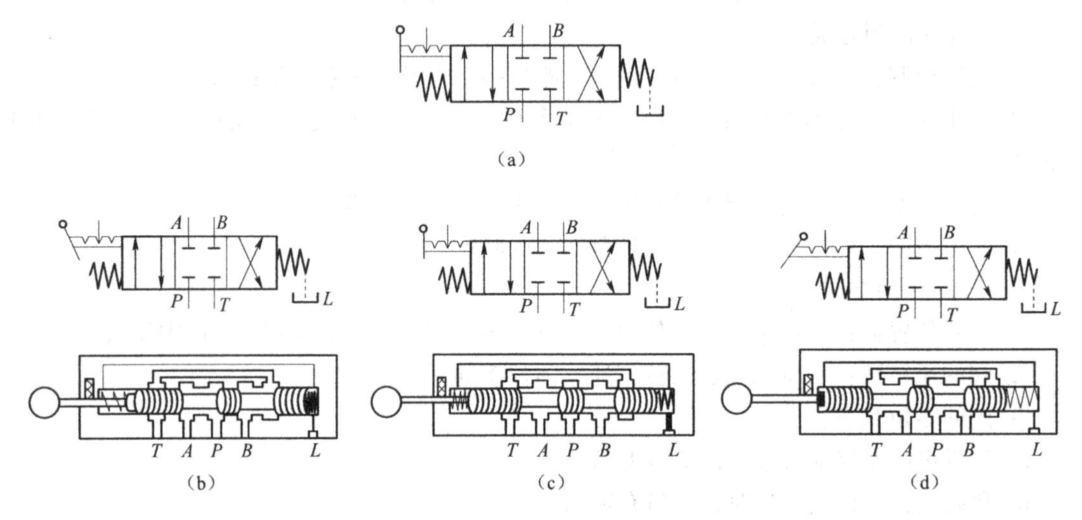

图 5-4　换向阀动作原理说明

(a) 三位四通换向阀；(b) 手柄左扳，阀左位工作；

(c) 松开手柄，阀中位工作；(d) 手柄右扳，阀右位工作

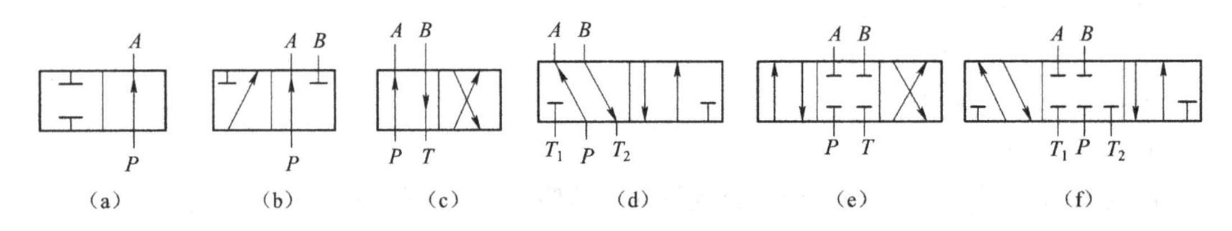

图 5-5　换向阀位和通的符号

(a) 二位二通；(b) 二位三通；(c) 二位四通；(d) 二位五通；

(e) 三位四通；(f) 三位五通

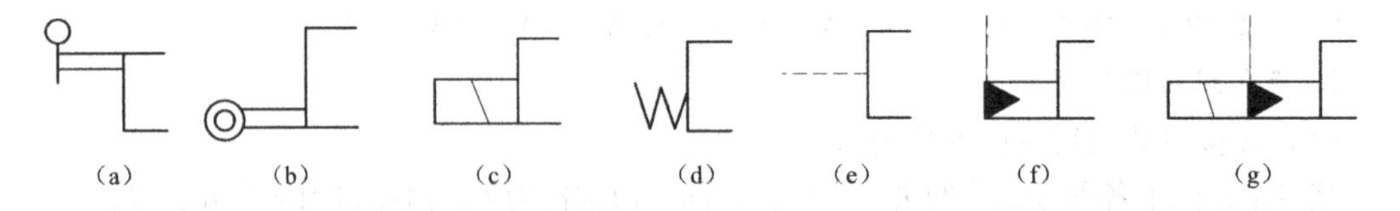

图 5-6　换向阀操纵方式符号

(a) 手动；(b) 机动（滚轮式）；(c) 电动；(d) 弹簧；(e) 液动；

(f) 液压先导控制；(g) 电磁-液压先导控制

置为“中间位置”，简称为“中位”，换向阀中间位置各接口的连通方式称为“中位机能”，各种中位机能见表 5-7。换向阀不同的中位机能可以满足液压系统的不同要求，由表 5-7 可以看出中位机能是通过改变阀芯的形状和尺寸得到的。

三位的滑阀在中位时各油口的连通方式体现了换向阀的控制机能，称为“滑阀的中位机能”。

表5-7 中位机能

机能型号	结构原理图	中位符号	中位油口状况的特点及应用
O	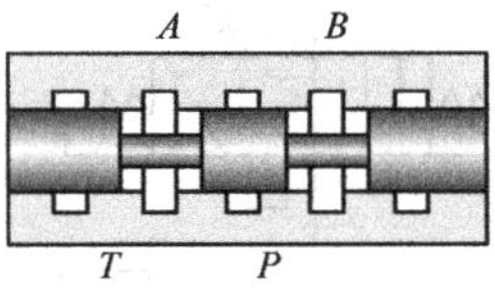 A B T P	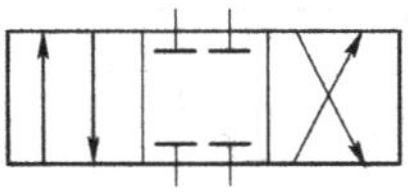	*P*、*A*、*B*、*T* 4 口全封闭；液压缸闭锁，液压泵不卸荷
H	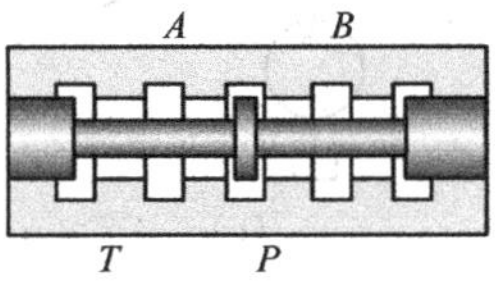 A B T P	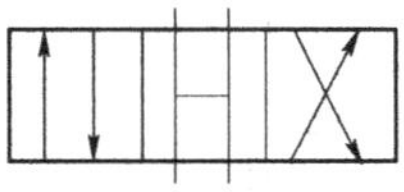	*P*、*A*、*B*、*T* 4 口全串通；液压缸活塞处于浮动状态，液压泵卸荷
Y	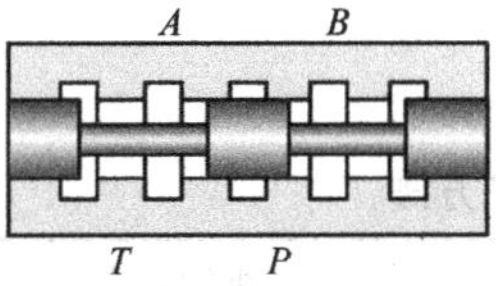 A B T P	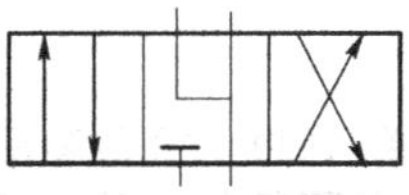	*P* 口封闭，*A*、*B*、*T* 3 油口相通；液压缸活塞浮动，液压泵不卸荷
P	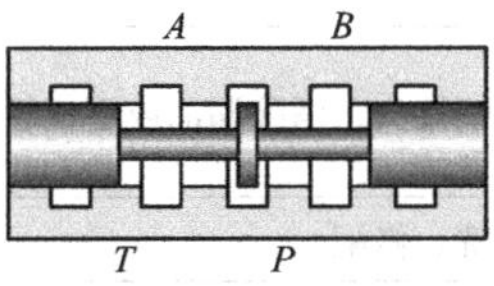 A B T P	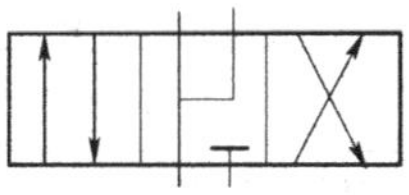	*P*、*A*、*B* 3 口串通，*T* 油口封闭；泵与液压缸两腔相通，可构成差动连接进油方式
M	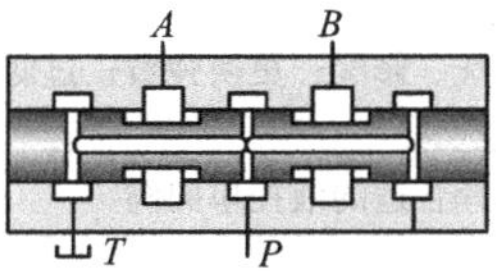 A B T P	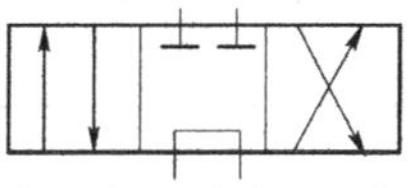	*P*、*T* 相通，*A* 与 *B* 均封闭；液压缸活塞闭锁，液压泵卸荷
K	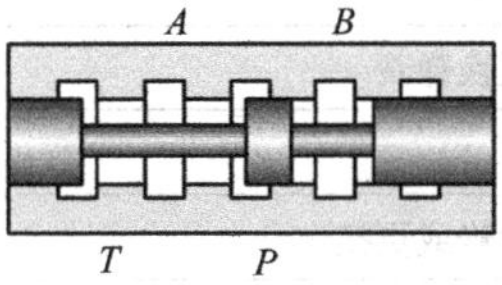 A B T P	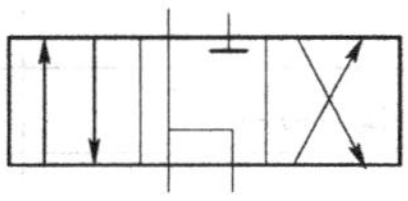	*P*、*A*、*T* 相通，*B* 口封闭；活塞处于闭锁状态，液压泵卸荷

（1）系统保压。中位 O 型，如图5－7（a）所示，*P* 口被堵塞时，此时油需从溢流阀流回油箱，增加功率消耗，但是液压泵能用于多缸系统。

（2）系统卸荷。中位 M 型，如图 5－7（b）所示，当方向阀于中位时，因 *P*、*T* 口相通，泵输出的油液不经溢流阀即可流回油箱，由于直接接油箱，所以泵的输出压力近似为零，也称泵卸荷，可减少功率损失。

（3）液压缸快进。中位 P 型，如图 5－7（c）所示，当换向阀于中位时，因 *P*、*A*、*B* 相通，故可用作差动回路。

4. 液控单向阀的常见故障及维护方法

液控单向阀的常见故障有油液不逆流、逆方向不密封、有泄漏等。产生这些故障的原因

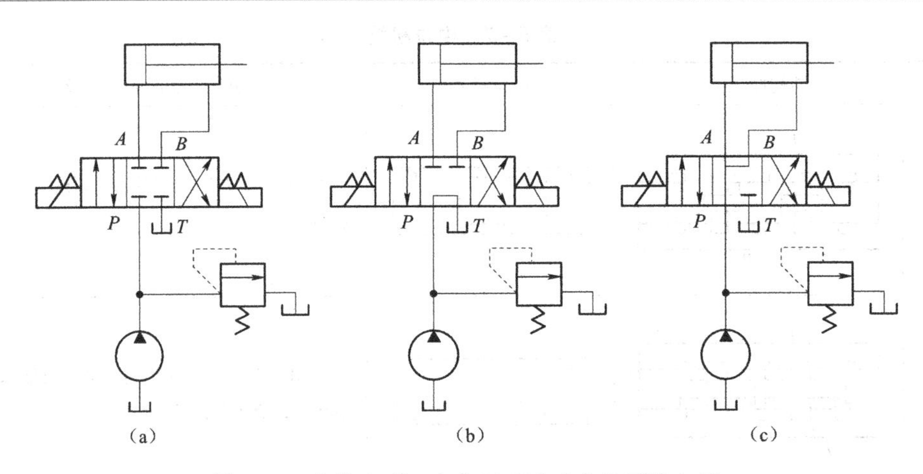

图 5-7　中位 O 型、中位 M 型和中位 P 型换向阀

及维护方法见表 5-8。

表 5-8　液控单向阀的常见故障及维护方法

故障现象	原　因	维护方法
油液不逆流，单向阀打不开	(1) 控制压力过低	提高控制压力
	(2) 控制管道接头漏油严重，或管道弯曲，或被压扁时油不畅通	禁锢接头，消除漏油或更换管子
	(3) 控制阀芯卡死（如加工精度低，油液过脏）	清洗、修配
	(4) 控制阀段该处漏油	禁锢端盖螺栓，保证拧紧力矩均匀
	(5) 单向阀卡死（如弹簧弯曲，单向阀加工精度低，油液过脏）	清洗、修配；更换弹簧；过滤或换油
	(6) 液控单向阀选得不合适	选择合适的液控单向阀
逆流时单向阀不密封，有泄漏	(1) 单向阀在全部位置上卡死	
	① 阀芯与阀孔配合太紧	修配
	② 弹簧弯曲变形，太软	更换弹簧
	(2) 单向阀锥面与阀座锥面接触不均匀	
	① 阀芯锥面与阀座同轴度差	检修或更换
	② 油液过脏	过滤或换油
	③ 控制阀芯在顶出位置卡死	修配
	④ 预控锥阀接触不良	检查，排除
液控单向阀反向时打不开	(1) 控制压力过低	按规定压力调整
	(2) 泄油口堵塞或有背压	检查外泄管路和控制油路
	(3) 控制活塞因毛刺或污物卡住	清洗，去毛刺
	(4) 液控单向阀选得不合适	选择合适的液控单向阀

5. 单向阀的应用

(1) 用于液压泵的出口，防止油液倒流；用来防止由于系统压力的突然升高而损坏液压泵；防止系统中油液流失，避免空气进入系统。

（2）用于隔开油路之间的连接，防止油路互相干扰。

（3）作背压使用，使油路保持一定的压力，保证执行元件运动的平稳性，此时单向阀的开启压力为0.2～0.6 MPa。

（4）作旁通阀使用，单向阀通常与顺序阀、减压阀、节流阀和调速阀并联组成单向复合阀，如单向顺序阀和单向节流阀等。

液控单向阀的主要用途有：

（1）可用两个液控单向阀组成“液压锁”，对液压执行元件进行锁紧，使液压执行元件可停止在任何位置。

（2）作保压阀用，使系统在规定时间内维持一定的压力。

（3）作充液阀用。

（4）作二通阀开关用，使油路能正反双向流通。

5.2　压力控制阀的拆装及维护

项目导入

Y型溢流阀（板式）的结构图如图5－8所示。

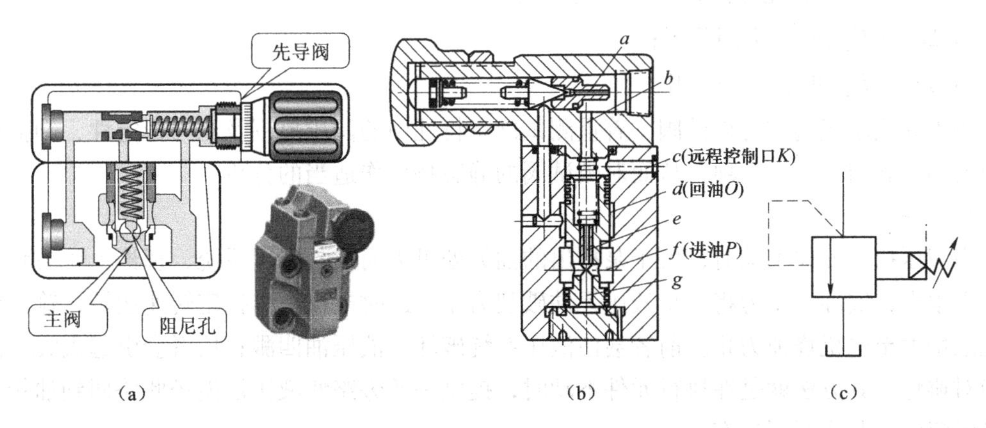

图5－8　Y型溢流阀（板式）的结构
（a）外观；（b）内部；（c）职能符号

相关知识

在液压传动系统中，控制油液压力高低的液压阀称为压力控制阀，简称压力阀。这类阀的共同点是利用作用在阀芯上的液压力和弹簧力相平衡的原理工作。

压力控制阀在系统中起调压、定压作用，它是利用控制油同弹簧相平衡的原理工作的，其工作状态直接受控制压力的影响，其状态是变化的。搞清各类压力阀的结构，便于掌握不同工况下阀的工作特性。

在具体的液压系统中，根据工作需要，对压力控制的要求是各不相同的：有的需要限制液压系统的最高压力，如安全阀；有的需要稳定液压系统中某处的压力值（或者压力差、压力比等），如溢流阀、减压阀等定压阀；还有的利用液压力作为信号控制其动作，如顺序阀、压力继电器等。

溢流阀的主要作用是对液压系统定压或进行安全保护。几乎所有的液压系统都要用到它，其性能好坏对整个液压系统的正常工作有很大影响。

常用的溢流阀按其结构形式和基本动作方式可归结为直动式和先导式两种。

5.2.1 Y 型溢流阀的基本结构及工作原理

1. Y 型溢流阀的基本结构（图 5－8）

由先导阀和主阀两部分组成。

① 先导阀是一个小规格的直动型溢流阀，用于控制和调节溢流压力。

② 主阀阀芯是一个具有锥形端部、中心开有阻尼小孔 R 的圆柱筒。其主要功能在于溢流。

阀体上有一个远程控制油口，可实现溢流和远程控制。

2. 工作原理

当 $p_{A} < F_{硬T}$时，先导阀关闭，主阀也关闭；

当 $p_{A} > F_{硬T}$时，先导阀打开，两端产生压差。

当 $\Delta p_{A} < F_{软T}$时，主阀关闭；

当 $\Delta p_{A} > F_{软T}$时，主阀打开。

将先导式溢流阀作为被试阀，着重测试静态特性中的调压范围及压力稳定性、卸荷压力及压力损失和启闭特性 3 项，从而对被试阀的静态特性作适当的分析。

3. 应用

当液压执行元件不动时，由于泵排出的油无处可去而成一密闭系统，理论上压力将一直增至无限大，实际上压力将增至液压元件破裂为止，此时电机为维持定转速运转，输出电流将无限增大至电机烧掉为止。前者会使液压系统破坏，液压油四溅；后者会引起火灾。因此要绝对避免，其方法就是在执行元件不动时，提供一条旁路使液压油能经此路回到油箱，它就是溢流阀，其主要用途有二个：

（1）作溢流阀用：在定量泵的液压系统中，如图 5－9（a）所示，常利用流量控制阀调节进入液压缸的流量，多余的压力油可经溢流阀流回油箱，这样可使泵的工作压力保持定值。

（2）作安全阀用：在图 5－9（b）所示的液压系统中，在正常工作状态下，溢流阀是关闭的，只有在系统压力大于其调整压力时，溢流阀才被打开溢流，对系统起过载保护作用。

除了如图 5－9 所示作为溢流阀用在回路中起调压作用及作为安全阀用外，其还有下列用途：

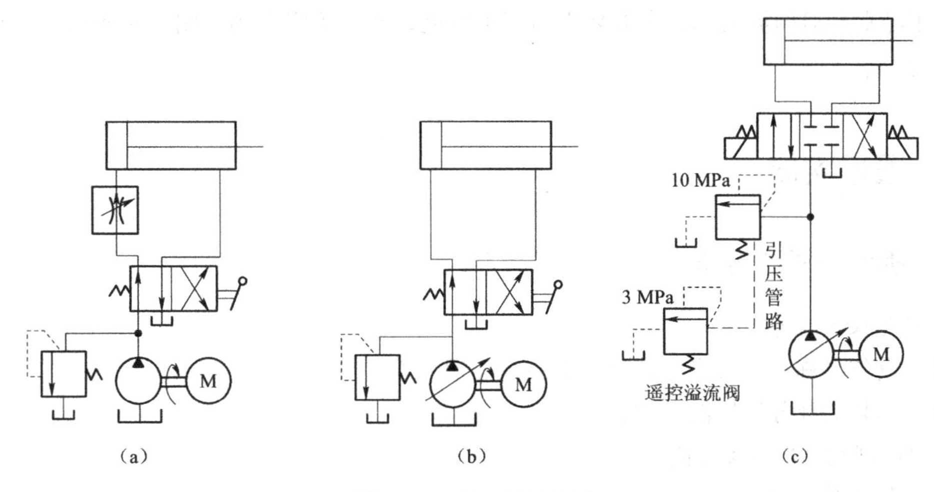

图5-9 溢流阀的作用

(1) 远程压力控制回路：从较远距离的地方来控制泵的工作压力回路。如图5-9 (c) 所示的回路压力调定装置是由遥控溢流阀 (remote control relief valves) 所控制的，回路压力维持在3 MPa。遥控溢流阀的调定压力一定要低于主溢流阀的调定压力，否则等于将主溢流阀引压口堵塞。

(2) 多级压力切换回路：如图5-10所示，利用电磁换向阀可调出3种回路压力，注意最大压力一定要在主溢流阀上设定。

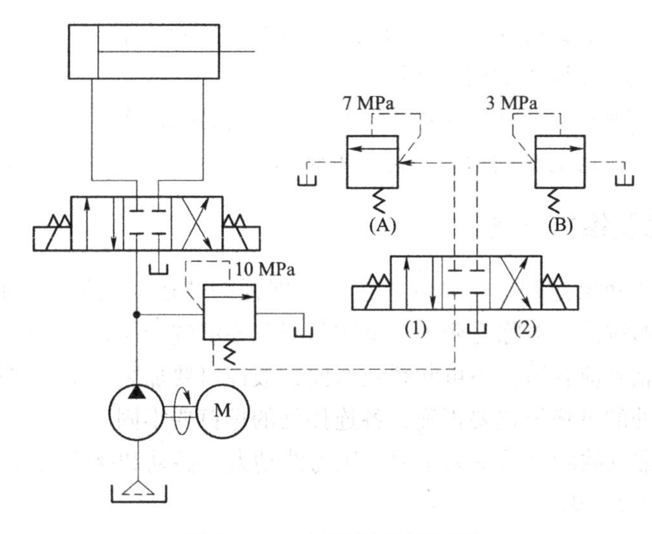

图5-10 三级压力调压回路

液压系统对溢流阀的性能要求如下：

(1) 定压精度高。当流过溢流阀的流量发生变化时，系统中的压力变化要小，即静态压力超调要小。

(2) 灵敏度要高。

(3) 工作要平稳，且无振动和噪声。

(4) 当溢流阀关闭时，密封要好，泄漏要小。

对于经常开启的溢流阀，主要要求前三项性能，而对于安全阀，则主要要求第二和第四两项性能。

项目实施

5.2.2 拆装步骤和方法

1. 操作仪器设备

（1）设备名称：拆装操作台（包括拆装工具1套）。

（2）拆装的部分液压阀名称：

压力控制阀：Y型溢流阀。

2. 具体操作过程

拆开Y型溢流阀，具体步骤如下［图5－8（b）］：

（1）Y型先导式溢流阀由主阀和先导阀两部分组成。

（2）从上面回油口往里窥视，可看出阀口是常闭的，吹气或用细铁棍捅，会发现不通。

（3）进油口的压力油可通过主阀芯的杆部径向孔 b，再经中心孔 g 进入阀芯下端油腔，同时可向上通过中心阻尼孔 e 进入主阀芯上端油腔。

（4）主阀芯上端油腔的油液是经孔 e 又经孔 b 流入先导调压阀的，然后通过阀座的中心孔 a 作用在锥阀芯上。

（5）当锥阀打开后，经孔 a 的油液与回油口相通，实行内泄。

（6）比较先导阀与主阀中的两个弹簧。

（7）找到远程控制口 K，可看到孔 c 与主阀芯上端油控相连。

（8）留心先导阀阀芯的结构形状，再与主阀芯比较。

5.2.3 常见故障及维护方法

在Y型溢流阀的拆装过程中特别要注意的是保证阀芯运动灵活，拆卸后要用金相砂纸抛除阀芯外圆表面的锈蚀，去除毛刺等；滑阀阻尼孔要清洗干净，以防阻尼孔被堵塞而使滑阀不能移动；弹簧软硬应合适，不可断裂或弯曲；液控口要加装螺塞，并拧紧密封，以防泄漏；密封件和结合处的纸垫位置要正确；各连接处的螺钉要牢固。

Y型溢流阀的常见故障有系统无压力、压力波动大、振动和噪声大等。产生这些故障的原因及维护方法见表5－9。

表5－9 Y型溢流阀的常见故障及维护方法

故障现象	原　因	维护方法
无压力	（1）主阀芯阻尼孔堵塞	清洗阻尼孔，过滤或换油
	（2）主阀芯在开始位置卡死	检修，重新装配（阀盖螺钉紧固力要均匀），过滤或换油

续表

故障现象	原　因	维护方法
无压力	（3）主阀平衡弹簧折断或弯曲使主阀芯不能复位	换弹簧
	（4）调压弹簧弯曲或未装	更换或补装弹簧
	（5）锥阀（或钢球）未装（或破碎）	补装或更换
	（6）先导阀阀座破碎	更换阀座
	（7）远程控制口通油箱	检查电磁换向阀的工作状态或远程控制口的通断状态，排除故障根源
压力波动大	（1）液压泵流量脉动太大使溢流阀无法平衡	修复液压泵
	（2）主阀芯动作不灵活，时有卡住现象	修、换零件，重新装配，过滤或换油
	（3）主阀芯和先导阀阀座阻尼孔时堵时通	清洗阻尼孔，过滤或换油
	（4）阻尼孔太大，消振效果差	更换阀芯
	（5）调压手轮未锁紧	调压后锁紧调压手轮
振动和噪声大	（1）主阀芯在工作时径向力不平衡，导致溢流阀性能不稳定	检查阀体孔和主阀芯的精度，修换零件，过滤或换油
	（2）锥阀和阀座接触不好（圆度误差太大），导致锥阀受力不平衡，引起锥阀振动	封油面圆度误差控制在0.005～0.01 mm
	（3）调压弹簧弯曲（或其轴线与端面不垂直），导致锥阀受力不平衡，引起锥阀振动	更换弹簧或修磨弹簧
	（4）系统内存在空气	端面排除空气
	（5）通过流量超过公称流量，在溢流阀口处引起空穴现象	限在公称流量范围内使用
	（6）通过溢流阀的溢流量太小，使溢流阀处于启闭临界状态而引起液压冲击	控制正常工作的最小溢流量（对于先导型溢流阀，应大于拐点溢流量）
	（7）回油管路阻力过高	适当增大管径，减少弯头，回油管口离油箱底面应在2倍管径以上

项目任务单

项目任务单见表5－10，项目考核评价表见表5－11。

表5－10　项目任务单

项目名称	控制阀的拆装及维护	对应学时	12
任务名称	溢流阀压力控制阀的拆装及维护		4
任务描述	工作步骤如下： （1）详细解读操作步骤； （2）观察、拆装阀体各部分结构； （3）确定操作方案； （4）叙述操作过程； （5）绘制结构简图		

续表

<table>
<tr><td>项目名称</td><td colspan="6">控制阀的拆装及维护</td><td rowspan="2">对应
学时</td><td>12</td></tr>
<tr><td>任务名称</td><td colspan="6">溢流阀压力控制阀的拆装及维护</td><td>4</td></tr>
<tr><td>时间安排
（180 min）</td><td>下达任务
（20 min）</td><td>资讯
（20 min）</td><td>初定方案
（30 min）</td><td>讲授
（30 min）</td><td>操作过程
（40 min）</td><td>评价
（20 min）</td><td colspan="2">作业及下发任务
（20 min）</td></tr>
<tr><td>提供资料</td><td colspan="8">（1）校本教材；
（2）机械加工手册；
（3）刀具手册</td></tr>
<tr><td>对学生的要求</td><td colspan="8">（1）液压操作工安装液压系统控制阀所需的技能；
（2）液压维修工对液压系统控制阀的维修保养</td></tr>
<tr><td>思考问题</td><td colspan="8">（1）比较先导阀与主阀中的两个弹簧，哪只弹簧更硬？哪只较软？为什么不同？
（2）找到远程控制口 k，可看到孔 c 与主阀芯上端油控相连，试分析，为什么通过远程控制口 K，可实现远程调压式卸荷。
（3）留心先导阀阀芯的结构形状，再与主阀芯比较，有何不同？为什么？
（4）溢流阀在系统中起什么作用？它有哪几种形式？
（5）在先导式溢流阀中先导阀和主阀各起什么作用？
（6）溢流阀调压的原理是什么？
（7）减压阀在系统中起什么作用？它是如何减压的？
（8）减压阀与溢流阀有什么区别？它能实现远程控制吗？
（9）顺序阀的工作原理是什么？与溢流阀的本质区别是什么？它在系统中所起的作用是什么？
（10）DZ 型先导式顺序阀的控制油有哪几种形式？泄漏油有哪几种形式？整个阀可以组合成几种形式</td></tr>
</table>

表 5－11　项目考核评价表

<table>
<tr><td>记录表编号</td><td colspan="2"></td><td>操作时间</td><td>40 min</td><td>姓名</td><td></td><td>总分</td><td></td></tr>
<tr><td>考核项目</td><td>考核内容</td><td>要求</td><td>分值</td><td colspan="3">评分标准</td><td>互评</td><td>自评</td></tr>
<tr><td rowspan="7">主要项目
（80 分）</td><td>安全操作</td><td>安全控制</td><td>10</td><td colspan="3">违反安全规定扣 10 分</td><td></td><td></td></tr>
<tr><td>拆卸顺序</td><td>实践</td><td>10</td><td colspan="3">错误 1 处扣 5 分</td><td></td><td></td></tr>
<tr><td>安装顺序</td><td>正确</td><td>10</td><td colspan="3">有 1 处错误扣 5 分</td><td></td><td></td></tr>
<tr><td>工具使用</td><td>正确</td><td>10</td><td colspan="3">选择错误 1 处扣 2 分</td><td></td><td></td></tr>
<tr><td>操作能力</td><td>高</td><td>20</td><td colspan="3">操作有误 1 处扣 5 分</td><td></td><td></td></tr>
<tr><td>分析能力</td><td>高</td><td>10</td><td colspan="3">陈述错误 1 处扣 2 分</td><td></td><td></td></tr>
<tr><td>故障查找</td><td>高</td><td>10</td><td colspan="3">1 处未排除扣 3 分</td><td></td><td></td></tr>
</table>

知识拓展

1. 溢流阀

（1）直动型溢流阀（spring loaded type relief valve）。其结构如图 5－11（a）所示，压力由弹簧设定，当油的压力超过设定值时，提动头上移，油液就从溢流口流回油箱，并使进油压力等于设定压力。由于压力为弹簧直接设定，故其一般当作安全阀使用。图5-11（b）所示为直动式溢流阀的职能符号。

先导型溢流阀（pilot operated relief valve）由主阀和先导阀两部分组成，其中主阀用于平衡活塞上下两腔油液压力差和弹簧力。

直动式溢流阀依靠系统中的压力油直接作用在阀芯上与弹簧力相平衡，以控制阀芯的启闭动作，图5-11（a）所示的低压直动式溢流阀中，进口压力油经阀芯中间的阻尼孔作用在阀芯的底部端面上，当进油压力较小时，阀芯在弹簧2的作用下处于下端位置，将两油口隔开；当油压力升高，在阀芯下端所产生的作用力超过弹簧的压紧力，此时，阀芯上升，阀口被打开，并将多余的油液排回油箱，阀芯上的阻尼孔用来对阀芯的动作产生阻尼，以提高阀的工作平衡性。调整螺帽1可以改变弹簧的压紧力，这样也就调整了溢流阀进口处的油液压力。

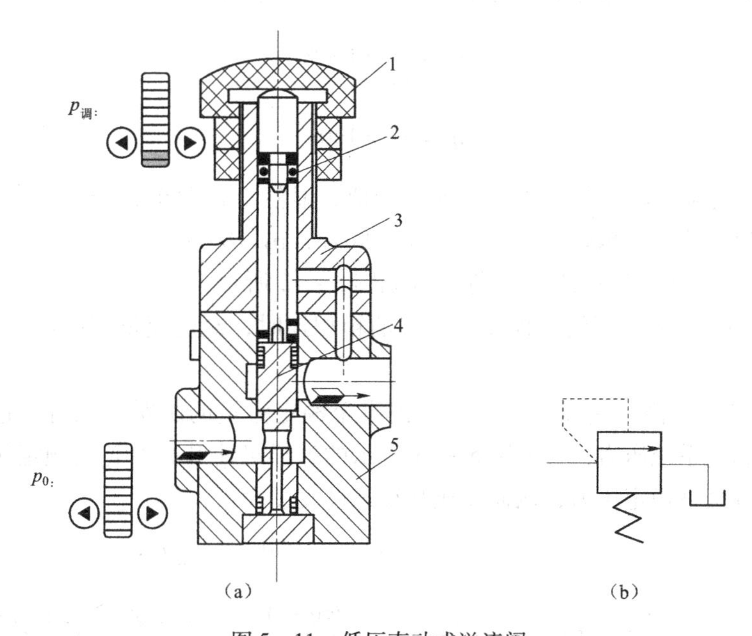

图5-11　低压直动式溢流阀

（a）结构图；（b）职能符号

1—螺帽；2—调压弹簧；3—上盖；4—阀芯；5—阀体

溢流阀将被控压力作为信号来改变弹簧的压缩量，从而通过改变阀口的通流面积和系统的溢流量来达到定压的目的。当系统压力升高时，阀芯上升，阀口的通流面积增加，溢流量增大，进而使系统压力下降。溢流阀内部通过阀芯的平衡和运动构成的这种负反馈作用是其定压作用的基本原理，也是所有定压阀的基本工作原理。弹簧力的大小与控制压力成正比，因此如果提高被控压力，一方面可通过减小阀芯的面积来达到；另一方面则需增大弹簧力，因受结构限制，故需采用大刚度的弹簧。这样，在阀芯产生相同位移的情况下，弹簧力变化较大，因而该阀的定压精度就低。所以这种低压直动式溢流阀一般用于压力小于2.5 MPa的小流量场合。由图5-11（a）还可看出，在常位状态下，溢流阀进、出油口之间是不相通的，而且作用在阀芯上的液压力是由进油口油液压力产生的，并经溢流阀芯的泄漏油液经内泄漏通道进入回油口。

（2）溢流阀的性能。

溢流阀的性能包括溢流阀的静态性能和动态性能。

① 静态性能。

a. 压力调节范围。压力调节范围是指调压弹簧在规定的范围内调节时，系统压力能平稳地上升或下降，且压力无突跳及迟滞现象时的最大和最小调定压力。溢流阀的最大允许流量为其额定流量，在额定流量下工作时，溢流阀应无噪声。溢流阀的最小稳定流量取决于它的压力平稳性要求，一般规定为额定流量的 15% 。

b. 启闭特性。启闭特性是指溢流阀在稳态情况下从开启到闭合的过程中，被控压力与通过溢流阀的溢流量之间的关系。它是衡量溢流阀定压精度的一个重要指标，一般用溢流阀处于额定流量、调定压力为 p_s 时，开始溢流的开启压力 p_k 及停止溢流的闭合压力 p_b 分别与 p_1 的百分比来衡量，前者称为开启比 η_1，后者称为闭合比 η_2，即：

$$\eta_1=\frac{p_k}{p_s}\times 100\% \tag{5-1}$$

$$\eta_2=\frac{p_b}{p_s}\times 100\% \tag{5-2}$$

式中：p_s 可以是溢流阀调压范围内的任何一个值，显然上述两个百分比越大，则两者越接近，溢流阀的启闭特性就越好，一般应使 $\overline{\eta_1}\geqslant 90\%$，$\overline{\eta_2}\geqslant 85\%$。

直动式和先导式溢流阀的启闭特性曲线如图 5－12 所示。

c. 卸荷压力。当溢流阀的远程控制口与油箱相连时，额定流量下的压力损失称为卸荷压力。

② 动态性能。当溢流阀在溢流量发生由零至额定流量的阶跃变化时，它的进口压力，也就是它所控制的系统压力，将如图 5－13 所示的那样迅速升高并超过额定压力的调定值，然后逐步衰减到最终稳定压力，从而完成其动态过渡过程。

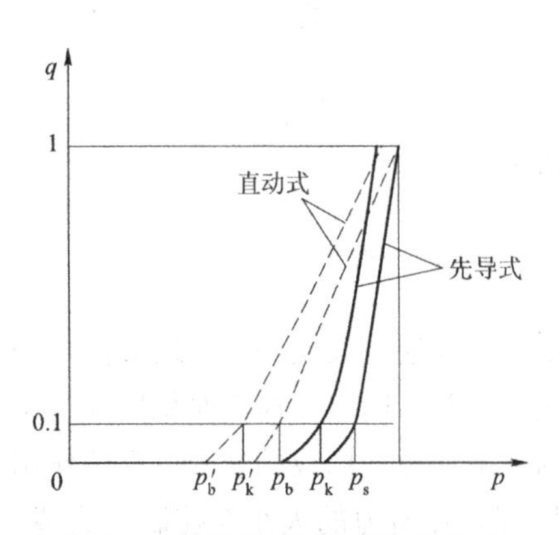

图 5－12 溢流阀的启闭特性曲线

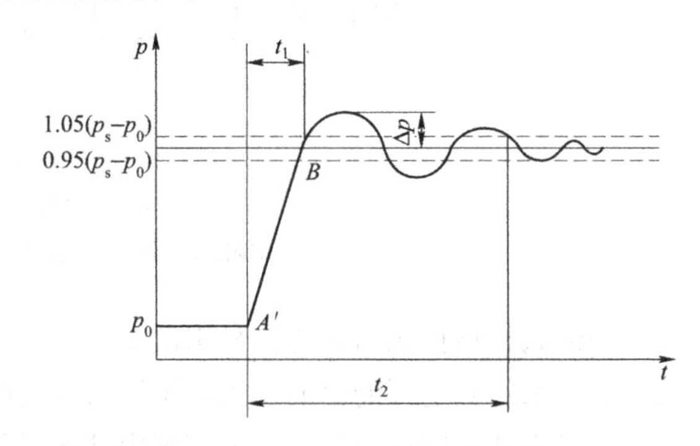

图 5－13 流量阶跃变化时溢流阀的进口压力响应特性曲线

定义最高瞬时压力峰值与额定压力调定值 p_s 的差值为压力超调量 Δp，则压力超调率 Δp 为：

$$\overline{\Delta p}=\frac{\Delta p}{p_s}\times 100\% \tag{5-3}$$

它是衡量溢流阀动态定压误差的一个性能指标。一个性能良好的溢流阀，其

$\Delta\bar{p}=10\%\sim30\%$。图5－13中$t_1$称为响应时间，$t_2$称为过渡过程时间。显然，$t_1$越小，溢流阀的响应越快；$t_2$越小，溢流阀的动态过渡过程时间越短。

（3）溢流阀的作用。在液压系统中维持定压是溢流阀的主要用途，它常用于节流调速系统，和流量控制阀配合使用，调节进入系统的流量，并保持系统的压力基本恒定。如图5－14（a）所示，溢流阀2并联于系统中，进入液压缸4的流量由节流阀3调节。由于定量泵1的流量大于液压缸4所需的流量，故油压升高，将溢流阀2打开，多余的油液经溢流阀2流回油箱。因此，在这里溢流阀的功用就是在不断的溢流过程中保持系统压力基本不变。

用于过载保护的溢流阀一般称为安全阀，如图5－14（b）所示的变量泵调速系统。在正常工作时，溢流阀2关闭，不溢流，只有在系统发生故障、压力升至安全阀的调整值时，阀口才打开，使变量泵排出的油液经溢流阀2流回油箱，以保证液压系统的安全。

（4）液压系统对溢流阀的性能要求。

① 定压精度高。当流过溢流阀的流量发生变化时，系统中的压力变化要小，即静态压力超调要小。

② 灵敏度高。如图5－14（a）所示，当液压缸4突然停止运动时，溢流阀2要迅速开大。否则，定量泵1输出的油液将因不能及时排出而使系统压力突然升高，并超过溢流阀的调定压力（称动态压力超调），使系统中各元件及辅助受力增加，影响其寿命。溢流阀的灵敏度越高，则动态压力超调越小。

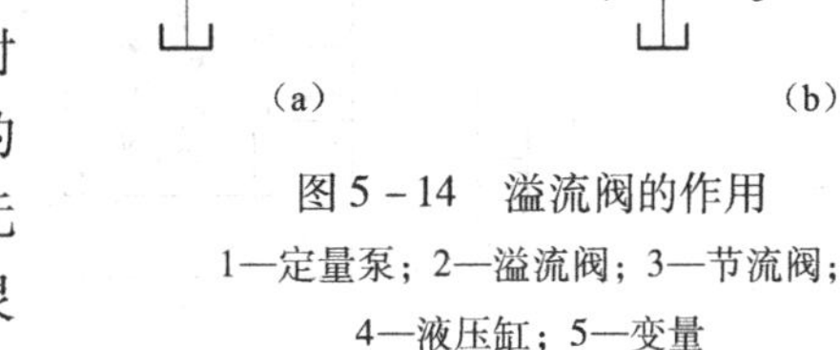

图5－14　溢流阀的作用

1—定量泵；2—溢流阀；3—节流阀；4—液压缸；5—变量

③ 工作平稳，且无振动和噪声。

④ 当阀关闭时，密封要好，泄漏要小。

对于经常开启的溢流阀，主要要求前三项性能；对于安全阀，主要要求第二和第四两项性能。其实，溢流阀和安全阀都是同一结构的阀，只不过是在不同要求时有不同的作用而已。

2. 减压阀的基本结构及工作原理

减压阀是使出口压力（二次压力）低于进口压力（一次压力）的一种压力控制阀。其作用是令低液压系统中某一回路的油液压力，使用一个油源能同时提供两个或几个不同压力的输出。减压阀在各种液压设备的夹紧系统、润滑系统和控制系统中应用较多。此外，当油液压力不稳定时，在回路中串入一个减压阀可得到一个稳定的、较低的压力。根据减压阀所控制的压力不同，它可分为定值输出减压阀、定差减压阀和定比减压阀。

（1）工作原理。图5－15（a）所示为直动式减压阀的结构示意图。p_1口是进油口，p_2口是出油口，阀不工作时，阀芯在弹簧作用下处于最下端位置，阀的进、出油口是相通的，即阀是常开的。若出口压力增大，使作用在阀芯下端的压力大于弹簧力时，阀芯上移，关小阀口，这时阀处于工作状态。若忽略其他阻力，仅考虑作用在阀芯上的液压力和弹簧力相平衡的条件，则可以认为出口压力基本上维持在某一定值——调定值上。这时如果出口压力减小，则阀芯下移，开大阀口，阀口处阻力减小，压降减小，使出口压力回升到调定值；反之，若出口压力增大，则阀芯上移，关小阀口，阀口处阻力加大，压降增大，使出口压力下降到调定值。

图 5 - 15（b）所示为减压阀的职能符号，可仿前述先导式溢流阀来推演，这里不再赘述。

将先导式减压阀和先导式溢流阀进行比较，它们之间有以下几点不同之处：

① 减压阀保持出油口压力基本不变，而溢流阀保持进油口处压力基本不变。

② 在不工作时，减压阀的进、出油口互通，而溢流阀的进、出油口不通。

③ 为保证减压阀出油口压力调定值恒定，它的先导阀弹簧腔需通过泄油口单独外接油箱，而溢流阀的出油口是通油箱的，所以其先导阀的弹簧腔与泄漏油可通过阀体上的通道和出油口相通，不必单独外接油箱。

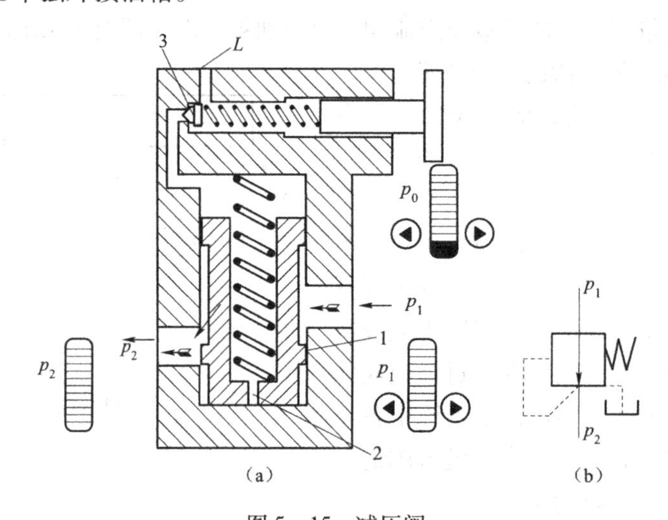

图 5 - 15　减压阀

（a）结构图；（b）职能符号图

1—主阀芯；2—阻尼孔；3—阀口开口量；L—外泄漏油口

（2）工作特性。理想的减压阀在进油口压力、流量发生变化或出油口负载增加时，其出油口压力 p_2 总是恒定不变的。但实际上，p_2 是随 p_1、q 的变化或负载的增大而有所变化。由 图 5 - 15（a）可知，若忽略阀芯的自重和摩擦力，当稳态液动力为 F_{bs} 时，阀芯上力的平衡方程为：

$$p_2 A_R + F_{bs} = k_s(x_c + x_R) \tag{5-4}$$

式中，k_s 为弹簧刚度，x_c 为当阀芯开口 $x_R = 0$ 时弹簧的预压缩量，其余符号见图 5 - 15，亦即：

$$p_2 = [k_s(x_c + x_R) - F_{bs}]/A_R \tag{5-5}$$

若忽略液动力 F_{bs}，且 $x_R \ll x_c$ 时，则有：

$$p_2 \approx k_s x_c / A_R = 常数 \tag{5-6}$$

这就是减压阀出口压力可基本上保持定值的原因。

减压阀的 $p_2 - q$ 特性曲线如图 5 - 16 所示，当减压阀进油口压力 p_1 基本恒定时，若通过的流量 q 增加，则阀口缝隙 x_R 加大，出口压力 p_2 略微下降。先导式减压阀中，出油口压力的压力调整值越低，它受流量变化的影响就越大。当减压阀的出油口不输出油液时，它的出油口压力基本上仍能保持恒定，此时有少量的油液通过减压阀阀口经先导阀和泄油口流回油箱，保持该阀处于工作状态。

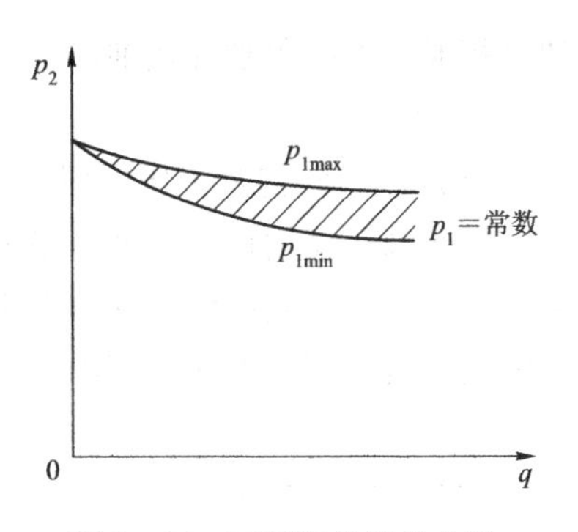

图5-16 减压阀的特性曲线

（3）减压阀的应用。

① 降低液压泵输出油液的压力。在液压系统中，若某一支路所需的工作压力低于液压泵的供油压力，可在支路上串联一个减压阀以获得比系统压力低而稳定的压力油，如夹紧回路、润滑回路和控制回路等。

当回路内有两个以上液压缸，且其中之一需要较低的工作压力，同时其他液压缸仍需高压运作时，此刻就需要用减压阀提供一比系统压力低的压力给低压缸。

图5-17所示为减压回路，不管回路压力多高，A缸的压力绝不会超过3 MPa。

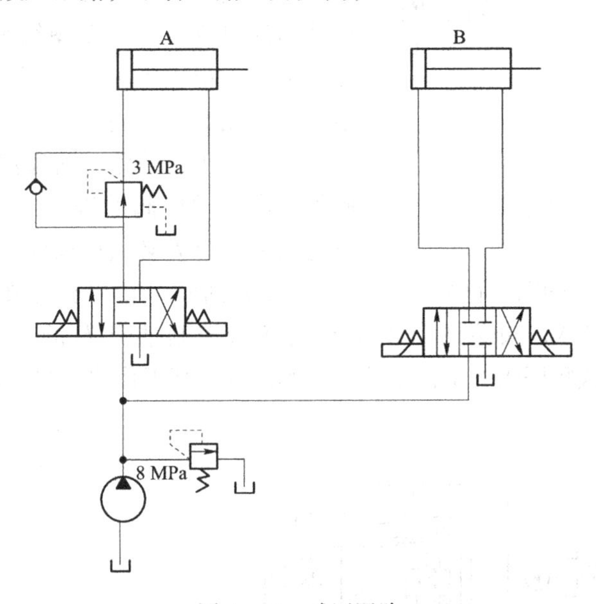

图5-17 减压回路

② 稳定压力。减压阀输出的二次压力比较稳定，供给执行装置工作可以避免一次压力油波动对它的影响。

③ 与单向阀并联，实现单向减压。单向减压阀在系统中的功能是液流正向流动时减压，反向流动时减小阻力。

④ 远程调压。减压阀遥控口接远程调压阀可以实现远程减压，但必须保证远程控制减压后的压力在减压阀调节的范围之内。

（4）减压阀与溢流阀的区别。

先导式减压阀和先导式溢流阀相比较，它们之间有以下几点不同之处：

① 减压阀保持出油口压力基本不变，而溢流阀保持进油口压力基本不变。

② 在不工作时，减压阀的进、出油口互通，而溢流阀的进、出油口不通。

③ 为保证减压阀出油口压力调定值恒定，它的先导阀弹簧腔需通过泄油口单独外接油箱，而溢流阀的出油口是通油箱的，所以其先导阀的弹簧腔和油口可通过阀体上的通道和出

油口相通，不必单独外接油箱。

3. 顺序阀

(1) 基本结构及工作原理。

顺序阀是使用在一个液压泵要供给两个以上液压缸依一定顺序动作场合的一种压力阀。顺序阀的构造及其动作原理类似溢流阀，有直动式和先导式两种，目前较常用的为直动式。顺序阀与溢流阀的不同是其出口直接接执行元件，且有专门的泄油口。

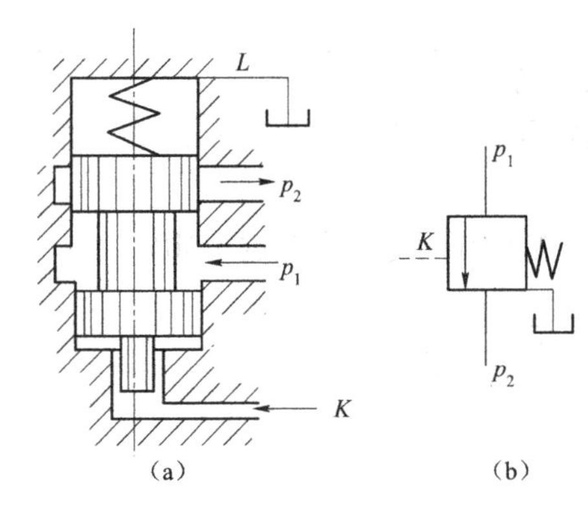

图 5－18　直动式外控顺序阀

图 5－18 (a) 所示为直动式顺序阀的工作原理和图形符号。当进油口压力 p_1 较低时，阀芯在弹簧作用下处下端位置，进油口和出油口不相通。当作用在阀芯下端的油液的液压力大于弹簧的预紧力时，阀芯向上移动，阀口打开，油液便经阀口从出油口流出，从而操纵另一执行元件或其他元件动作。由图 5－18 可见，顺序阀和溢流阀的结构基本相似，不同的只是顺序阀的出油口通向系统的另一压力油路，而溢流阀的出油口通油箱。此外，由于顺序阀的进、出油口均为压力油，所以它的泄油口 L 必须单独外接油箱。

直动式外控顺序阀的图形符号如图 5－18 (b) 所示，它和上述顺序阀的差别仅仅在于其下部有一控制油口 K，阀芯的启闭是利用通入控制油口 K 的外部控制油来控制的。图 5－19所示为先导式顺序阀的工作原理和图形符号，其工作原理可仿前述先导式溢流阀推演，在此不再重复。

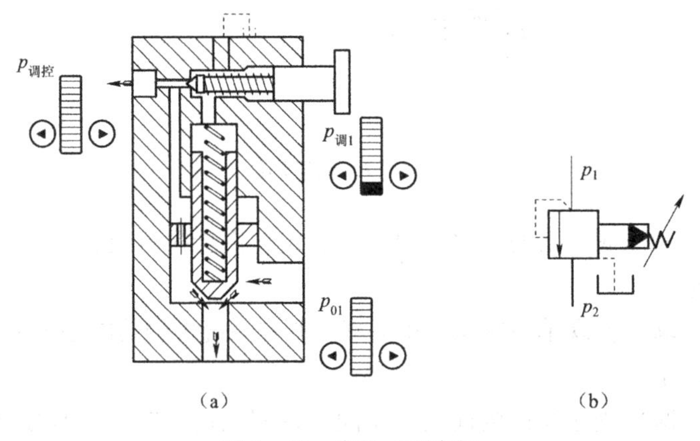

图 5－19　先导式顺序阀

将先导式顺序阀和先导式溢流阀进行比较，它们之间有以下不同之处：

① 溢流阀的进油口压力在通流状态下基本不变，而顺序阀在通流状态下其进油口压力由出油口压力决定，如果出油口压力 p_2 比进油口压力 p_1 低得多时，则 p_1 基本不变，而当 p_2 增大到一定程度时，p_1 也随之增加，则 $p_1 = p_2 + \Delta p$，Δp 为顺序阀上的损失压力。

② 溢流阀为内泄漏，而顺序阀需单独引出泄漏通道，为外泄漏。

③ 溢流阀的出口必须回油箱，顺序阀的出口可接负载。

（2）顺序阀的应用。

① 用于顺序动作回路。图5－20所示为一定位与夹紧回路，其前进的动作顺序是先定位后夹紧，后退时同时退后。

② 起平衡阀的作用。在大型压床上由于压柱及上模很重，为防止因自重而产生的自走现象，必须加装平衡阀（顺序阀），如图5－21所示。

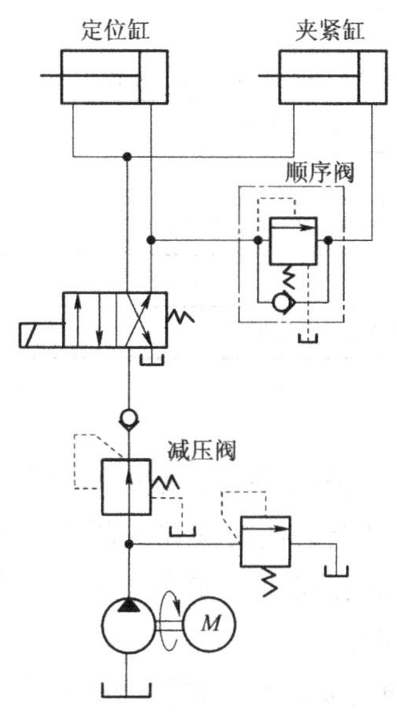

图5－20 利用顺序阀的顺序动作回路

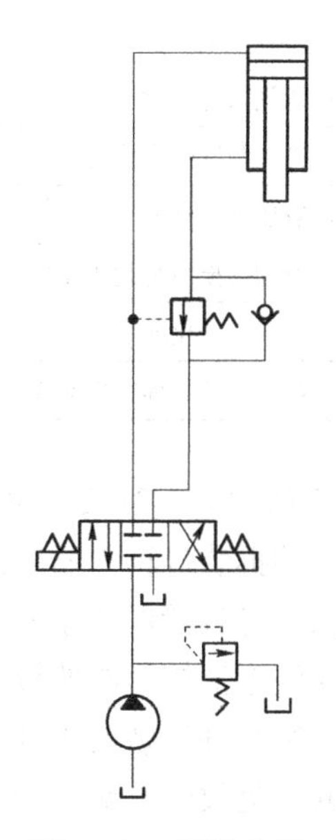

图5－21 平衡回路

4. 减压阀的拆装与维护方法

在减压阀的拆装过程中特别要注意的是直动式减压阀的顶盖方向要正确，否则会堵塞回油孔；滑阀应移动灵活，以防止出现卡死现象；阻尼孔应疏通良好；弹簧软硬应适合，不可断裂或弯曲；阀体和滑阀要清洗干净，泄漏通道要通畅；密封件不能有老化或损坏现象，应确保密封效果；紧固各连接处的螺钉。

减压阀的常见故障有不起减压作用、压力不稳定和泄漏严重等。产生这些故障的原因及排除方法见表5－12。

表5－12 减压阀的常见故障及维护方法

故障现象	原　因	维护方法
不起减压作用	（1）直动式减压阀有的将顶盖方向装错，使回油孔堵塞	重新装好
	（2）滑阀与阀孔的制造精度差，滑阀被卡住	配研滑阀与阀体孔
	（3）滑阀上的阻尼小孔被堵塞	清洗并疏通滑阀上的阻尼孔
	（4）调压弹簧太硬或发生弯曲，被卡住	更换合适的弹簧
	（5）钢球或锥阀与阀座孔配合不良	更换或修磨锥阀，使泄漏通道通畅
	（6）泄漏通道被堵塞，滑阀不能移动	清洗滑阀和阀体，使泄漏通道通畅

续表

故障现象	原　因	维护方法
压力不稳定	(1) 滑阀与阀体配合间隙过小，滑阀移动不灵活	修磨滑阀并研磨阀孔
	(2) 滑阀弹簧太软，产生变形或在阀芯中被卡住，使滑阀移动困难	更换弹簧
	(3) 滑阀阻尼孔时通时堵	更换液压油，清洗并疏通阀上的阻尼孔
	(4) 锥阀与锥阀座接触不良	修磨锥阀，研磨阀座孔
	(5) 液压系统进入空气	排气
泄漏严重	(1) 滑阀磨损后与阀体孔配合间隙太大	重制滑阀，与阀体孔配磨
	(2) 密封件老化或磨损	更换密封件
	(3) 各连接处的螺钉松动或拧紧力不均匀	紧固各连接处的螺钉

5. 顺序阀的常见故障及维护方法

在顺序阀的拆装过程中要注意的是滑阀与阀体的配合间隙要适合，配合间隙太大，会使滑阀两端串油，导致滑阀不能移动；配合间隙过小，又可能会使滑阀在关闭位置卡死。此外，同样还要注意液控管路的接头螺母要拧紧，以防止控制油泄漏；弹簧软硬应适合，不可断裂或弯曲；密封件安装要正确，各连接处的螺钉要紧固等。

顺序阀的常见故障有顺序阀不起作用、调定压力不符合要求和出现振动或噪声等，产生这些故障的原因及排除方法见表 5-13。

表 5-13　顺序阀的常见故障及维护方法

故障现象	原　因	维护方法
始终出油，不起顺序作用	(1) 阀芯在打开位置上卡死（如几何精度差、间隙太小、弹簧弯曲、断裂、油太脏）	修理，配研，过滤或更换油液，更换弹簧
	(2) 单向阀门在开位置上卡死（如几何精度差、间隙太小、弹簧弯曲、断裂、油太脏）	修理，配研，过滤或更换油，更换弹簧
	(3) 单向阀密封不良（如几何精度差）	修理
	(4) 调压弹簧断裂	更换弹簧
	(5) 调压弹簧漏装	补装
	(6) 未装锥阀或钢球	补装
	(7) 锥阀或钢球碎裂	更换
不出油，不起顺序作用	(1) 阀芯在关闭位置上卡死（如几何精度低、弹簧弯曲、油太脏）	修理，更换弹簧，过滤或换油
	(2) 锥阀芯在关闭位置上卡死	修理，过滤或换油
	(3) 控制油液流动不通畅（如阻尼孔堵死、遥控管道被压扁堵死）	清洗或更换管道，过滤或换油
	(4) 遥控压力不足或下端盖结合处漏油严重	提高控制压力，拧紧螺钉
	(5) 通向调压阀油路上的阻尼孔被堵死	清洗

续表

故障现象	原　　因	维护方法
不出油，不起顺序作用	（6）泄漏口管道中的背压太高，使滑阀不能移动	泄漏口管道不能接在回油管道上，应单独接回油箱
	（7）调压弹簧太硬或压力调得太高	更换弹簧，适当调整压力
调定压力不符合要求	（1）调压弹簧调整不当	重调压力
	（2）调压弹簧变形，最高压力调不上去	更换弹簧
	（3）滑阀卡死	检查，修配，过滤或更换
振动与噪声	（1）回油阻力（背压）太高	降低回油阻力
	（2）油温过高	控制油温

5.3　流量控制阀的拆装及维护

项目导入

（1）L－10B节流阀的结构如图5－22所示。

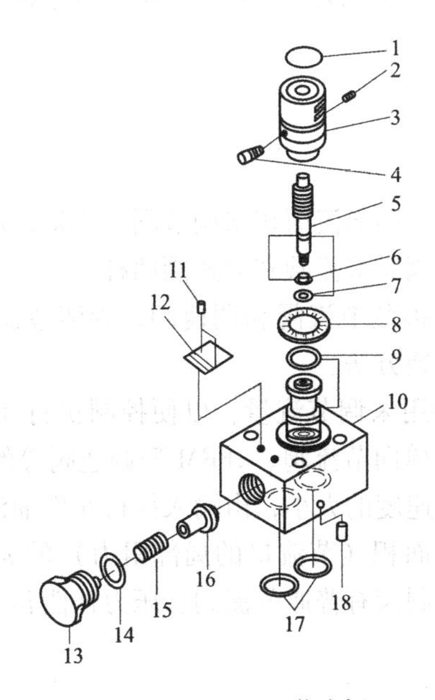

图5－22　L－10B节流阀

1、18—堵头；2、4—螺钉；3—手轮；5—节流阀阀芯；6、7、9—密封圈；8—刻度盘；10—阀体；11—螺钉；12—铭牌；13—螺塞；14—密封圈；15—弹簧；16—单向阀阀芯；17—垫圈

（2）QI－25B 调速阀的结构如图 5－23 所示。

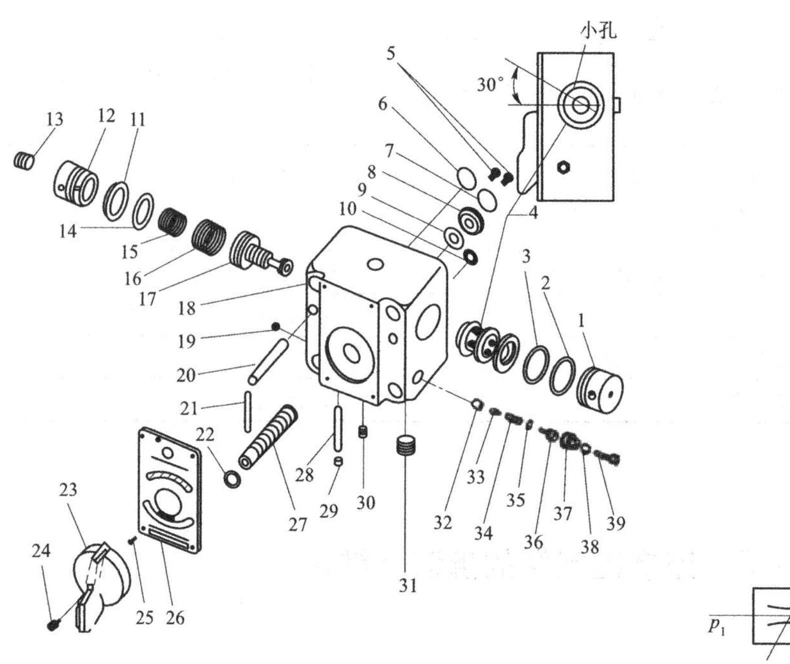

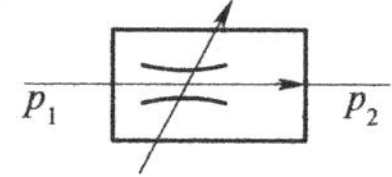

图 5－23　QI－25B 调速阀

1、12—堵头；2、6、7、10、14—O 形圈；3、11—密封挡圈；4—阀套；5、8、9、14、18、22—垫圈；13、31—螺栓；15—定位块；16—弹簧；17—压力补偿阀阀芯；19、24、25、29、30、39—螺钉；20—轴；21、28—销；23—手柄；26—铭牌；27—节流阀阀芯；32、33、34、35、36、37、38—单向阀组件

相关知识

流量控制阀是通过改变阀口的通流面积来调节阀口流量，从而控制执行元件运动速度的液压控制阀。常用的流量控制阀有节流阀和调速阀两种。

本节的任务要求是按规范拆装节流阀和调速阀，弄清节流阀与调速阀的结构和工作原理，学会节流阀和调速阀的拆装方法。

节流阀和调速阀在系统中用来调节流量，以便控制执行元件的运动速度。学生应掌握 MK 型单向节流阀、Z2FS 型双单向节流阀、2FRM 型调速阀等的结构组成及工作原理。

液压系统中执行元件运动速度的大小，由输入执行元件油液流量的大小来确定。流量控制阀就是依靠改变阀口的通流面积（节流口的局部阻力）的大小或通流通道的长短来控制流量的液压阀。常用的流量控制阀有普通节流阀、压力补偿和温度补偿调速阀、溢流节流阀和分流集流阀等。

5.3.1　流量控制阀的结构及工作原理

1. L－10B 节流阀

图 5－22 所示为 L－10B 节流阀的结构，这种节流阀的节流通道为轴向三角槽式。压力

油从进油口 p_1 流入孔道和阀芯左端的三角槽，再从出油口 p_2 流出。调节手柄，可通过推杆使阀芯做轴向移动，以改变节流口的通流截面积来调节流量。阀芯在弹簧的作用下始终贴紧在推杆上，这种节流阀的进出油口可互换。

L－10B 节流阀的刚性表示它抵抗负数变化的干扰及保持流量稳定的能力，即当节流阀开口量不变时，由阀前、后压力差 Δp 的变化所引起的通过节流阀的流量发生变化的情况。流量变化越小，节流阀的刚性越大；反之，则其刚性越小。如果以 T 表示节流阀的刚度，则有：

$$T = \mathrm{d}\Delta p/\mathrm{d}q \qquad (5-7)$$

由式 $q = KA\Delta p^m$，可得：

$$T = \Delta p^{1-m}/KAm \qquad (5-8)$$

从节流阀特性曲线（图5－24）可以发现，节流阀的刚度 T 相当于流量曲线上某点的切线和横坐标夹角 β 的余切，即：

$$T = \cot\beta \qquad (5-9)$$

由图5－24和式（5－9）可以得出以下结论：

（1）同一节流阀，阀前、后压力差 Δp 相同，节流开口小时，刚度大。

（2）同一节流阀，在节流开口一定时，阀前、后压力差 Δp 越小，刚度越低。为了保证节流阀具有足够的刚度，节流阀只能在某一最低压力差 Δp 的条件下才能正常工作，但提高 Δp 将引起压力损失的增加。

（3）取小的指数 m 可以提高节流阀的刚度，因此在实际使用中多希望采用薄壁小孔式节流口，即 $m = 0.5$ 的节流口。

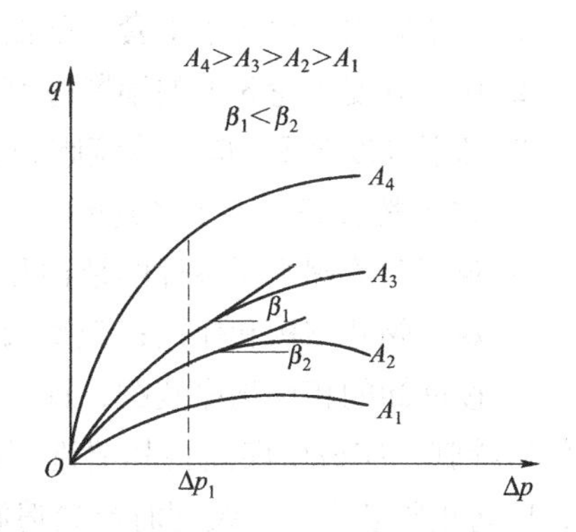

图5－24 不同开口时节流阀的流量特性曲线

2. QI－25B 调速阀

L－10B 节流阀由于刚性差，在节流开口一定的条件下通过它的工作流量受工作负载（亦即其出口压力）变化的影响，不能保持执行元件运动速度的稳定，因此只适用于工作负载变化不大和对速度稳定性要求不高的场合。由于工作负载的变化很难避免，为了改善调速系统的性能，通常对节流阀进行补偿，即采取措施使节流阀的前、后压力差在负载变化时始终保持不变。由 $q = KA\Delta p^m$ 可知，当 Δp 基本不变时，通过节流阀的流量只由其开口量的大小决定。使 Δp 基本保持不变的方式有两种：一种是将定压差式减压阀与节流阀并联起来构成调速阀；另一种是将稳压溢流阀与节流阀并联起来构成溢流节流阀。这两种阀是利用流量的变化所引起的油路压力的变化，通过阀芯的负反馈动作来自动调节节流部分的压力差，使其保持不变的，这就是 QI－25B 调速阀的工作原理。QI－25B 调速阀与 L－10B 节流阀的压力－流量特性曲线的比较如图5－25所示。

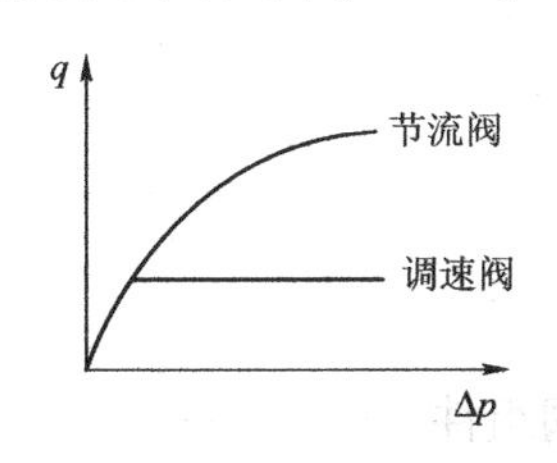

图5－25 特性曲线比较

项目实施

5.3.2 拆装步骤和方法

1. 操作仪器设备

（1）设备名称：拆装操作台（包括拆装工具1套）。

（2）拆装的液压阀的结构如图5－22和图5－23所示。

（3）流量控制阀：L－10B节流阀、QI－25B调速阀。

2. 流量阀的拆装步骤和方法

（1）L－10B型节流阀的拆装步骤和方法。

图5－22所示为节流阀外观和立体分解图，以这种阀为例说明其拆装步骤和方法。

① 准备好内六角扳手1套、耐油橡胶板1块、油盘一个及钳工工具1套。

② 松开刻度手轮3上的锁紧螺钉2、4，取下手轮3。

③ 卸下刻度盘8，取下节流阀阀芯5和密封圈6、7、9。

④ 卸下螺塞13，取下密封圈14、弹簧15和单向阀阀芯16。

⑤ 观察节流阀主要零件的结构和作用。

⑥ 观察阀芯结构和作用；观察阀体的结构和作用。

⑦ 按拆卸的相反顺序装配，即后拆的零件先装配，先拆的零件后装配。装配时，如有零件被弄脏，应该用煤油将其清洗干净后方可装配。装配阀芯时，可在其台肩上涂抹液压油，以防止阀芯卡住。装配时严禁遗漏零件。

⑧ 将节流阀的外表面擦拭干净，整理工作台。

⑨ 转动手轮3，通过推杆使阀芯做轴向移动，从而调节调节流阀的通流截面积，使流经节流阀的流量发生变化。

（2）QI－25B型调速阀的拆装步骤和方法

图5－23所示为调速阀的外观和立体分解图，以这种阀为例说明调速阀的拆装步骤和方法。

① 准备好内六角扳手1套、耐油橡胶板1块、油盘1个及钳工工具1套。

② 卸下堵头1、12，依次从右端取下O形圈2、密封挡圈3、阀套4；依次从左端取下密封挡圈11、垫圈14、定位块15、弹簧16、压力补偿阀阀芯17。

③ 卸下螺钉24，取下手柄23。

④ 卸下螺钉25，取下铭牌26。

⑤ 卸下节流阀阀芯27。

⑥ 卸下O形圈6、7，垫圈8、9，O形圈10。

⑦ 卸下螺钉39，取下38、37、36、35、34、33、32等单向阀组件。

⑧ 观察调速阀主要零件的结构和作用；观察节流阀阀芯的结构和作用；观察减压阀阀芯的结构和作用；观察单向阀阀芯的结构和作用；观察阀体的结构和作用。

⑨ 按拆卸的相反顺序装配，即后拆的零件先装配，先拆的零件后装配。装配时，如有

零件被弄脏，应该用煤油将其清洗干净后方可装配。装配阀芯时，可在其台肩上涂抹液压油，以防止阀芯卡住。装配时严禁遗漏零件。

⑩ 将调速阀的外表面擦拭干净，整理工作台。

5.3.3　常见故障及维护方法

（1）节流阀的常见故障有：调节失灵；流量不稳定；行程节流阀不能压下或不能复位；流量虽然可调，但调好的流量不稳定，从而使执行元件的速度不稳定；外泄漏、内泄漏大。产生这些故障的原因及维护方法见表5－14。

表5－14　节流阀的常见故障及维护方法

故障现象	原　因	维护方法
流量调节作用失灵	（1）节流口或阻尼小孔被严重堵塞，滑阀被卡住	拆洗滑阀，更换液压油，使滑阀运动灵活
	（2）节流阀阀芯因污物、毛刺等卡住	拆洗滑阀，更换液压油，使滑阀运动灵活
	（3）阀芯复位弹簧断裂或漏装	更换或补装弹簧
	（4）在带单向阀装置的节流阀中，单向阀密封不良	研磨阀座
	（5）节流滑阀与阀体孔配合间隙过小而造成阀芯卡死	研磨阀孔
	（6）节流滑阀与阀体孔配合间隙过大而造成泄漏	检查磨损、密封情况，修换阀芯
	（7）密封失效	拆检或更换密封
	（8）弹簧失效	拆检或更换弹簧
	（9）油液污染使阀芯卡阻	拆开并清洗或换油
行程节流阀不能压下或不能复位	（1）阀芯卡阻或泄油口堵塞致使阀芯压力过大	拆检或更换阀芯，泄油口接油箱并降低泄油背压
	（2）弹簧失效	检查并更换弹簧
流量虽然可调，但调好的流量不稳定，从而使执行元件的速度不稳定	（1）油中杂质粘附在节流口边上，通油截面减小，流量减少	拆洗有关零件，更换液压油
	（2）油温升高，油液的黏度降低	加强散热
	（3）调节手柄锁紧螺钉松动	锁紧调节手柄锁紧螺钉
	（4）节流阀因系统负荷有变化而使流量变化	改用调速阀
	（5）阻尼孔堵塞，系统中有空气	排空气，使阻尼孔畅通
	（6）密封损坏	更换密封圈
	（7）阀芯与阀体孔配合间隙过大而造成泄漏	检查磨损、密封情况，更换阀芯
	（8）锁紧装置松动	锁紧调节螺钉
	（9）节流口堵塞	拆洗节流阀
	（10）内泄漏量过大	拆检或更换阀芯与密封件
	（11）油温过高	降低油温
	（12）负载压力变化过大	尽可能使负载不变化
外泄漏、内泄漏大	（1）外泄漏主要发生在调节手柄部位、工艺螺堵、阀安装面等处，主要原因是O形密封圈永久变形、破损及漏装等。	更换O形密封圈

续表

故障现象	原　因	维护方法
外泄漏、内泄漏大	（2）内泄漏的原因主要是节流阀阀芯与阀体孔配合间隙过大或在使用过程中严重磨损及阀芯与阀孔间有沟槽，还有油温过高等	保证阀芯与阀孔的公差，保证节流阀阀芯与阀体孔的配合间隙，如果有严重磨损及阀芯与阀孔有沟槽，则可用电刷镀重新加工阀芯或进行研磨

（2）调速阀的常见故障及维护方法。

在流量控制阀的拆装过程中，除了要注意阀体和阀芯的配合间隙要合适、弹簧软硬要合适、密封可靠以及连接紧固等外，还要注意阀体和阀芯的清洁，节流阀的节流口不能有污物，以防节流口堵塞。如果是调速阀，还要注意减压阀中的阻尼小孔通畅，否则会影响阀芯动作的灵敏程度。

设备使用前应检查系统中各调节手轮、手柄的位置是否正常，电气开关和行程挡铁是否牢固可靠；设备使用后，如果较长时间内不再用，应将各手轮全部放松，以防止弹簧产生永久变形，影响元件的性能。

调速阀的常见故障有：调节失灵；流量不稳定；流量调节作用失灵；调速阀输出的流量不稳定，从而使执行元件的速度不稳定；最小稳定流量不稳定，执行元件低速运动速度不稳定，出现爬行抖动现象等。产生这些故障的原因及维护方法见表 5－15。

表 5－15　调速阀的常见故障及维护方法

故障现象	产生原因	维护方法
调节失灵	（1）定差减压阀阀芯与阀套孔的配合间隙太小或有毛刺，导致阀芯移动不灵活或卡死	检查，修配间隙使阀芯移动灵活
	（2）定差减压阀弹簧太软、弯曲或折断	更换弹簧
	（3）油液过脏使阀芯卡死或节流阀孔口堵死	拆卸清洗、过滤或换油
	（4）节流阀阀芯与阀孔的配合间隙太大而造成较大泄漏	修磨阀孔，单配阀芯
	（5）节流阀阀芯与阀孔的间隙太小或变形而卡死	拆卸清洗，紧固紧定螺钉
	（6）节流阀阀芯轴向孔堵塞	清洗、配研，以保证间隙畅通
	（7）调节手轮的紧固螺钉松或掉，调节轴螺纹被脏物卡死	拆卸清洗、过滤或换油
流量不稳定	（1）定差减压阀阀芯卡死	清洗、修研，使阀芯移动灵活
	（2）定差减压阀阀套小孔时堵时通	清洗小孔，过滤或换油
	（3）定差减压阀弹簧弯曲、变形，端面与轴线不垂直或太硬	更换弹簧
	（4）节流孔口处积有污物造成孔口时堵时通	清洗元件，过滤或换油
	（5）温升过高	降低油温或选用具有高黏度指数的油液
	（6）内、外泄漏量太大	消除泄漏，更换新元件
	（7）系统中有空气	将空气排净

续表

故障现象	产生原因	维护方法
流量调节作用失灵	（1）节流口或阻尼小孔被严重堵塞，滑阀被卡住	拆洗滑阀，更换液压油，使滑阀运动灵活
	（2）节流阀阀芯因污物、毛刺等卡住	拆洗滑阀，更换液压油，使滑阀运动灵活
	（3）阀芯复位弹簧断裂或漏装	更换或补装弹簧
	（4）节流滑阀与阀体孔的配合间隙过大而造成泄漏	检查磨损、密封情况，修、换阀芯
	（5）调速阀进、出口接反了	纠正进、出口接法
	（6）定差减压阀阀芯卡死在全闭或小开度位置	拆洗和去毛刺，使减压阀阀芯能灵活移动
	（7）调速阀进口与出口的压力差太小	按说明书调节压力
调速阀输出的流量不稳定，从而使执行元件的速度不稳定	（1）定压差减压阀阀芯被污物卡住，动作不灵敏，失去压力补偿作用	拆洗定压差减压阀阀芯
	（2）定压差减压阀阀芯与阀套配合间隙过小或大小不同芯	研磨定压差减压阀阀芯
	（3）定压差减压阀阀芯上的阻尼孔堵塞	畅通定压差减压阀阀芯上的阻尼孔
	（4）节流滑阀与阀体孔的配合间隙过大而造成泄漏	检查磨损、密封情况，修换阀芯
	（5）漏装了减压阀的弹簧，或弹簧折断、装错	补装或更换减压阀的弹簧
	（6）在带单向阀装置的调速阀中，单向阀阀芯与阀座接触处有污物卡住或有沟槽不密合，存在泄漏	研磨单向阀阀芯与阀座，使之密合，必要时予以更换
最小稳定流量不稳定，执行元件的低速运动速度不稳定，出现爬行抖动现象	（1）油温高且温度变化大	加强散热，控制油温
	（2）温度补偿杆弯曲或补偿作用失效	更换温度补偿杆
	（3）节流阀阀芯因污物而时堵时通	拆洗滑阀，更换液压油，使滑阀运动灵活
	（4）节流滑阀与阀体孔的配合间隙过大而造成泄漏	检查磨损、密封情况，修换阀芯
	（5）在带单向阀装置的调速阀中，单向阀阀芯与阀座接触处有污物卡住或拉有沟槽不密合，存在泄漏	研磨单向阀阀芯与阀座，使之密合，必要时予以更换

项目任务单

项目任务单见表5－16，项目考核评价表见表5－17。

表5－16　项目任务单

项目名称	控制阀的拆装及维护	对应学时	12
任务名称	流量控制阀的拆装及维护		4
任务描述	工作步骤如下： （1）详细解读操作步骤； （2）观察、拆装阀体各部分结构； （3）确定操作方案； （4）叙述操作过程； （5）绘制结构简图		

续表

<table>
<tr><td>项目名称</td><td colspan="6">控制阀的拆装及维护</td><td rowspan="2">对应学时</td><td>12</td></tr>
<tr><td>任务名称</td><td colspan="6">流量控制阀的拆装及维护</td><td>4</td></tr>
<tr><td>时间安排
(180 min)</td><td>下达任务
(20 min)</td><td>资讯
(20 min)</td><td>初定方案
(30 min)</td><td>讲授
(30 min)</td><td>操作过程
(40 min)</td><td>评价
(20 min)</td><td colspan="2">作业及下发任务
(20 min)</td></tr>
<tr><td>提供资料</td><td colspan="8">(1) 校本教材;
(2) 机械加工手册;
(3) 刀具手册</td></tr>
<tr><td>对学生的要求</td><td colspan="8">(1) 了解流量控制阀的分类;
(2) 了解流量控制阀的结构;
(3) 掌握流量控制阀的拆装和保养方法;
(4) 能熟练组装流量控制阀</td></tr>
<tr><td>思考问题</td><td colspan="8">(1) 调速阀与节流阀的主要区别是什么?
(2) 根据实物,叙述节流阀的结构组成及工作原理
(3) 完成流量控制阀拆装全过程的操作报告。
(4) 简述节流阀的结构特点。由于它存在缺点,故其适用于什么场合?
(5) 调速阀是由哪两个阀组成的 ? 简述它们的工作原理。
(6) 调速阀中的减压阀是定差的还是定值的?最小压差是多大?
(7) 在定量泵供油的节流调速系统中,必须选择什么样的阀配合使用?
(8) Q 型调速阀是由哪两种阀组成的?这种阀的连接方式是串联还是并联?
(9) 观察调速阀中的两个阀芯,分析其主要零件及各孔道的作用。
(10) 根据阀的结构,完成液流从进油到出油的全过程,并分析调速阀的工作原理。为什么调速阀比节流阀的调速性能好?二者有什么区别?两种阀各适用于什么场合</td></tr>
</table>

表 5-17 项目考核评价表

<table>
<tr><td>记录表编号</td><td></td><td>操作时间</td><td>40 min</td><td>姓名</td><td></td><td>总分</td><td></td></tr>
<tr><td>考核项目</td><td>考核内容</td><td>要求</td><td>分值</td><td colspan="2">评分标准</td><td>互评</td><td>自评</td></tr>
<tr><td rowspan="7">主要项目
(80 分)</td><td>安全操作</td><td>安全控制</td><td>10</td><td colspan="2">违反安全规定扣 10 分</td><td></td><td></td></tr>
<tr><td>拆卸顺序</td><td>实践</td><td>10</td><td colspan="2">错误 1 处扣 5 分</td><td></td><td></td></tr>
<tr><td>安装顺序</td><td>正确</td><td>10</td><td colspan="2">有 1 处错误扣 5 分</td><td></td><td></td></tr>
<tr><td>工具使用</td><td>正确</td><td>10</td><td colspan="2">选择错误 1 处扣 2 分</td><td></td><td></td></tr>
<tr><td>操作能力</td><td>高</td><td>20</td><td colspan="2">操作有误 1 处扣 5 分</td><td></td><td></td></tr>
<tr><td>分析能力</td><td>高</td><td>10</td><td colspan="2">陈述错误 1 处扣 2 分</td><td></td><td></td></tr>
<tr><td>故障查找</td><td>高</td><td>10</td><td colspan="2">1 处未排除扣 3 分</td><td></td><td></td></tr>
</table>

拓展知识

1. 节流阀节流口的形式

节流阀节流口通常有 3 种基本形式:薄壁小孔、细长小孔和厚壁小孔。无论节流口采用何种形式，通过节流口的流量 q 及其前后压力差 Δp 的关系均可用式 $q=KA\Delta p^m$ 来表示，根据3种节流口的流量特性曲线可知：

（1）压差对流量的影响。节流阀两端压差 Δp 变化时，通过它的流量要发生变化，3种结构形式的节流口中，通过薄壁小孔的流量受到压差改变的影响最小。

（2）温度对流量的影响。油温影响到油液黏度，对于细长小孔，油温变化时，流量也会随之改变；对于薄壁小孔，黏度对流量几乎没有影响，故油温变化时，流量基本不变。

（3）节流口的堵塞。节流阀的节流口可能因油液中的杂质或油液氧化后析出的胶质、沥青等而局部堵塞，这就改变了原来节流口通流面积的大小，使流量发生变化，尤其是当开口较小时，这一影响更为突出，严重时甚至会完全堵塞而出现断流现象。因此，节流口的抗堵塞性能也是影响流量稳定性的重要因素，尤其会影响流量阀的最小稳定流量。一般节流口通流面积越大、节流通道越短、水力直径越大，越不容易堵塞，当然油液的清洁度也会对堵塞产生影响。一般流量控制阀的最小稳定流量为0.05 L/min。

综上所述，为保证流量稳定，节流口的形式以薄壁小孔较为理想。图5-26所示为几种常用的节流口形式。图5-26（a）所示为针阀式节流口，其通道长，易堵塞，流量受油温影响较大，一般用于对性能要求不高的场合；图5-26（b）所示为偏心槽式节流口，其性能与针阀式节流口相同，但容易制造，其缺点是阀芯上的径向力不平衡，旋转阀芯时较费力，一般用于压力较低、流量较大和对流量稳定性要求不高的场合；图5-26（c）所示为轴向三角槽式节流口，其结构简单，水力直径中等，可得到较小的稳定流量，且调节范围较大，但节流通道有一定的长度，油温变化对流量有一定的影响，目前被广泛应用；图5-26（d）所示为周向缝隙式节流口，其沿阀芯周向开有一条宽度不等的狭槽，转动阀芯就可改变开口大小，阀口做成薄刃形，通道短，水力直径大，不易堵塞，油温变化对流量的影响小，因此其性能接近于薄壁小孔，适用于低压小流量的场合；图5-26（e）所示为轴向缝隙式节流口，在阀孔的衬套上加工有薄壁阀口，阀芯做轴向移动即可改变开口大小，其性能与图5-26（d）所示的节流口相似。为保证流量稳定，节流口的形式以薄壁小孔较为理想。

2. 液压传动系统对流量控制阀的主要要求

（1）较大的流量调节范围，且流量调节要均匀。

（2）当阀的前、后压力差发生变化时，通过阀的流量变化要小，以保证负载运动稳定。

（3）油温变化对通过阀的流量影响要小。

（4）液流通过全开阀时的压力损失要小。

（5）当阀口关闭时，阀的泄漏量要小。

在液压传动系统中节流元件与溢流阀并联于液泵的出口，构成恒压油源，使泵出口处的压力恒定。如图5-27（a）所示，此时节流阀和溢流阀相当于两个并联的液阻，液压泵的输出流量 q_p 不变，流经节流阀进入液压缸的流量 q_1 与流经溢流阀的流量 Δq 的大小由节流阀和溢流阀液阻的相对大小来决定。若节流阀的液阻大于溢流阀的液阻，则 $q_1<\Delta q$，反之则 $q_1>\Delta q$。节流阀是一种可以在较大范围内以改变液阻来调节流量的元件，因此，可以通过调节节流阀的液阻来改变进入液压缸的流量，从而调节液压缸的运动速度，但若在回路中仅有节流阀而没有与之并联的溢流阀，如图5-27（b）所示，则节流阀就起不到调节流量的作用。液压泵输出的液压油全部经节流阀进入液压缸。改变节流阀节流口的大小，只是改变液流流经节流阀的压力降。节流口小，流速快；节流口大，流速慢。而总的流量是不变的，因此液压缸的运动速度不变。节流元件用来调节流量是有条件的，即要求有一个接收节流元件压力信号的环节（与之并联的溢流阀或恒压变量泵），以通过这一环节来补偿节流元件的流量变化。

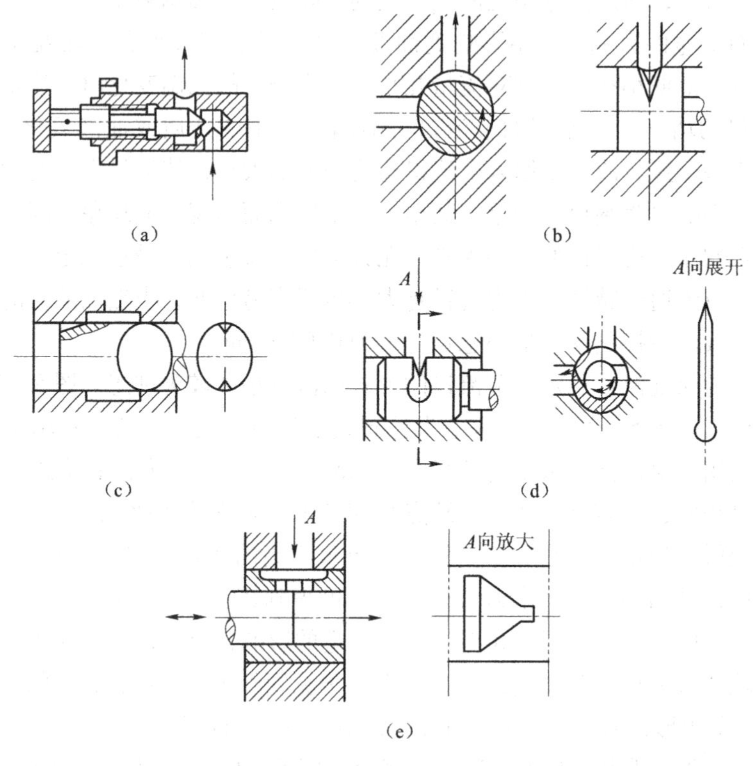

图 5－26　典型节流口的结构形式

（a）针阀式节流口；（b）偏心槽式节流口；（c）轴向三角槽式节流口；

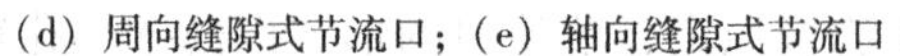

（d）周向缝隙式节流口；（e）轴向缝隙式节流口

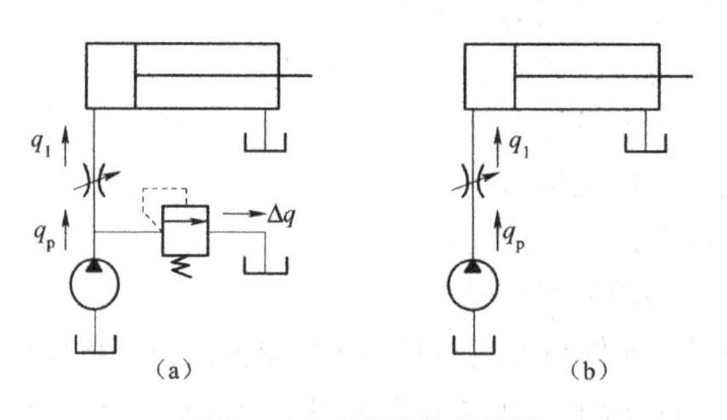

图 5－27　节流元件的作用

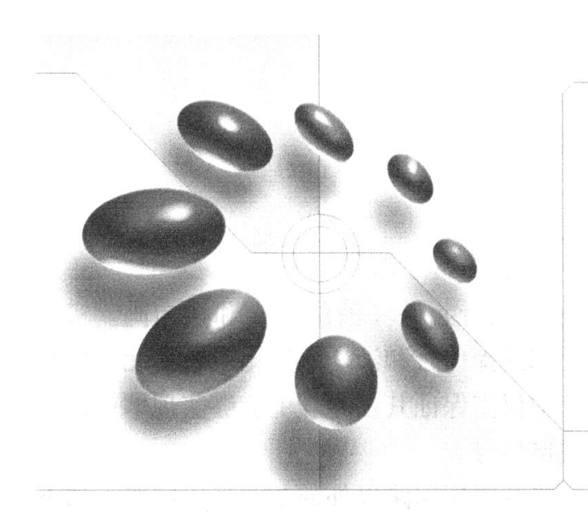

项目6 液压基本回路调试

岗位目标

（1）掌握常见液压基本回路的工作原理，锻炼学生设计液压基本回路的能力，培养学生的创新能力。

（2）通过操作掌握液压油路的连接方法，锻炼学生的动手操作能力。

（3）通过观察液压系统的运行，加强对液压系统工作过程的感性认识。

能力目标

（1）通过教师提供资料与学生自己查阅资料，让学生了解换向回路、调速回路、快速运动回路与速度换接回路、调压回路、锁紧回路与平衡回路的用途。

（2）教师告知学生调速回路、快速运动回路与速度换接回路的安装要求，学生通过安装回路理解其工作原理。

（3）教师讲解调速回路、快速运动回路与速度换接回路、调压回路、锁紧回路、平衡回路、保压回路与卸荷回路的工作原理及应用等知识。

（4）对照实物与图片，教师与学生分析调速回路与速度换接回路的常见故障。

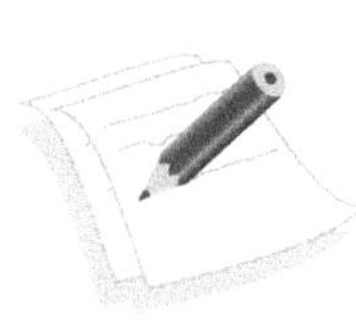

6.1 调速回路的调试

项目导入

为保证回路能正常运行，设计的液压回路应包含执行元件（液压缸）和换向阀。实际上，设计的液压回路应是一个简单的液压系统。考虑到操作台和液压元件箱中所备元件的品种，设计液压回路时应采用定量泵和液压缸。设计中仅需保证其在原理上能够实现即可，不必考虑负载和运动速度的大小，不必选择元件的规格型号。

本项目主要介绍换向回路、锁紧回路、调压回路及减压回路以外的基本液压回路，如下所示：

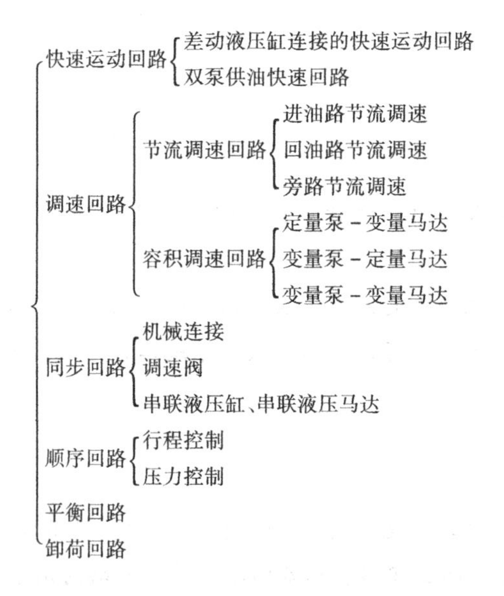

相关知识

液压缸的有效面积 A 是定值，只有改变流量 q 的大小来调速，这可通过流量阀或变量泵来实现。

改变液压马达的排量 V_m，可通过变量马达来实现。

因此，调速回路主要有以下 3 种方式：

（1）节流调速回路：由定量泵供油，用流量阀调节进入或流出执行机构的流量来实现调速。

按采用流量阀不同，其可分为节流阀节流调速和调速阀节流调速。

按流量阀安装位置不同，其可分为进油路节流、回油路节流和旁油路节流。

（2）容积调速回路：通过调节变量泵或变量马达的排量来调速。

（3）容积节流调速回路：用限压变量泵供油，由流量阀调节进入执行机构的流量并使变量泵的流量与调节阀的调节流量相适应来实现调速。

速度控制回路是对液压系统中执行元件的运动速度和速度切换实现控制的回路。

其调速方法如下：

（1）节流调速，即用定量泵供油，采用节流元件调节输入执行元件的流量来实现调速；由定量泵供油，由流量控制阀控制流入或流出执行元件的流量来调节速度。

（2）容积调速，即改变变量泵的供油量 Q 和变量液压马达的排量 q_m 来实现调速。

（3）容积节流调速，即用自动改变流量的变量泵及节流元件联合进行调速。采用变量泵供油，由流量控制阀控制流入或流出执行元件的流量来调节速度，同时又使变量泵的输出流量与通过流量控制阀的流量相适应。

速度调节回路是液压传动系统的重要组成部分，一般依靠它来控制工作机构的运动速度，例如在机床中经常需要调节工作台（或刀架）的移动速度，以适应加工工艺要求。液压传动的优点之一就是能够很方便地实现无级调速。调速回路在不考虑油液压缩性和泄漏的情况下，液压缸的运动速度 v 由进入（或流出）液压缸的流量和有效作用面积决定，即 $v=q/A$；从液压马达的工作原理可知，液压马达的转速由输出液压马达的流量和马达的排量决定，即 $n=q/V_m$。

通过操作要求达到以下的目的：

（1）通过亲自拼装操作系统，了解进口节流调速回路的组成及性能，绘制速度－负载特性曲线，并与其他节流调速回路进行比较。

（2）通过该回路操作，加深理解 $q=KA_T\Delta p^m$，了解式中 A_T、Δp^m 分别由什么决定。

（3）利用现有液压元件拟定其他方案并进行比较。

6.1.1 节流调速回路的分类

节流调速回路是通过调节流量阀的流通截面积的大小来改变执行机构的流量从而实现对运动速度的调节的。根据流量控制阀在回路中的不同位置，其分为进油节流调速、回油节流调速及旁路节流调速3种调速回路。

1. 进油节流调速回路

进油节流调速回路是指节流阀串接在液压缸的进油路上，泵的供油压力由溢流阀调定。调节节流阀的开口面积，便可改变进入液压缸的流量，即可调节液压缸的运动速度，泵多余流量经溢流阀流回油箱。

1）速度－负载特性

进油节流调试回路的速度－负载特性是指速度随负载变化的程度，体现在速度负载特性曲线的斜率上。特性曲线上某点处的斜率越小，速度刚性就越大，说明回路在该处的速度受负载变化的影响就越小，即该点的速度稳定性好。另外，各曲线在速度为零时，都汇交到同一负载点上，说明该回路的承受能力不受节流阀通流截面变化的影响。

2）回路特点

进油节流调速回路由定量泵供油，流量恒定，一部分流量通过节流阀进入液压缸，另一部分流量通过溢流阀流回油箱，所以这种回路的功率损失由两部分组成，即溢流损失和节流损失。该回路适用于轻载、低速、负载变化不大和对速度稳定性要求不高的小功率液压系统。

2. 回油节流调速回路

回油节流调速回路是指节流阀串接在液压缸的回油路上，泵的供油压力由溢流阀调定。调节节流阀的开口面积，便可改变液压缸回油腔的流量，也就控制了进入液压缸的流量，即可调节液压缸的运动速度，泵多余流量经溢流阀流回油箱。

1）速度－负载特性

回油节流调速回路的速度－负载特性与进油节流调速回路的特性完全相同。

2）回油特点

与进油节流调速回路相比较，回油节流调速回路中的节流阀能使液压缸回油腔形成一定的背压，因而它能承受负值负载（与液压缸运动方向相同的负载力），并且流经节流阀而发热的油液可直接流回油箱冷却。

3. 旁路节流调速回路

旁路节流调速回路是将节流阀安装在与执行元件并联的支路上，用它来调节从支路回油箱的流量，以控制进入液压缸的流量，从而达到调速的目的。回路中溢流阀起安全阀的作用，泵的工作压力不是恒定的，它随负载而变化。

1）速度－负载特性

旁路节流调速回路的速度－负载特性是指当负载调定时，液压缸的运动速度随节流阀通流面积的增大而减小；当节流阀通流面积调定后，液压缸的运动速度随负载的增大而减小。

2）回路特点

旁路节流调速回路的最大承载能力随节流阀通流面积的增大而减小，即该回路低速时的承载能力很差，调速范围也小。同时，该回路的最大承载能力还受溢流阀的安全压力值限定。

旁路节流调速回路只有节流损失而无溢流阀的溢流损失，故效率较高。这种回路适用于重载、高速且对速度稳定性要求不高的大功率液压系统。

4. 采用调速阀的节流调速回路

采用调速阀的节流调速回路，节流阀两端的压力差和缸速随负载变化而变化，故速度平稳性较差。若用调速阀代替节流阀，由于调速阀本身能在负载变化的条件下保证节流阀进、出油口减压差基本不变，通过的流量也基本不变，因而回路的速度－负载特性将得到改善。

项目实施

6.1.2 调试步骤

（1）按照操作回路图6－1所示的要求，取出所要用的液压元件，检查型号是否正确。

（2）将检查完毕、性能完好的液压元件安装在操作台面板的合理位置。通过快换接头和液压软管按回路要求连接。

（3）根据电磁铁动作表输入框选择要求，确定控制的逻辑联接“通”或“断”。

（4）安装完毕，定出两只行程开关之间距离，拧开溢流阀（Ⅰ）、（Ⅱ），启动YBX－16、

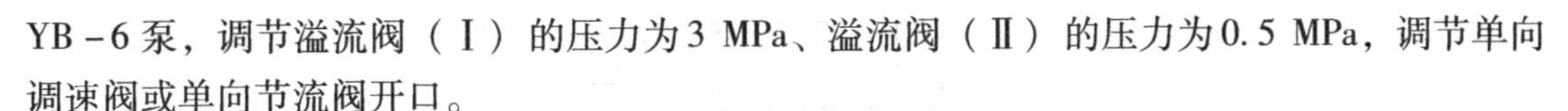

YB－6泵，调节溢流阀（Ⅰ）的压力为3 MPa、溢流阀（Ⅱ）的压力为0.5 MPa，调节单向调速阀或单向节流阀开口。

（5）按电磁铁动作表输入框的选定，启动系统，使两个液压缸动作。在运行中记录单向调速阀或单向节流阀进、出油口和负载缸进油口的压力以及液压缸的运行时间。

（6）根据回路记录表，调节溢流阀门（Ⅰ）的压力（即调节负载压力），记录相应时间和压力，填入表中，绘制 $V-F$ 曲线。

系统电器控制逻辑表见表6－1。

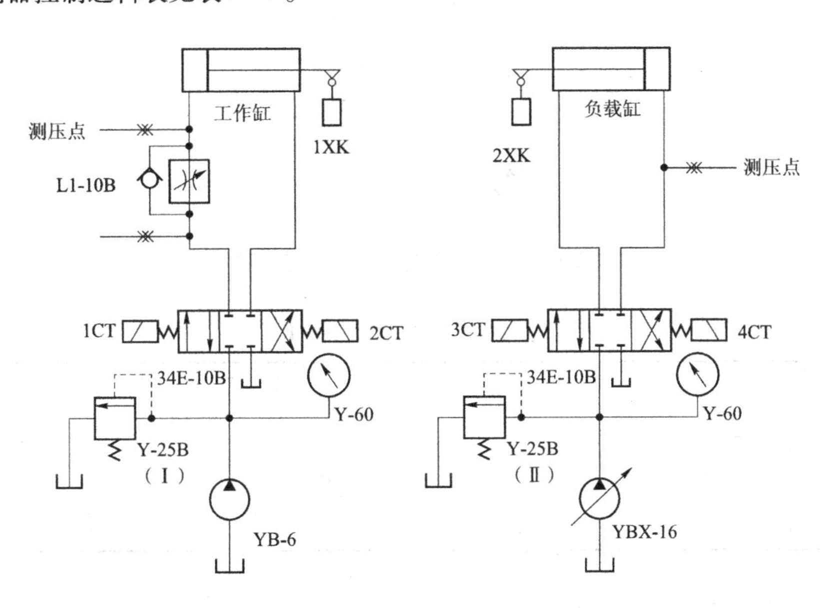

图6－1　调速回路

表6－1　系统电器控制逻辑

工况＼动作	1DT	2DT	3DT	4DT	输入信号
负载缸进	−	−	−	+	
工作缸进	+	−	−	+	1XK
工作缸退	−	+	−	+	2XK
负载缸退	−	+	+	−	

1. 节流阀进油节流调速回路

节流调速是阀控方式，回路主要由定量泵溢流阀、流量阀和执行元件组成，通过改变流量阀迎流面积的大小来控制流入或流出执行元件流量的大小，以调节其运动速度。由于采用的节流元件与调速性能不同，节流调速又可分为节流阀调速和调速阀调速。

这种回路应用于轻负载或负载变化不大时的低速或对速度稳定性要求不高的小功率液压系统，且多用于进给系统，如组合机床的进给系统。

其液压原理图如图6－2所示，节流阀3安装在油缸的进油路。其工作过程见表6－2。

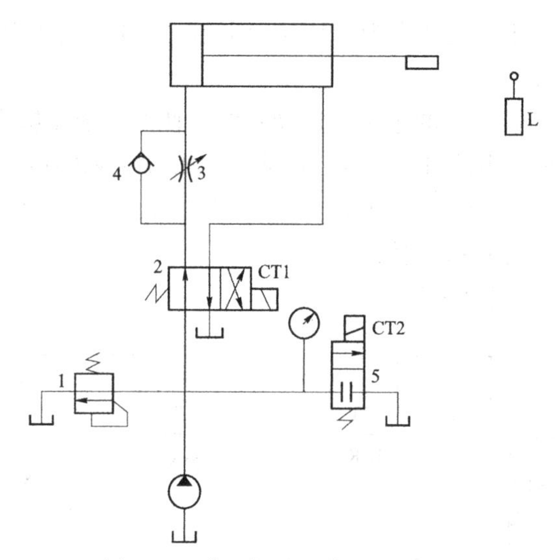

图 6-2　节流阀进油节流调速回路

表 6-2　电磁铁动作表 1

序号	动作	发讯元件	电磁铁		工作元件
			CT1	CT2	
1	慢进	启动按钮	-	-	阀 3
2	快退	L	+	-	阀 4
3	停止	停止按钮	-	-	阀 5

2. 调速阀旁路节流调速回路

这种回路应用于对运动平稳性要求较高、功率较大的系统，如插、拉、刨等机床的主运动系统。

调速阀旁路节流调速回路的液压原理如图 6-3 所示，调速阀与油泵并联，油缸速度不受负载变化的影响，工作过程见表 6-3。

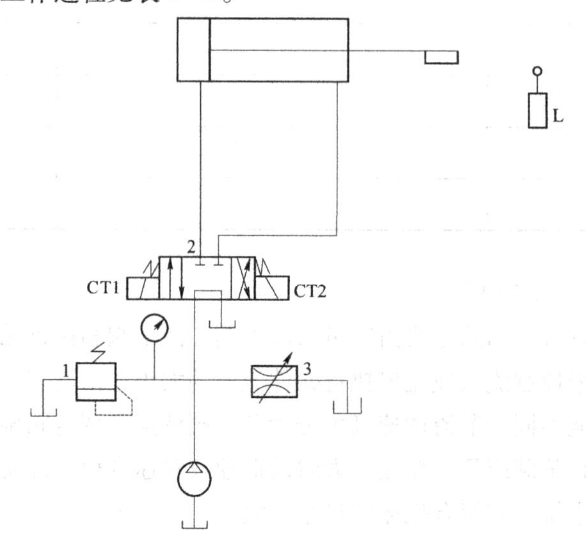

图 6-3　调速阀旁路节流调速回路

表6－3 电磁铁动作表2

序号	动作	发讯元件	电磁铁		工作元件
			CT1	CT2	
1	慢进	启动按钮	+	−	阀3
2	快退	L	−	+	阀2
3	停止	停止按钮	−	−	阀2

3. 单节流阀双向进油节流调速回路

这种回路应用于负载功率大、运动速度高的场合，如推土机、升降机、插床、拉床等。

单节流阀双向进油节流调速回路的液压原理如图6－4所示，节流阀2在换向阀3之前，可对油缸双向节流调速，其工作过程见表6－4。双向速度不能分别调节。

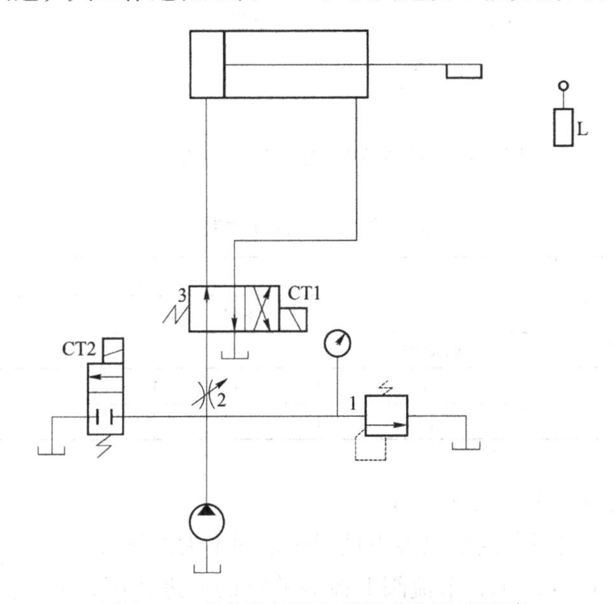

图6－4 单节流阀双向进油节流调速回路

表6－4 电磁铁动作表3

序号	动作	发讯元件	电磁铁		工作元件
			CT1	CT2	
1	慢进	启动按钮	−	−	阀2
2	慢退	L	+	−	阀2
3	停止	停止按钮	−	+	

4. 单节流阀双向回油节流调速回路

这种回路适用于负载比较小且对运动平稳定要求不高的高速大功率场合，如牛头刨床的主传动系统。其有时也用于随着负载增大而要求进给速度自动减小的场合，如锯床进给系统。

单节流阀双向回油节流调速回路的液压原理如图6－5所示，可实现双向节流调速，但两方向的速度不能分别调整。其工作过程见表6－5。

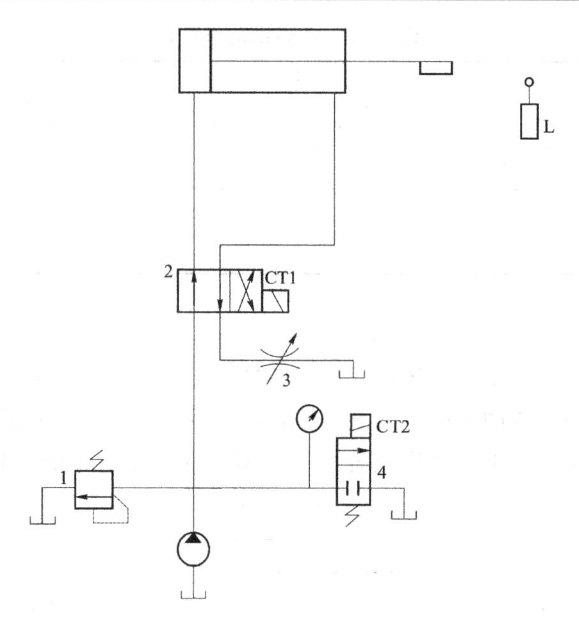

图 6－5 单节流阀双向回油节流调速回路

表 6－5 电磁铁动作表 4

序号	动作	发讯元件	电磁铁		工作元件
			CT1	CT2	
1	慢进	启动按钮	－	－	阀 3
2	慢退	L	+	－	阀 3
3	停止	停止按钮	－	+	阀 4

5. 双节流阀双向进油节流调速回路

这种回路应用于负载恒定或变化很小且调速范围不大的场合。

其液压原理如图 6－6 所示，节流阀 1 控制油缸的前进速度，节流阀 3 控制油缸的后退速度，两种速度分别调节。其工作过程见表 6－6。

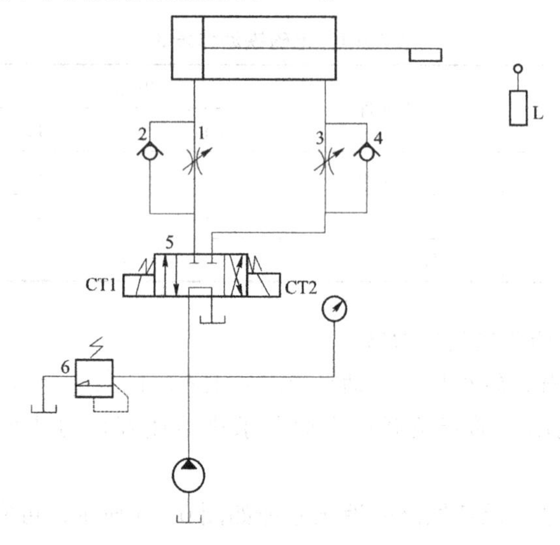

图 6－6 双节流阀双向进油节流调速回路

表6-6 电磁铁动作表5

序号	动作	发讯元件	电磁铁		工作元件
			CT1	CT2	
1	慢进	启动按钮	+	-	阀1、阀4
2	慢退	L	-	+	阀3、阀2
3	停止	停止按钮	-	-	阀5

6. 双节流阀双向回油节流调速回路

其液压原理如图6-7所示，油缸两运动方向的速度分别由节流阀3和5调节。其工作过程见表6-7。

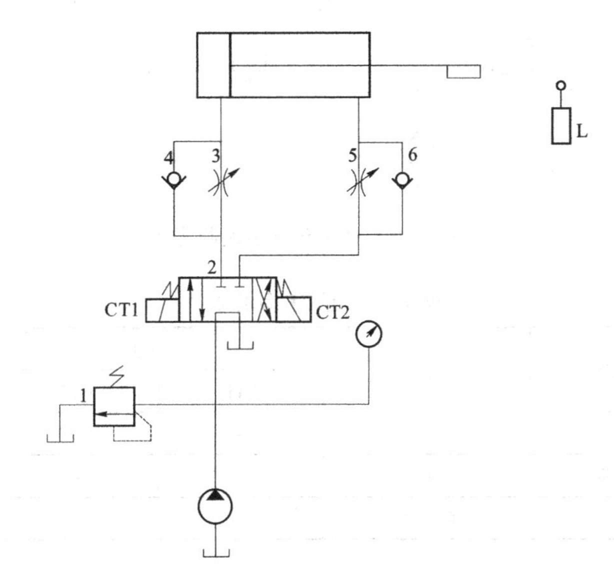

图6-7 双节流阀双向回油节流调速回路

表6-7 电磁铁动作表6

序号	动作	发讯元件	电磁铁		工作元件
			CT1	CT2	
1	慢进	启动按钮	+	-	阀5 阀4
2	慢退	L	-	+	阀3 阀6
3	停止	停止按钮	-	-	阀2

7. 有背压的进油节流调速回路

其液压原理如图6-8所示，增加背压阀5（直动式溢流阀）使油缸运动平衡，但功率损耗大，其工作过程见表6-8。

8. 调速阀回油节流调速回路

其液压原理如图6-9所示，用调速阀调速，油缸速度不受负载变化的影响，负载特性好，其工作过程见表6-9。

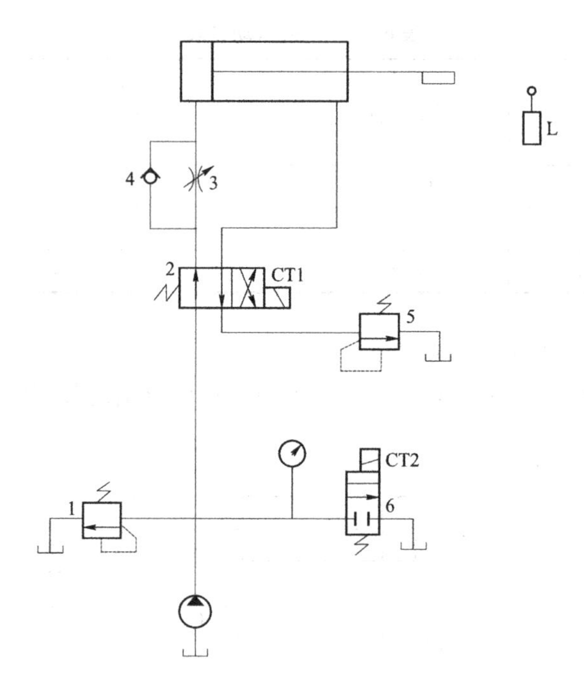

图 6－8　有背压的进油节流调速回路

表 6－8　电磁铁动作表 7

序号	动作	发讯元件	电磁铁		工作元件
			CT1	CT2	
1	慢进	启动按钮	－	－	阀 3 阀 5
2	快退	L	+	－	阀 4 阀 5
3	停止	停止阀	－	+	阀 6

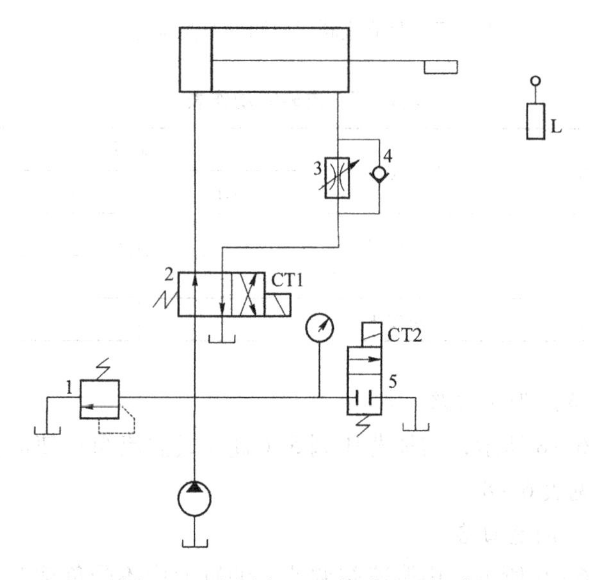

图 6－9　调速阀回油节流调速回路

表 6-9 电磁铁动作表 8

<table>
<tr><th rowspan="2">序号</th><th rowspan="2">动作</th><th rowspan="2">发讯元件</th><th colspan="2">电磁铁</th><th rowspan="2">工作元件</th></tr>
<tr><th>CT1</th><th>CT2</th></tr>
<tr><td>1</td><td>慢进</td><td>启动按钮</td><td>-</td><td>-</td><td>阀 3</td></tr>
<tr><td>2</td><td>快退</td><td>L</td><td>+</td><td>-</td><td>阀 4</td></tr>
<tr><td>3</td><td>停止</td><td>停止按钮</td><td>-</td><td>+</td><td>阀 5</td></tr>
</table>

项目任务单

项目任务单见表 6-10，项目考核评价表见表 6-11。

表 6-10 项目任务单

<table>
<tr><td>项目名称</td><td colspan="5">液压基本回路调试</td><td rowspan="2">对应学时</td><td>18</td></tr>
<tr><td>名称</td><td colspan="5">调速回路操作</td><td>4</td></tr>
<tr><td>任务描述</td><td colspan="7">工作步骤如下：
（1）详细解读操作步骤；
（2）认真分析各回路；
（3）叙述操作过程；
（4）确定操作方案；
（5）按回路图选择、连接、安装调速回路；
（6）观察液压缸的工作情况，做好记录</td></tr>
<tr><td>时间安排
（180 min）</td><td>下达任务
（20 min）</td><td>资讯
（20 min）</td><td>初定方案
（30 min）</td><td>讲授
（30 min）</td><td>操作过程
（40 min）</td><td>评价
（20 min）</td><td>作业及下发任务
（20 min）</td></tr>
<tr><td>提供资料</td><td colspan="7">（1）校本教材；
（2）机械加工手册；
（3）刀具手册</td></tr>
<tr><td>对学生的要求</td><td colspan="7">（1）掌握元件的性能；
（2）正确选择、连接各回路；
（3）能够分析、表述、记录各回路的情况</td></tr>
<tr><td>思考问题</td><td colspan="7">（1）该回路是否可使用不带单向阀的调速阀（节流阀）？在出口或旁路中是否可行？为什么？
（2）单向调速阀进口调速为什么能保证工作液压缸的速度基本不变？
（3）由操作可知，当负载压力上升到接近系统压力时，为什么液压缸的速度开始变慢？
（4）列出 3 种节流阀的节流调速方案性能表（调速方法、$V-F$ 特性、承载能力、调速范围、功率消耗等）</td></tr>
</table>

表 6-11　项目考核评价表

记录表编号		操作时间	40 min	姓名		总分	

考核项目	考核内容	要求	分值	评分标准	互评	自评
主要项目（80 分）	安全操作	安全控制	10	违反安全规定扣 10 分		
	拆卸顺序	实践	10	错误 1 处扣 5 分		
	安装顺序	正确	10	有 1 处错误扣 5 分		
	工具使用	正确	10	选择错误 1 处扣 2 分		
	操作能力	高	20	操作有误 1 处扣 5 分		
	分析能力	高	10	陈述错误 1 处扣 2 分		
	故障查找	高	10	1 处未排除扣 3 分		

拓展知识

1. 容积节流调速回路

容积节流调速回路是由变量泵和节流阀或调速阀组合而成的一种调速回路。它保留了容积调速回路无溢流损失、效率高和发热少的优点，同时它的负载特性与单纯的容积调速回路相比得到了提高和改善。

常用的容积节流调速回路有：限压式变量泵与调速阀等组成的容积节流调速回路、变压式变量泵与节流阀等组成的容积节流调速回路。

调速回路的运动稳定性、速度负载特性、承载能力和调速范围均与采用调速阀的节流调速回路相同。限压式变量泵与调速阀等组成的容积节流调速回路具有效率高、调速较稳定、结构较简单等优点，目前已广泛应用于负载变化不大的中、小功率组合机床的液压系统中。

容积调速主要有 4 种形式：变量泵—液压缸的容积调速回路、变量泵—定量马达式容积调速回路、定量泵—变量马达式容积调速回路、变量泵—变量马达式容积调速回路。

2. 调速回路的特点

节流调速回路效率低、发热大，只适用于小功率场合；而容积调速回路因无节流损失或溢流损失，故效率高，发热小，一般用于大功率场合。

（1）变量泵—定量马达式容积调速回路的工作特性。

①
$$n_M = q_p / V_M$$

因为 V_M 为定值，所以调节 q_p 即可改变 n_M。

② 若不计损失，在调速范围内，因为

$T = q_p V_M / 2\pi = C$

所以称其恒转矩容积调速。

③ 马达的输出功率与转速成正比。

（2）定量泵—变量马达式容积调速回路的工作特性。

$$n_M = q_p / V_M$$

因为 q_p 为定值，所以调节 V_M 即可改变 n_M。

定量泵—变量马达式容积调速回路的特点：因为 n_M 与 V_M 成反比，T_M 与 V_M 成正比，所以 V_M 增大时，n_M 减小，T_M 增大；V_M 减小时，n_M 增大，T_M 减小。故这种回路称为恒功率调速。

(3) 变量泵—变量马达式容积调速回路的特点。

因为 n_M 低时 T_M 大，n_M 高时 T_M 小，所以其正好符合大部分机械的要求，故多用于机床主运动、纺织机械和矿山机械。

3. 调速回路的比较（表 6-12）

表 6-12 调速回路的比较

回油路 主要性能		节流调速回路				容积调速回路	容积节流调速回路	
		用节流阀		用调速阀			限压式	稳流式
		进回油	旁路	进回油	旁路			
机械特性	速度稳定性	较差	差	好		较好	好	
	承载能力	较好	较差	好		较好	好	
调速范围		较大	小	较大		大	较大	
功率特性	效率	低	较高	低	较高	最高	较高	高
	发热	大	较小	大	较小	最小	较小	小
适用范围		小功率、轻载的中、低压系统				大功率、重载高速的中、高压系统	中、小功率的中压系统	

4. 调速回路的选用

调速回路的选用主要考虑以下几个问题：

(1) 执行机构的负载特性、运动速度、速度稳定性等要求。负载小，且工作中负载变化也小的系统可采用节流阀节流调速；在工作中负载变化较大且要求低速稳定性好的系统，宜采用调速阀的节流调速或容积节流调速；负载大、运动速度高、对油的温升要求小的系统，宜采用容积调速回路。

一般来说，功率在 3 kW 以下的液压系统宜采用节流调速；功率为 3~5 kW 的液压系统宜采用容积节流调速；功率在 5 kW 以上的宜采用容积调速回路。

(2) 工作环境要求。对于在温度较高的环境下工作，且要求整个液压装置体积小、重量轻的情况，宜采用闭式回路的容积调速。

(3) 经济性要求。节流调速回路的成本低，功率损失大，效率也低；容积调速回路因变量泵、变量马达的结构较复杂，所以价钱高，但其效率高、功率损失小；容积节流调速回路则介于两者之间。需综合分析选用哪种回路。

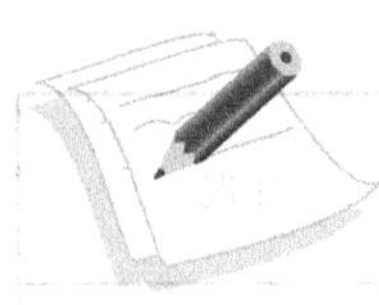

6.2 增速回路调试

项目导入

有些机构中需要两种运动速度，快速时负载小，要求流量大，压力低；慢速时负载大，要求流量小，压力高。因此，在单泵供油系统中，如不采用差动回路，则慢速运动时，势必有大量流量从溢流阀流回油箱，造成很大的功率损耗，并使油温升高。因此，采用增速回路时，要满足快速运动的要求，又要使系统在合理的功率损耗下工作。

相关知识

6.2.1 增速回路的操作原理

工作机构在一个工作循环过程中，空行程速度一般较高，常在不同的工作阶段要求有不同的运动速度与承受不同的负载。在液压系统中常根据工作阶段的运动速度与承受的负载来决定液压泵的流量和压力，然后在不增加功率消耗的情况下，采用快速回路来提高工作机构的空行程速度。差动回路就是其中的一类快速回路。

本操作包括一般速度和差动速度两种工况。在差动速度工况时，通过电磁换向阀改变油缸出口的油液流向，与液压泵的油液汇流，实现油缸的快速运动。

项目实施

6.2.2 调试步骤

速度变换回路是控制油缸工作循环中速度增加或减少的回路。这种回路应用于在不增加泵流量的前提下，使执行元件快速移动的回路，如组合机床的主轴的快进及工进。

1. 单向阀控制差动连接增速回路

在不改变油泵流量的前提下，通过改变油缸流量或有效面积来增加油缸运动速度的回路叫增速回路。

差动增速回路是利用单活塞杆油缸两腔工作面积不同，油缸有杆腔的油流回无杆腔，从而实现增速。

单向阀控制差动连接增速回路的液压原理如图 6-10 所示，其工作过程见表 6-13。

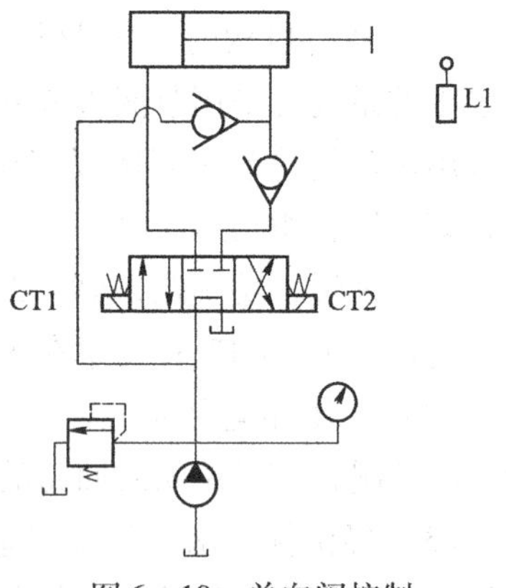

图 6-10 单向阀控制差动连接增速回路

表 6-13 电磁铁动作表 9

序号	动作	发讯元件	电磁铁		工况
			CT1	CT2	
1	前进	启动按钮	+	-	差动
2	后退	L1	-	+	非差动
3	停止	停止按钮	-	-	卸荷

2. 二位三通电磁阀控制差动连接增速回路

其液压原理如图6－11所示，其工作过程见表6－14。

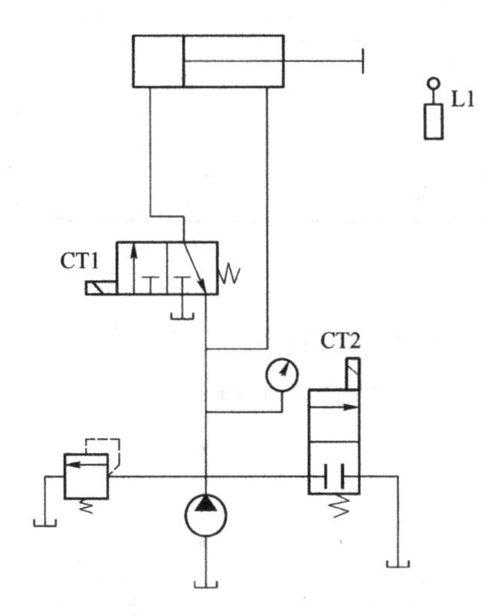

图6－11　二位三通电磁阀控制差动连接增速回路

表6－14　电磁铁动作表10

序号	动作	发讯元件	电磁铁		工况
			CT1	CT2	
1	前进	启动按钮	－	－	差动
2	后退	L1	+	－	非差动
3	停止	停止按钮	－	+	卸荷

3. 用蓄能器的增速回路

其液压原理如图6－12所示，其工作过程见表6－15。

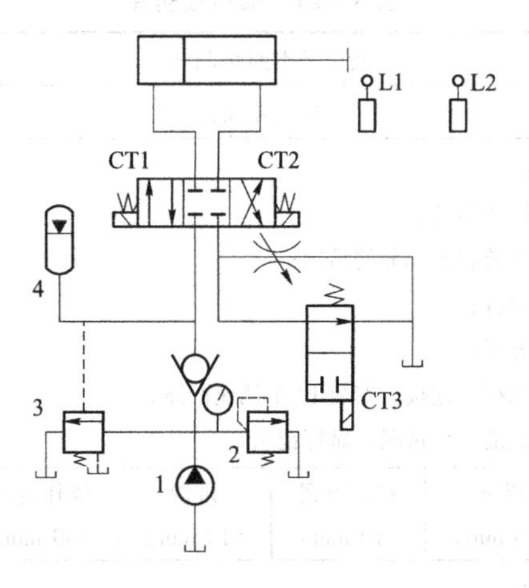

图6－12　用蓄能器的增速回路

表 6-15 电磁铁动作表 11

序号	动作	发讯元件	电磁铁			供油
			CT1	CT2	CT3	
1	快进	启动按钮	+	-	-	泵与蓄能器
2	慢进	L1	+	-	+	泵
3	快退	L2	-	+	-	泵与蓄能器
4	停止	停止按钮	-	-	-	卸荷

4. 双泵供油快速运动回路

这种回路应用于压力和功率损失小，效率较高但结构稍复杂的机床中。

双泵供油快速运动回路的液压原理如图 6-13 所示。

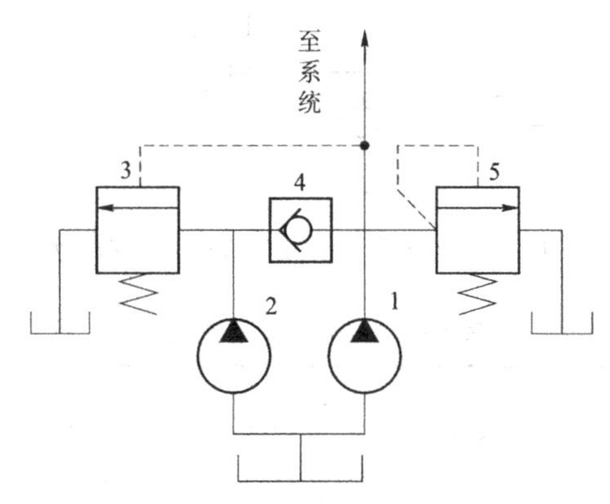

图 6-13 双泵供油快速运动回路

项目任务单

项目任务单见表 6-16，项目考核评价表见表 6-17。

表 6-16 项目任务单

<table>
<tr><td>项目名称</td><td colspan="6">液压基本回路调试</td><td rowspan="2">对应学时</td><td>18</td></tr>
<tr><td>任务名称</td><td colspan="6">增速回路操作</td><td>2</td></tr>
<tr><td>任务描述</td><td colspan="8">工作步骤如下：
(1) 详细解读操作步骤；
(2) 观察、分析装置各部分的结构；
(3) 叙述操作过程；
(4) 确定操作方案；
(5) 按回路图选择、连接、安装 12 个调速回路；
(6) 观察液压缸的工作情况，做好记录</td></tr>
<tr><td>时间安排
(90 min)</td><td>下达任务
(10 min)</td><td>资讯
(10 min)</td><td>初定方案
(10 min)</td><td>讲授
(10 min)</td><td>操作过程
(30 min)</td><td>评价
(10 min)</td><td colspan="2">作业及下发任务
(10 min)</td></tr>
<tr><td>提供资料</td><td colspan="8">(1) 校本教材；
(2) 机械加工手册；
(3) 液压手册</td></tr>
</table>

续表

时间安排（90 min）	下达任务（10 min）	资讯（10 min）	初定方案（10 min）	讲授（10 min）	操作过程（30 min）	评价（10 min）	作业及下发任务（10 min）
对学生要求	（1）掌握元件的性能； （2）正确选择、连接各回路； （3）能够分析、表述、记录各回路的情况						
思考问题	（1）在差动快速回路中，两腔是否会因同时进油而造成“顶牛”现象？ （2）对于差动连接与非差动连接，输出推力哪一个大？为什么？ （3）慢进时为什么液压缸左腔的压力比快进时大？根据回路进行分析。 （4）如该回路中液压缸改为双杆液压缸，在回路不变的情况下，是否能实现增速？为什么？ （5）在该回路中，如把二位三通阀的两个出口对换，是否能实现上述工况？可能会出现什么问题（由操作现象进行分析）？ （6）该回路如要求记录工进时间，工况表应如何编排						

表6－17　项目考核评价表

记录表编号		操作时间	30 min	姓名		总分	
考核项目	考核内容	要求	分值	评分标准		互评	自评
主要项目（80分）	安全操作	安全控制	10	违反安全规定扣10分			
	拆卸顺序	实践	10	错误1处扣5分			
	安装顺序	正确	10	有1处错误扣5分			
	工具使用	正确	10	选择错误1处扣2分			
	操作能力	高	20	操作有误1处扣5分			
	分析能力	高	10	陈述错误1处扣2分			
	故障查找	高	10	1处未排除扣3分			

6.3　速度换接回路调试

项目导入

机床工作部件在实现自动工作循环的过程中，往往需要不同的速度（快进—→第一工进—→第二工进—→快退—→卸荷），如自动刀架先带刀具快速接近工件，然后以Ⅰ挡工进速度对工件进行加工，加工完迅速返回原处，在泵不停转的情况下，要求泵处于卸荷状态。这种工作循环是机床中最重要的基本循环，因此在液压系统中，需用速度换接回路来实现这些要求。

项目实施

速度换接回路用来实现运动速度的变换，即在原来设计或调节好的几种运动速度中，从一种速度换成另一种速度。对这种回路的要求是速度换接要平稳，即不允许在速度变换的过程中有前冲（速度突然增加）现象。

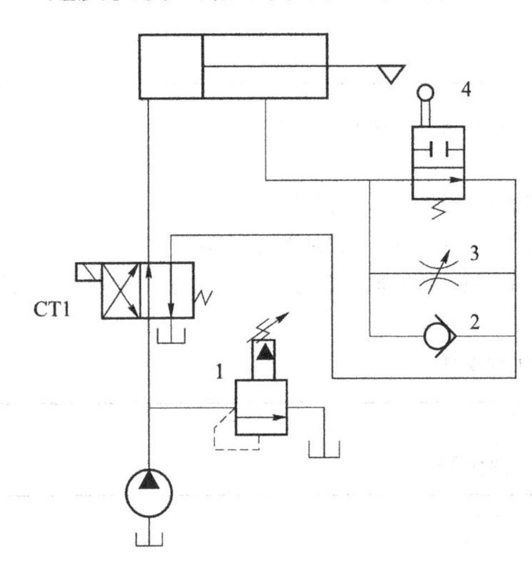

图 6－14　用行程阀的快慢速换接回路

调试步骤如下。

操作所用设备为 YCS－C 型液压综合教学操作台。

1. 用行程阀的快慢速换接回路的操作步骤

其液压原理如图 6－14 所示，其工作过程见表 6－18。

在如图 6－14 所示状态下，活塞快进。当活塞杆上的挡块压下行程阀时，缸右腔的油液经节流阀流回油箱，活塞转为慢速工进，当二位四通电磁换向阀左位接入回路时，活塞快速返回。

表 6－18　电磁铁动作表 12

序号	动作	发讯元件	电磁铁 CT1	工作元件
1	快进	启动按钮	－	阀 3
2	慢进	启动按钮	－	阀 3、阀 4
3	快退	启动按钮	+	阀 2、阀 3

2. 调速阀串联速度变换回路的操作步骤

其液压原理如图 6－15 所示，两个串联的调速阀 1 和 2 实现两种慢速的变换，要求调速阀 1 的调节开口面积大于调速阀 2 的调节开口面积。电磁铁动作见表 6－19。

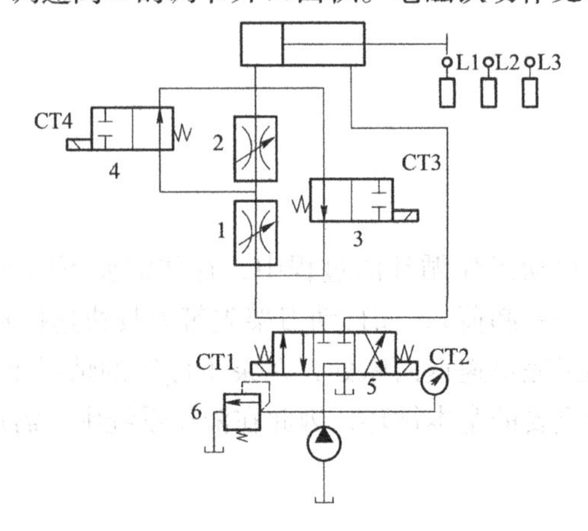

图 6－15　调速阀串联速度变换回路

表6－19　电磁铁动作表13

序号	动作	发讯元件	电磁铁				工作元件
			CT1	CT2	CT3	CT4	
1	快进	启动按钮	+	−	−	−	阀3
2	慢进1	L1	+	−	+	−	阀1
3	慢进2	L2	+	−	+	+	阀1、阀2
4	快退	L3	−	+	−	+	阀3
5	停止	停止按钮	−	−	−	−	阀5

3. 调速阀并联进油控制的速度变换回路的操作步骤

其液压原理如图6－16所示，用两个并联的调速阀1和2实现油缸两种慢速的变换，其工作过程见表6－20。

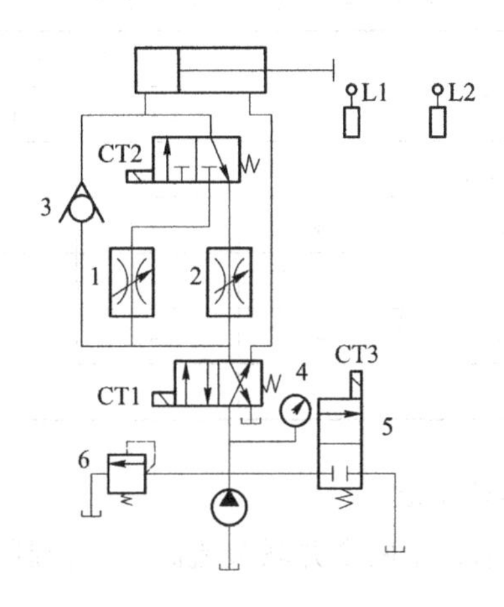

图6－16　调速阀并联进油控制的速度变换回路

表6－20　电磁铁动作表14

序号	动作	发讯元件	电磁铁			工作元件
			CT1	CT2	CT3	
1	慢进1	启动按钮	+	−	−	阀2
2	慢进2	L1	+	+	−	阀1
3	快退	L2	−	+	−	阀3
4	停止	停止按钮	−	−	+	阀5

4. 调速阀并联回油控制速度变换回路的操作步骤

其液压原理如图6－17所示，两个并联的调速阀1和2放在油缸回油路。电磁铁动作见表6－21。

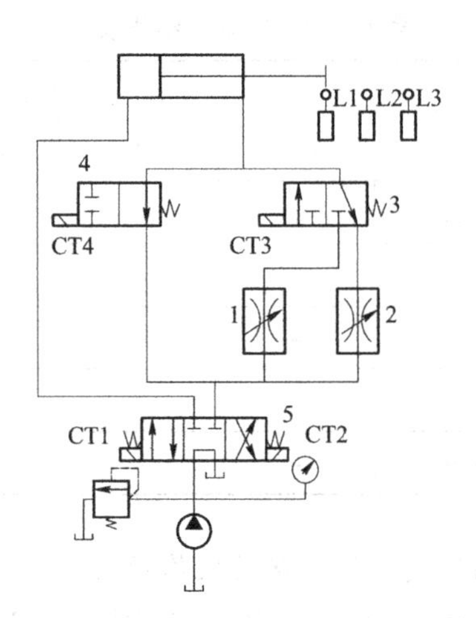

图 6-17 调速阀并联回油控制速度变换回路

表 6-21 电磁铁动作表 15

序号	动作	发讯元件	电磁铁				工作元件
			CT1	CT2	CT3	CT4	
1	快进	启动按钮	+	-	-	-	阀 4
2	慢进 1	L1	+	-	-	+	阀 2
3	慢进 2	L2	+	-	+	+	阀 1
4	快退	L3	-	+	-	+	阀 4
5	停止	停止按钮	-	-	-	-	阀 5

5. 双向速度变换回路的操作步骤

其液压原理如图 6-18 所示，用两个并联节流阀双向控制油缸运动速度的变换。其工作过程见表 6-22。

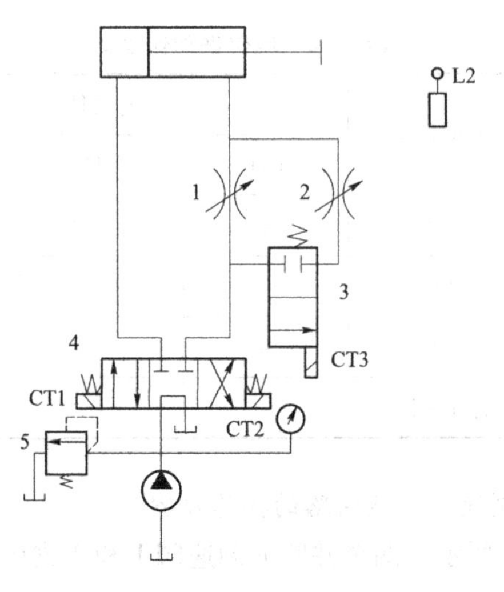

图 6-18 双向速度变换回路

表 6－22 电磁铁动作表 16

序号	动作	发讯元件	电磁铁			工作元件
			CT1	CT2	CT3	
1	慢进 1	启动按钮	+	−	−	阀 1
2	慢进 2	按钮	+	−	+	阀 1、阀 2
3	慢退 1	L2	−	+	+	阀 1、阀 2
4	慢退 2	按钮	−	+	−	阀 1
5	停止	停止按钮	−	−	−	阀 4

6. 快慢速度变换回路的操作步骤

其液压原理如图 6－19 所示，其工作过程见表 6－23。

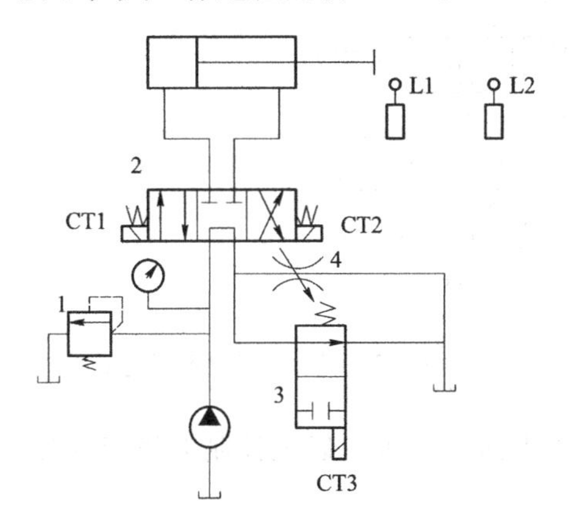

图 6－19 快慢速度变换回路

表 6－23 电磁铁动作表 17

序号	动作	发讯元件	电磁铁			工作元件
			CT1	CT2	CT3	
1	快进	启动按钮	+	−	−	阀 3
2	慢进	L1	+	−	+	阀 4
3	快退	L2	−	+	−	阀 3
4	停止	停止按钮	−	−	−	阀 3

7. 快慢速度变换回路的操作步骤

其液压原理如图 6－20 所示，其工作过程见表 6－24。

表 6－24 电磁铁动作表 18

动作 / 工况	1CT	2CT	3CT	4CT	输入信号
快进	+	−	+	+	1XK
Ⅰ工进	+	−	−	+	2XK
Ⅱ工进	+	−	−	−	3XK
快退	−	+	−	−	4XK

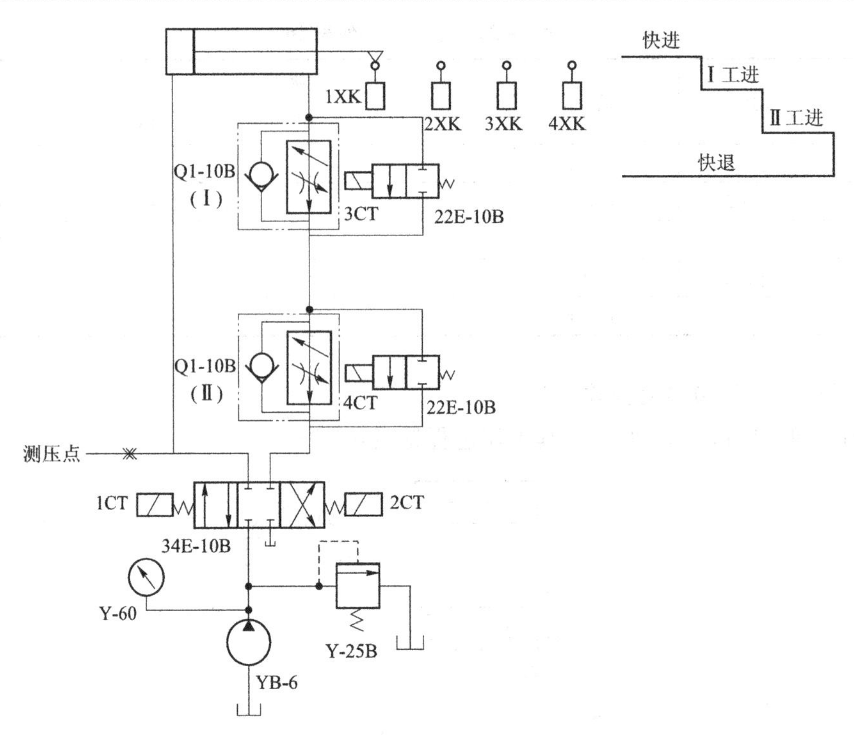

图 6-20　快慢速度变换回路

根据电磁铁动作表输入框选择要求，确定控制的逻辑连接“通”或“断”，即可实现动作。

项目任务单

项目任务单见表 6-25，项目考核评价表见表 6-26。

表 6-25　项目任务单

<table>
<tr><td>项目名称</td><td colspan="6">液压基本回路调试</td><td rowspan="2">对应
学时</td><td>18</td></tr>
<tr><td>名称</td><td colspan="6">速度换接回路操作</td><td>4</td></tr>
<tr><td>任
务
描
述</td><td colspan="8">工作步骤如下：
(1) 详细解读操作步骤；
(2) 观察、分析选择元件；
(3) 叙述操作过程；
(4) 确定操作方案；
(5) 按回路图选择、连接、安装回路；
(6) 观察液压缸的作情况，做好记录</td></tr>
<tr><td>时间安排
(180 min)</td><td>下达任务
(20 min)</td><td>资讯
(20 min)</td><td>初定方案
(20 min)</td><td>讲授
(30 min)</td><td>实施过程
(60 min)</td><td>评价
(20 min)</td><td colspan="2">作业及下发任务
(10 min)</td></tr>
<tr><td>提供资料</td><td colspan="8">(1) 校本教材；
(2) 机械加工手册；
(3) 液压手册</td></tr>
</table>

续表

时间安排（180 min）	下达任务（20 min）	资讯（20 min）	初定方案（20 min）	讲授（30 min）	实施过程（60 min）	评价（20 min）	作业及下发任务（10 min）
对学生的要求	（1）掌握元件的性能； （2）正确选择、连接各回路； （3）能够分析、表述、记录各回路的情况						
思考问题	（1）在该回路中，为什么选用带有单向阀的调速阀？如用不带单向阀的调速阀，该回路是否能工作？为什么？ （2）如使用单向节流阀和调速阀串联，在实际工况中与使用两只单向调速阀串联，哪一种方案好？为什么？ （3）单向调速阀（I）的开口是否可以小于单向调速阀（Ⅱ）的开口？为什么						

表6－26　项目考核评价表

记录表编号		操作时间	60 min	姓名		总分	
考核项目	考核内容	要求	分值	评分标准		互评	自评
主要项目（80分）	安全操作	安全控制	10	违反安全规定扣10分			
	拆卸顺序	实践	10	错误1处扣5分			
	安装顺序	正确	10	有1处错误扣5分			
	工具使用	正确	10	选择错误1处扣2分			
	操作能力	高	20	操作有误1处扣5分			
	分析能力	高	10	陈述错误1处扣2分			
	故障查找	高	10	1处未排除扣3分			

6.4　方向控制阀控制的回路调试

项目导入

（1）掌握换向回路的工作原理，熟悉液压回路的连接方法。

（2）了解液压换向回路的组成、性能特点及其在工业中的运用。

（3）通过观察仿真示意图中管路内压力油、非压力油的走向和变化过程以及各种液压仿真元件示意图的动作过程，充分理解各种液压元件的工作原理及使用性能。

（4）分析方向控制阀控制的回路与三位四通换向回路的区别。

项目实施

调试步骤如下。

操作所用设备为YCS－C型液压综合教学操作台。

1. 二位二通电磁阀差动连接快慢速变换回路的操作步骤

其液压原理如图6－21所示，其工作过程见表6－27。

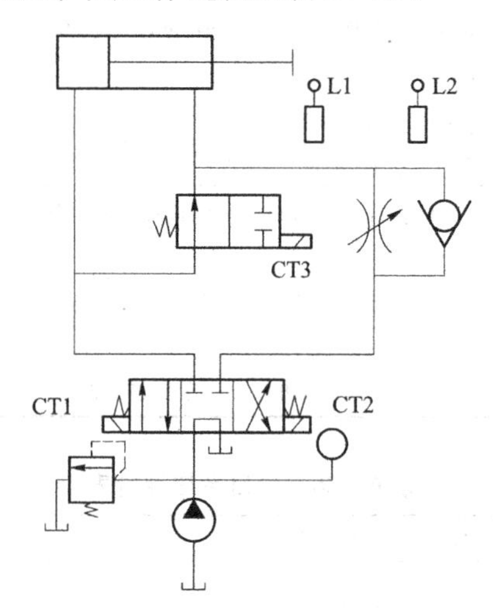

图6－21　二位二通电磁阀差动连接快慢速变换回路

表6－27　电磁铁动作表19

序号	动作	发讯元件	电磁铁			工作元件
			CT1	CT2	CT3	
1	快进	启动按钮	+	－	－	差动
2	慢进	L1	+	－	－	节流
3	快退	L2	－	+	+	非差动
4	停止	停止按钮	－	－	－	卸荷

2. 二位三通电磁阀控制差动连接快慢速变换回路的操作步骤

其液压原理如图6－22所示，差动连接实现快进，节流阀5实现回油节流调速。其工作过程见表6－28。

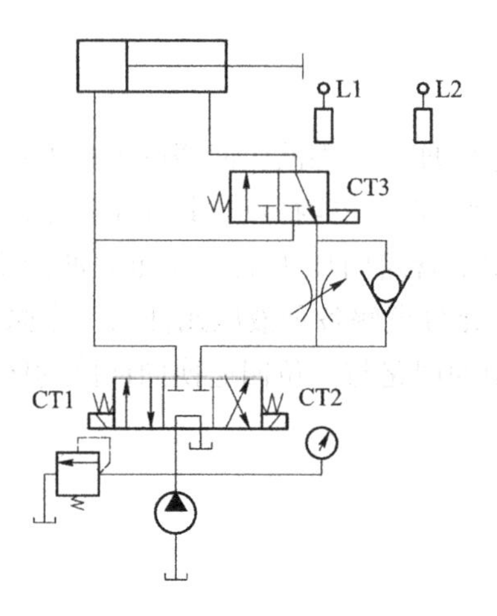

图6－22　二位三通电磁阀控制差动连接快慢速变换回路

表 6-28 电磁铁动作表 20

序号	动作	发讯元件	电磁铁			工作元件
			CT1	CT2	CT3	
1	快进	启动按钮	+	-	-	差动
2	慢进	L1	+	-	+	节流
3	快退	L2	-	+	+	非差动
4	停止	停止按钮	-	-	-	卸荷

3. 二位四通换向回路的操作步骤

方向控制回路的作用是利用各种方向阀来控制流体的通断和变向，以使执行元件启动、停止和换向。一般方向控制回路只需在动力元件与执行元件之间采用普通换向阀即可。

二位四通换向回路为一般方向控制回路。二位四通换向阀芯动作，改变进、回油方向，从而改变油缸的运动方向。

其液压原理如图 6-23 所示，其工作过程见表 6-29。

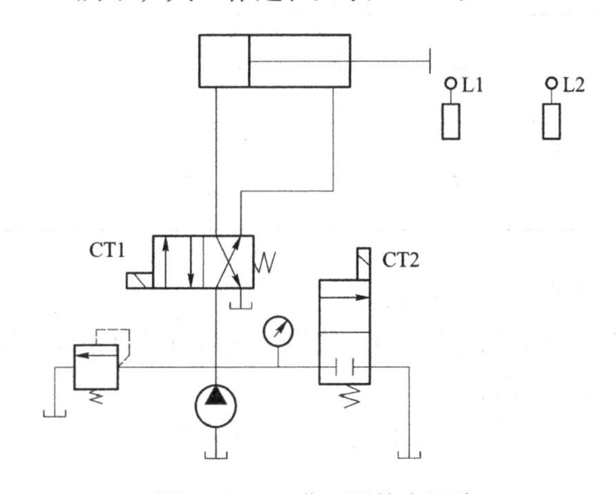

图 6-23 二位四通换向回路

表 6-29 电磁铁动作表 21

序号	动作	发讯元件	电磁铁	
			CT1	CT2
1	前进	启动按钮	+	-
2	后退	L2	-	-
3	再前进	L1	+	-
4	停止	停止按钮	-	+

4. 三位四通换向阀控制回路的操作步骤

其液压原理如图 6-24 所示，电磁阀 2 为 M 型中位机能三位四通换向阀，用于控制油缸换向，中位用于泵卸荷。其工作过程见表 6-30。

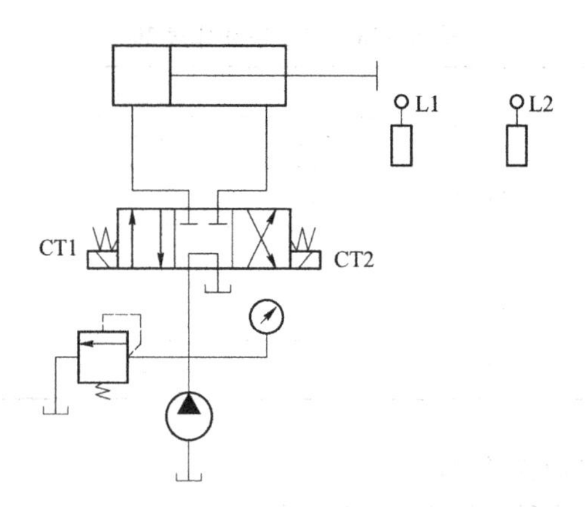

图 6－24 三位四通换向阀控制回路

表 6－30 电磁铁动作表 22

序号	动作	发讯元件	电磁铁	
			CT1	CT2
1	前进	启动按钮	+	－
2	后退	L2	－	+
3	再前进	L1	+	－
4	停止	停止按钮	－	－

5. *方向控制阀控制锁紧回路的操作步骤*

锁紧回路又称位置保持回路，其功用是使执行元件在不工作时切断其进、出油路通道，停止在预定位置上不会因外力而移动。

其液压原理如图 6－25 所示，其工作过程见表 6－31。

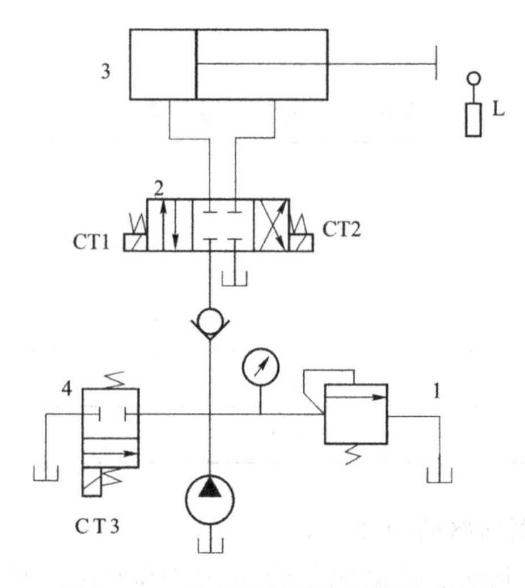

图 6－25 方向控制阀控制锁紧回路

表6-31　电磁铁动作表23

序号	动作	发讯元件	电磁铁		
			CT1	CT2	CT3
1	前进	按钮	+	-	-
2	后退	L	-	+	-
3	停止	按钮	-	-	+

停止时，油泵卸荷，油缸活塞向右的运动被三位四通电磁换向阀锁紧，值得注意的是由于电磁阀存在内泄漏的问题，故锁紧精度不高。

6. 单向阀锁紧回路的操作步骤

其液压原理如图6-26所示，其工作过程见表6-32。

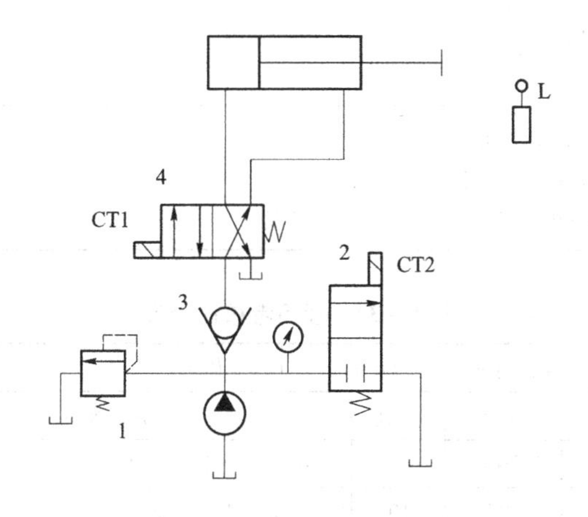

图6-26　单向阀锁紧回路

表6-32　电磁铁动作表24

序号	动作	发讯元件	电磁铁	
			CT1	CT2
1	前进	按钮	+	-
2	后退	L	-	-
3	停止	按钮	-	+

项目任务单

项目任务单见表6-33，项目考核评价表见表6-34。

表 6－33　项目任务单

<table>
<tr><td>项目名称</td><td colspan="6">液压基本回路调试</td><td rowspan="2">对应
学时</td><td>24</td></tr>
<tr><td>名称</td><td colspan="6">方向控制阀控制的回路调试</td><td>4</td></tr>
<tr><td>任
务
描
述</td><td colspan="8">工作步骤如下：
(1) 详细解读操作步骤；
(2) 观察、分析装置各部分的结构；
(3) 叙述操作过程；
(4) 确定操作方案；
(5) 按回路图选择、连接、安装回路；
(6) 观察油路的情况，做好记录</td></tr>
<tr><td>时间安排
(180 min)</td><td>下达任务
(10 min)</td><td>资讯
(20 min)</td><td>初定方案
(20 min)</td><td>讲授
(30 min)</td><td>操作过程
(60 min)</td><td>评价
(20 min)</td><td colspan="2">作业及下发任务
(20 min)</td></tr>
<tr><td>提供资料</td><td colspan="8">(1) 校本教材；
(2) 机械加工手册；
(3) 液压手册</td></tr>
<tr><td>对学生的要求</td><td colspan="8">(1) 掌握元件的性能；
(2) 正确选择、连接各回路；
(3) 能够分析、表述、记录各回路的情况</td></tr>
</table>

表 6－34　项目考核评价表

<table>
<tr><td>记录表编号</td><td></td><td>操作时间</td><td>60 min</td><td>姓名</td><td></td><td>总分</td><td></td></tr>
<tr><td>考核项目</td><td>考核内容</td><td>要求</td><td>分值</td><td colspan="2">评分标准</td><td>互评</td><td>自评</td></tr>
<tr><td rowspan="7">主要项目
(80 分)</td><td>安全操作</td><td>安全控制</td><td>10</td><td colspan="2">违反安全规定扣 10 分</td><td></td><td></td></tr>
<tr><td>拆卸顺序</td><td>实践</td><td>10</td><td colspan="2">错误 1 处扣 5 分</td><td></td><td></td></tr>
<tr><td>安装顺序</td><td>正确</td><td>10</td><td colspan="2">有 1 处错误扣 5 分</td><td></td><td></td></tr>
<tr><td>工具使用</td><td>正确</td><td>10</td><td colspan="2">选择错误 1 处扣 2 分</td><td></td><td></td></tr>
<tr><td>操作能力</td><td>高</td><td>20</td><td colspan="2">操作有误 1 处扣 5 分</td><td></td><td></td></tr>
<tr><td>分析能力</td><td>高</td><td>10</td><td colspan="2">陈述错误 1 处扣 2 分</td><td></td><td></td></tr>
<tr><td>故障查找</td><td>高</td><td>10</td><td colspan="2">1 处未排除扣 3 分</td><td></td><td></td></tr>
</table>

知识拓展

换向回路的常见故障及维护方法见表 6－35。

表 6－35　换向回路的常见故障及维护方法

故障现象	原　　因	维护方法
制动时间不相等	运动速度不均匀	提高行程控制制动式换向回路系统速度的均匀性

续表

故障现象	原　因	维护方法
换向失灵	（1）换向阀阀芯卡死，液压油不换向流动	清洗并修复换向阀，使阀芯在阀孔中移动灵活
	（2）换向阀的电磁线圈烧坏	检查并更换电磁线圈
	（3）液动换向阀中先导阀的阀芯移动不灵活	清洗并修研先导阀阀孔与阀芯，使其移动灵活
	（4）单向锁紧回路中的单向阀堵塞	检查修理或更换单向阀
	（5）液压缸泄漏严重	修理液压缸使其密封良好
换向后冲出一段距离	（1）启停回路中背压阀弹簧失灵	更换弹簧，修复背压阀，使之工作正常
	（2）溢流阀弹簧不灵活	更换溢流阀主弹簧
	（3）液压泵的流量脉冲较大	检查并修复液压泵，使之工作正常
	（4）液控单向阀控制油路的压力高（内有余压）	检查并排除余压
电液换向回路不换向	（1）电磁线圈通电后液压缸不动作	电液换向阀回油口无背压，安装背压阀
	（2）电磁线圈烧坏	更换电磁线圈

6.5 调压回路调试

项目导入

调压回路是用来控制系统的（或系统某一部分）工作压力以使液压系统的压力保持恒定，使其不超过某一预先调定值，或者使系统在不同工作阶段具有不同的压力。对于采用液压传动的装置，液压系统必须提供与负载相适应的油压，这样可以节约动力消耗，减少油液发热，增加运动平稳性，因此必须采用调压回路。调压回路由定量泵、压力控制阀、方向控制阀和测压元件等组成，通过压力控制阀调节或限制系统或其局部的压力，使之保持恒定或限制其最高峰值。

相关知识

压力控制回路利用压力控制阀来控制系统某一部分的压力。压力控制回路主要有调压回路、减压回路、增压回路、保压回路、卸荷回路、平衡回路和释压回路等。

调压回路使系统整体或某一部分的压力保持恒定或不超过某个数值。

（1）单级调压回路是指在液压泵出口处设置并联溢流阀，组成单级调压回路，从而控制液压系统的工作压力。

（2）二级调压回路（图6－27）可实现两种不同的系统压力控制。由溢流阀2和溢流阀4各调一级，当二位二通电磁阀3处于某一位置时，系统压力由阀2调定，当阀3得电后处于右位时，系统压力由阀4调定，但要注意：阀4的调定压力一定要小于阀2的调定压力，否则不能实现；当系统压力由阀4调定时，溢流阀2的先导阀口关闭，但主阀开启，液压泵的溢流流量经主阀回油箱。

（3）多级调压回路（图6－28）是指由溢流阀1、2、3分别控制系统的压力，从而组成三级调压回路。当两电磁铁均不带电时，系统压力由阀1调定，当1YA得电时，由阀2调定系统压力；当2YA带电时，系统压力由阀3调定。在这种调压回路中，阀2和阀3的调定压力都要小于阀1的调定压力，而阀2和阀3的调定压力之间没有一定的关系。

（4）连续、按比例进行压力调节的回路调节先导型比例电磁溢流阀的输入电流，可实现系统压力的无级调节，这样不但回路结构简单、压力切换平稳，而且更容易使系统实现远距离控制或程序控制。

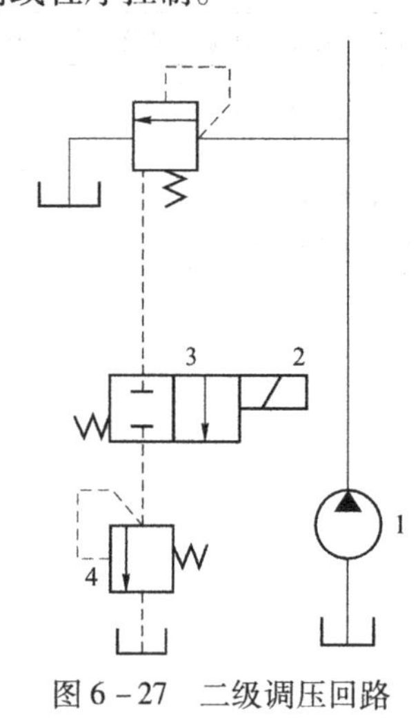

图6－27 二级调压回路

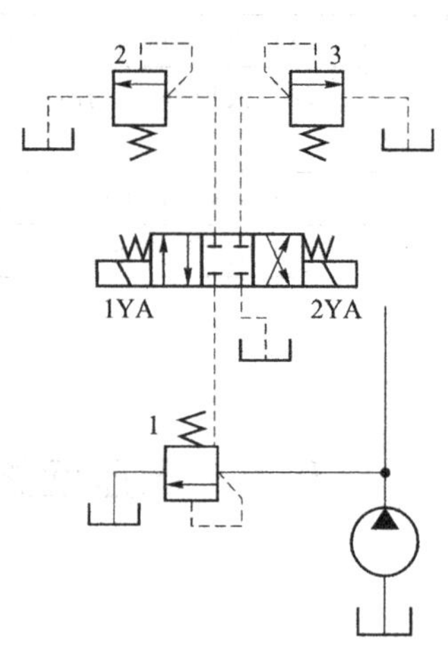

图6－28 多级调压回路

项目实施

调试步骤如下。

操作所用设备为YCS－C型液压综合教学操作台。

1. 单级调压回路的操作

用节流阀调节速度时，溢流阀稳压溢流调节泵压。

其液压原理如图6－29所示，其是最基本的调压回路，在定量泵出口，并联溢流阀1，泵出口处的压力由溢流阀1调定。调压原理见表6－36。

表6－36 电磁铁动作表25

序号	动作	电磁铁		压力
		CT1	CT2	
1	缸进	+	–	阀1
2	缸退	–	–	空载
3	停止	–	+	卸荷

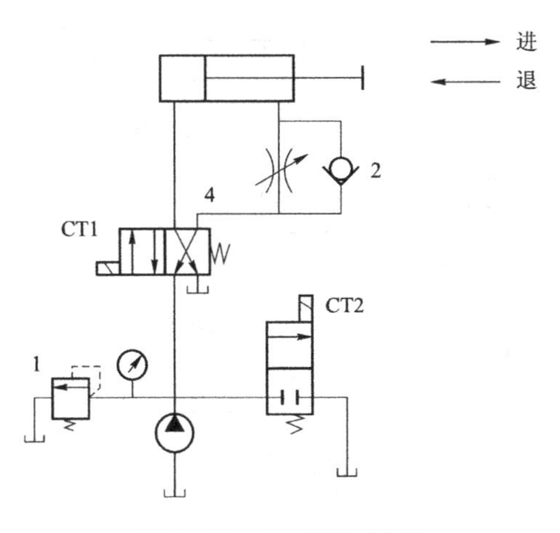

图6－29 单级调压回路

2. 单级远程调压回路的操作

用先导式溢流阀、远程调压阀（或直动式溢流阀）可组成远程调压回路，其液压原理如图6－30所示，图中阀1为先导式溢流阀，阀2为直动式溢流阀，阀1的调整压力大于阀2的调整压力。其工作过程见表6－37。

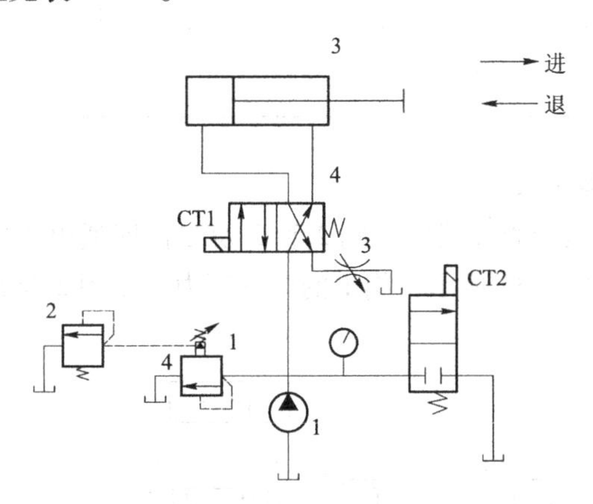

图6－30 单级远程调压回路

表6－37 电磁铁动作26

序号	动作	电磁铁		压力
		CT1	CT2	
1	缸进	+	－	阀2
2	缸退	－	－	阀2
3	停止	－	+	卸荷

3. 两级调压回路的操作

两级调压回路的液压原理如图6－31所示，其是单泵双向调压，溢流阀2和3调定两种不同的压力，分别满足液压缸双向运动所需的不同压力。

其工作过程见表6－38。

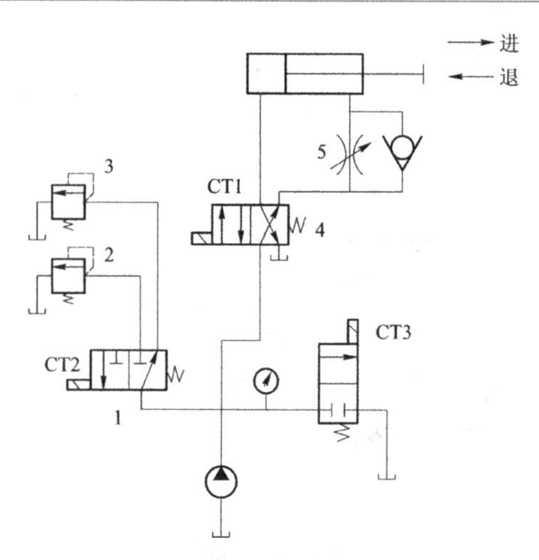

图 6-31　两级调压回路

表 6-38　电磁铁动作表 27

序号	动作	电磁铁			压力
		CT1	CT2	CT3	
1	缸进	+	-	-	阀 3
2	缸退	-	+	-	阀 2
3	停止	-	-	+	卸荷

4. 两级远程调压回路的操作

用先导式溢流阀 1、两个直动式溢流阀 2 和 3 及二位四通电磁阀 4，可组成两级远程调压回路。其液压原理如图 6-32 所示，阀 1 的调整压力大于阀 2 及阀 3 的调整压力。其工作过程见表 6-39。

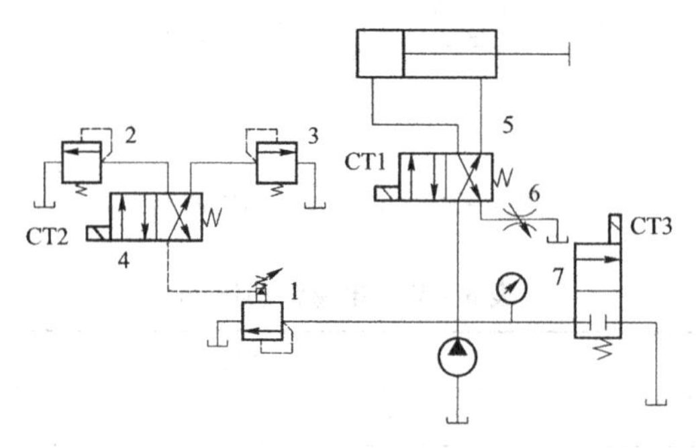

图 6-32　两级远程调压回路

表 6-39　电磁铁动作表 28

序号	动作	电磁铁			压力
		CT1	CT2	CT3	
1	缸进	+	-	-	阀 3
2	缸退	-	+	-	阀 2
3	停止	-	-	+	卸荷

5. 三级远程调压回路的操作

用先导式溢流阀1、两个直动式溢流阀2和3及三位四通电磁换向阀4，可组成三级远程调压回路。其液压原理如图6-33所示，阀1的调定压力大于阀2和阀3的调定压力。其工作过程见表6-40。

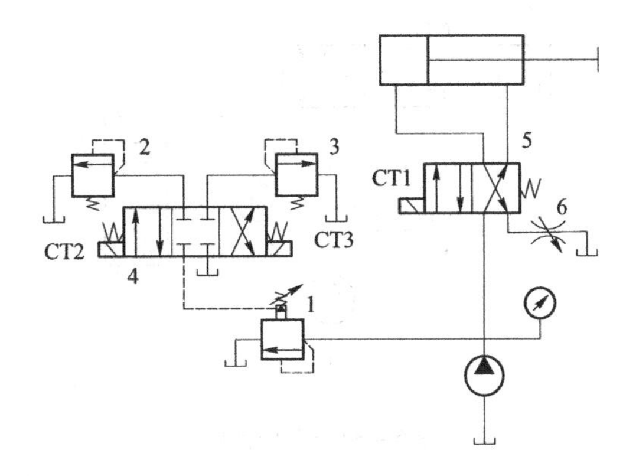

图6-33 三级远程调压回路

表6-40 电磁铁动作表29

序号	动作	电磁铁			压力
		CT1	CT2	CT3	
1	进1	+	-	-	阀1
2	进2	+	+	-	阀2
3	缸退	-	-	+	阀3
4	停止	-	-	-	

注意：

(1) 系统压力由阀2调定时，绝大部分油液仍从主溢流阀1溢走，先导口关闭。

(2) 阀4的调定压力一定要小于阀2的调定压力（系统压力由阀2调定）。

(3) 阀2和阀3的调定压力要小于阀1的调定压力。

6. 双压回路的操作

其液压原理如图6-34所示，其工作过程见表6-41。

表6-41 电磁铁动作表30

序号	动作	电磁铁		压力
		CT1	CT2	
1	缸进	+	-	阀1
2	缸退	-	-	阀2
3	停止	-	+	卸荷

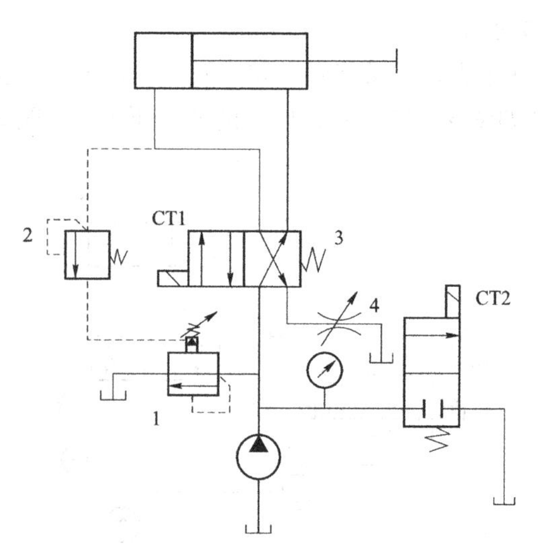

图 6－34 双压回路

项目任务单

项目任务单见表 6－42，项目考核评价表见表 6－43。

表 6－42 项目任务单

<table>
<tr><td>项目名称</td><td colspan="6">液压基本回路的调试</td><td rowspan="2">对应学时</td><td>18</td></tr>
<tr><td>名称</td><td colspan="6">调压回路的操作</td><td>2</td></tr>
<tr><td>任务描述</td><td colspan="8">工作步骤如下：
（1）详细解读操作步骤；
（2）观察、分析装置各部分的结构；
（3）叙述操作过程；
（4）确定操作方案；
（5）按回路图选择、连接、安装回路；
（6）观察油路的情况，做好记录</td></tr>
<tr><td>时间安排
（90 min）</td><td>下达任务
（10 min）</td><td>资讯
（10 min）</td><td>初定方案
（15 min）</td><td>讲授
（15 min）</td><td>操作过程
（20 min）</td><td>评价
（10 min）</td><td colspan="2">作业及下发任务
（10 min）</td></tr>
<tr><td>提供资料</td><td colspan="8">（1）校本教材；
（2）机械加工手册；
（3）液压手册</td></tr>
<tr><td>对学生的要求</td><td colspan="8">（1）掌握元件的性能；
（2）正确选择、连接各回路；
（3）能够分析、表述、记录各回路的情况</td></tr>
<tr><td>思考问题</td><td colspan="8">（1）在多溢流阀调压回路中，如果三位四通换向阀的中位改变，为 M 型，则泵启动后回路压力为多大？是否能实现原来的 3 种压力值？
（2）在该回路中，如溢流阀（II）、（III）的调整压力都大于溢流阀（I）的压力值，将会出现什么问题？
（3）在该回路中，如不采用遥控式溢流阀，3 只溢流阀并联于回路中，则情况如何</td></tr>
</table>

表6－43 项目考核评价表

记录表编号		操作时间	20 min	姓名		总分	
考核项目	考核内容	要求	分值	评分标准		互评	自评
主要项目（80分）	安全操作	安全控制	10	违反安全规定扣10分			
	拆卸顺序	实践	10	错误1处扣5分			
	安装顺序	正确	10	有1处错误扣5分			
	工具使用	正确	10	选择错误1处扣2分			
	操作能力	高	20	操作有误1处扣5分			
	分析能力	高	10	陈述错误1处扣2分			
	故障查找	高	10	1处未排除扣3分			

知识拓展

调压回路的常见故障及维护方法见表6－44。

表6－44 调压回路的常见故障及维护方法

故障现象	原　因	维护方法
二级（多级）调压回路中有压力冲击	遥控先导阀在换向前没有压力，一换向，主溢流阀遥控口会出现瞬时压力下降很大的情况，以后再回升到遥控先导阀调定压力，产生冲击	将换向阀装到遥控先导阀后面，使主溢流阀遥控口总是充满压力油
二级调压回路中，调压时升压时间长	遥控管路较长，由卸荷状态转为升压状态先要将遥控管路充满油才升高，所以升压时间长	遥控管要短，内径要小些，并可在遥控管路终头装背压阀
遥控调压回路出现主溢流阀的最低调压值增高，同时动作迟滞	主溢流阀遥控先导溢流阀之间的配管较长，遥控管内压力损失大	遥控管最长不能超过5 m

6.6 减压回路调试

项目导入

在液压系统中，某些支路的压力不宜太高，要小于系统的工作压力。例如在夹紧油路中，当系统压力较高时，会使工件变形。为了降低夹紧油路中的压力，必须使用减压回路（在单泵系统中），减压回路的功能是降低系统中某些支路的压力，使该油路获得一种低于液压泵供油压力的稳定压力，以减少主系统动作切换对支路压力的影响。

减压回路的功能是使某个油路获得一级或多级低于系统压力的稳定压力。

项目实施

操作所用设备为 YCS－C 型液压综合教学操作台。

1. 一级减压回路

在需要获得稳定低压的油路中，接入减压阀 2，可组成一级减压回路，其液压原理如图 6－35 所示，阀 2 的调定压力小于溢流阀 1 的调定压力。其工作过程见表 6－45。

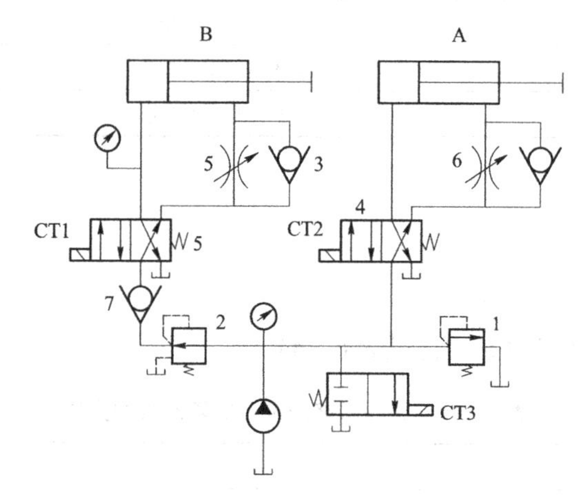

图 6－35　一级减压回路

表 6－45　电磁铁动作表 31

序号	动作	电磁铁			压力
		CT1	CT2	CT3	
1	A 进	－	+	－	阀 1
2	B 进	+	+	－	阀 2
3	A 退	+	－	－	空载
4	B 退	－	－	－	空载
5	停止	－	－	+	卸荷

2. 二级减压回路

其液压原理如图 6－36 所示，其由先导式减压阀 2、远程调压阀 3 组成，溢流阀 1 的调整压力大于阀 2 的调整压力。阀 2 的调整压力大于阀 3 的调整压力。其工作过程见表 6－46。

表 6－46　电磁铁动作表 32

序号	动作	电磁铁				压力
		CT1	CT2	CT3	CT4	
1	A 进	－	+	－	－	阀 1
2	B 进	+	+	－	－	阀 2
3	A 退	+	－	－	－	空载
4	B 退	－	－	+	－	阀 3
5	停止	－	－	－	+	卸荷

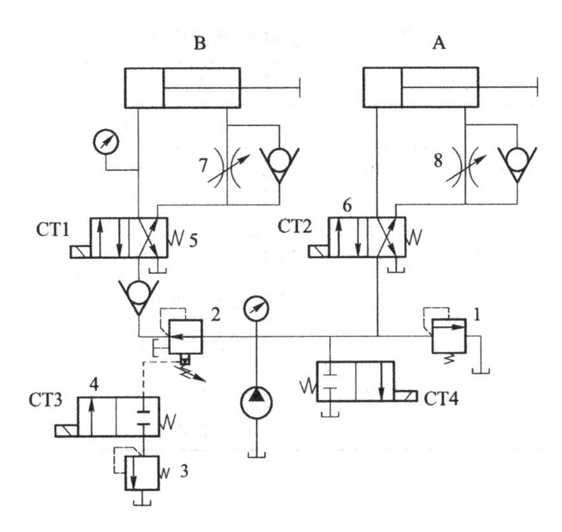

图 6－36 二级减压回路

项目任务单

项目任务单见表 6－47，项目考核评价表见表 6－48。

表 6－47 项目任务单

<table>
<tr><td>项目名称</td><td colspan="6">液压基本回路调试</td><td rowspan="2">对应
学时</td><td>18</td></tr>
<tr><td>名称</td><td colspan="6">减压回路调试</td><td>2</td></tr>
<tr><td>任务描述</td><td colspan="8">工作步骤如下：
（1）详细解读操作步骤；
（2）观察、分析装置各部分的结构；
（3）叙述操作过程；
（4）确定操作方案；
（5）按回路图选择、连接、安装回路；
（6）观察油路情况，做好记录</td></tr>
<tr><td>时间安排
（90 min）</td><td>下达任务
（10 min）</td><td>资讯
（10 min）</td><td>初定方案
（15 min）</td><td>讲授
（15 min）</td><td>操作过程
（20 min）</td><td>评价
（10 min）</td><td colspan="2">作业及下发任务
（10 min）</td></tr>
<tr><td>提供资料</td><td colspan="8">（1）校本教材；
（2）机械加工手册；
（3）液压手册</td></tr>
<tr><td>对学生的要求</td><td colspan="8">（1）掌握元件的性能；
（2）正确选择、连接各回路；
（3）能够分析、表述、记录各回路的情况</td></tr>
<tr><td>思考问题</td><td colspan="8">（1）调压回路与减压回路的主要区别是什么？
（2）在二级减压回路中，可以用单向减压阀代替减压阀吗？为什么？
（3）所用减压阀与调速阀中的减压阀有何区别？
（4）如果减压阀（Ⅱ）的调定压力小于减压阀（Ⅰ）的压力，是否能保证上述要求？为什么</td></tr>
</table>

表 6-48 项目考核评价表

记录表编号		操作时间	40 min	姓名		总分	
考核项目	考核内容	要求	分值	评分标准		互评	自评
主要项目(80分)	安全操作	安全控制	10	违反安全规定扣10分			
	拆卸顺序	实践	10	错误1处扣5分			
	安装顺序	正确	10	有1处错误扣5分			
	工具使用	正确	10	选择错误1处扣2分			
	操作能力	高	20	操作有误1处扣5分			
	分析能力	高	10	陈述错误1处扣2分			
	故障查找	高	10	1处未排除扣3分			

6.7 保压、卸荷回路调试

项目导入

液压执行机构在一定的行程位置上停止运动或在微小的位移下稳定地维持一定的压力。有些装置要求在工作过程中保压，即液压缸在工作循环的某一阶段，须保持规定的压力值，例如在夹紧装置的液压系统中，当工件夹紧后，活塞就不动，如果液压泵还处于高压状态，则全部压力油通过溢流阀流回油箱，使系统发热，从而降低液压泵的使用寿命和效率。因此，对于功率较大、工作部件“停歇”时间较长的液压系统，一般采用保压、卸荷回路，以减少功率消耗。所谓液压泵卸荷指的是泵以很小功率运转。

相关知识

保压回路的功能是在执行元件停止工作或仅有工件变形所产生的微小位移的情况下，使执行元件的工作压力基本保持不变。

油泵卸荷回路是系统短时间歇时，泵不停机，以很少的输出功率运转，以减少功率损耗，降低系统发热。

项目实施

调试步骤如下。

操作所用设备为 YCS-C 型液压综合教学操作台。

1. 保压回路的操作

(1) 单向阀保压回路。

其液压原理如图6-37所示，压力继电器5的调整压力大于油缸运动时所需的工作压力，油缸运动到终点，压力升高，压力继电器5工作，使油泵经电磁阀2卸荷，油缸工作腔的压力由单向阀5保压。保压时间由时间继电器决定。其工作过程见表6-49。

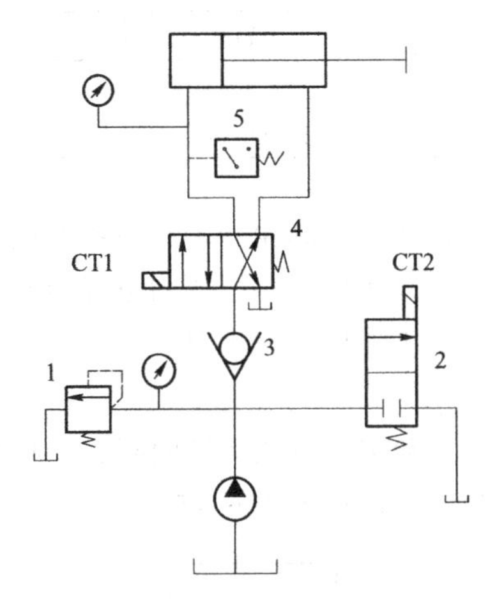

图6-37　单向阀保压回路

表6-49　电磁铁动作表33

序号	动作	发讯元件	电磁铁	
			CT1	CT2
1	前进	启动按钮	+	-
2	停止保压	阀5	+	+
3	后退	时间继电器	-	-

（2）液控单向阀保压回路。

由液控单向阀4、三位四通电磁阀3（H中位机能）、压力继电器5可实现液控单向阀自动补油保压回路，其液压原理如图6-38所示。其工作过程见表6-50。

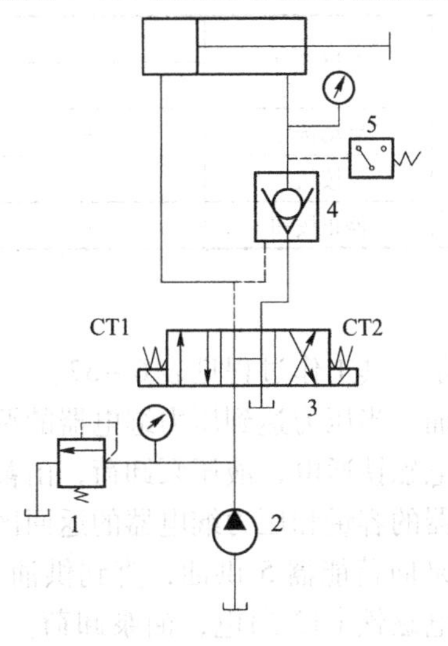

图6-38　液控单向阀保压回路

表 6-50 电磁铁动作表 34

序号	动作	发讯元件	电磁铁	
			CT1	CT2
1	前进	启动按钮	+	-
2	停止保压	阀 5	-	-
3	后退	时间继电器	-	+

在油缸行程终点，油缸的工作压力升高至压力继电器 5 的上限值时，压力继电器发出信号，使电磁阀 3 中位，油泵卸荷，阀 4 保压；当压力下降至压力继电器的下限时，压力继电器复位，油泵停止卸荷，使油缸的工作压力又上升。

（3）换向阀保压回路。

其液压原理如图 6-39 所示，利用三位四通换向阀 3 的 O 型中位机能，可实现油泵经电磁阀 2 卸荷，阀 3 中位保压。其工作过程见表 6-51。

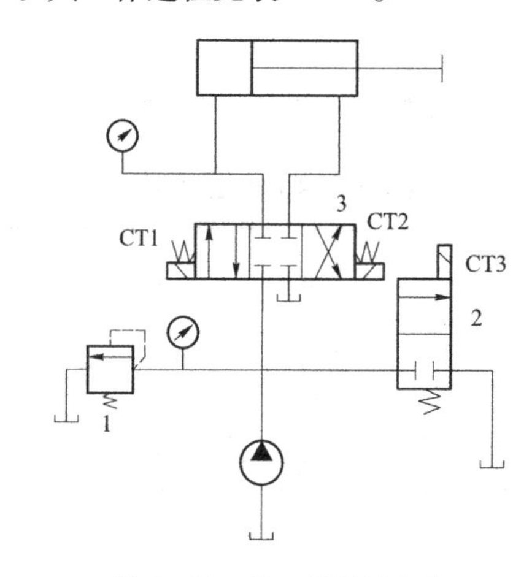

图 6-39 换向阀保压回路

表 6-51 电磁铁动作表 35

序号	动作	发讯元件	电磁铁		
			CT1	CT2	CT3
1	前进	启动按钮	+	-	-
2	后退	按钮	-	+	-
3	停止保压	停止按钮	-	-	+

（4）蓄能器保压回路。

其液压原理如图 6-40 所示，其工作过程见表 6-52。

液压泵向系统及蓄能器供油。当压力达到压力继电器的调定压力时，压力继电器发出信号，使二位二通电磁换向阀的电磁铁通电，液压泵卸荷，由蓄能器保持系统的压力。其保证时间决定于系统的泄漏、蓄能器的容量和压力继电器的返回区间等。

油缸向右移动到终点，油泵向蓄能器 5 供油，直到供油压力升至压力继电器 4 的调定值，压力继电器发出信号，使电磁铁 CT2 通电，油泵卸荷。工作压力由蓄能器保压，当油缸压力下降到压力继电器的下限时，压力继电器使 CT2 断电，油泵重新向系统供油。

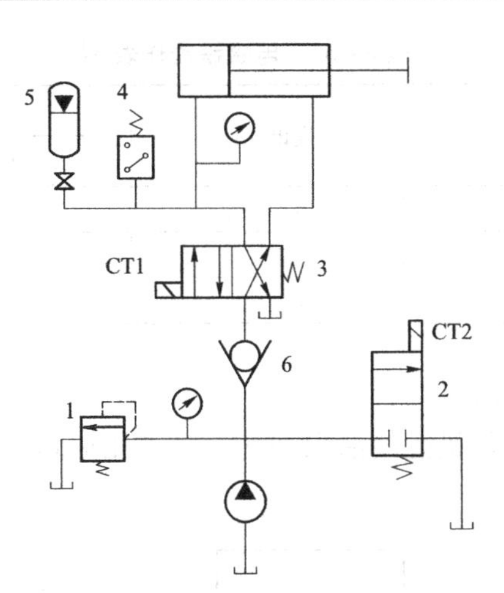

图6－40　蓄能器保压回路

表6－52　电磁铁动作表36

序号	动作	发讯元件	电磁铁	
			CT1	CT2
1	前进	启动按钮	+	－
2	停止保压	阀5	+	+
3	后退	按钮	－	－
4	停止	停止按钮	－	+

2. 卸荷回路操作

这种回路是一般液压系统必不可少的基本回路，它可以减小系统功率损失，同时卸荷元件的通流面积可以保证泵的最大流量能安全通过。

（1）M型中位机能卸荷回路。

利用三位换向阀M型中位机能，使油泵卸荷，其液压原理如图6－41所示，其工作过程见表6－53。

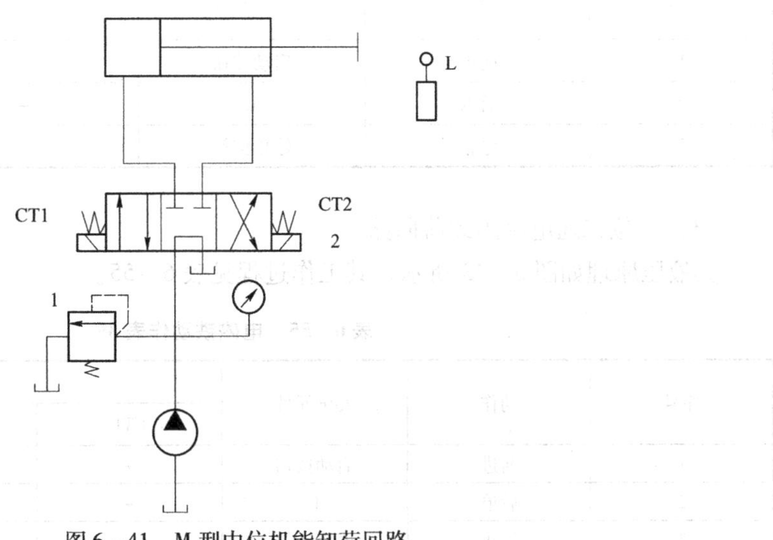

图6－41　M型中位机能卸荷回路

表 6－53　电磁铁动作表 37

序号	动作	发讯元件	电磁铁	
			CT1	CT2
1	前进	启动按钮	+	－
2	后退	L	－	+
3	停止	停止按钮	－	－

(2）H 型中位机能卸荷回路。

利用三位换向阀 H 型中位机能使油泵卸荷，其液压原理如图 6－42 所示，其工作过程见表 6－54。

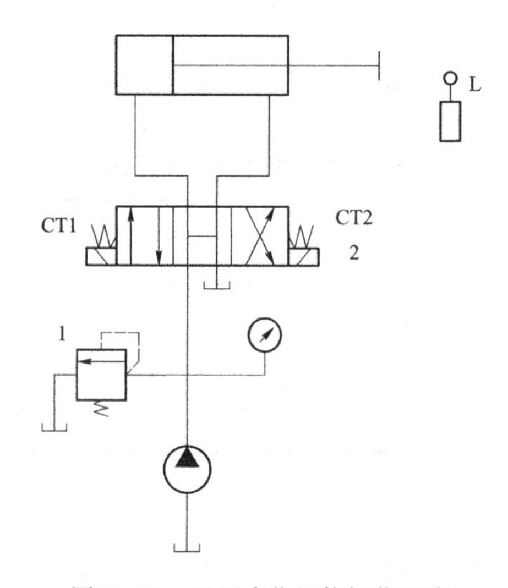

图 6－42　M 型中位机能卸荷回路

表 6－54　电磁铁动作表 38

序号	动作	发讯元件	电磁铁	
			CT1	CT2
1	前进	启动按钮	+	－
2	后退	L	－	+
3	停止	停止按钮	－	－

(3）二位二通电磁阀卸荷回路。

其液压原理如图 6－43 所示，其工作过程见表 6－55。

表 6－55　电磁铁动作表 39

序号	动作	发讯元件	电磁铁		
			CT1	CT2	CT3
1	前进	启动按钮	+	－	－
2	后退	L	－	+	－
3	停止	停止按钮	－	－	+

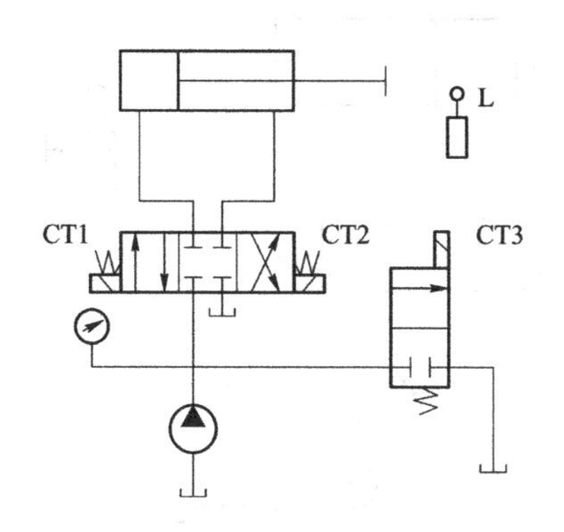

图6－43 二位二通电磁阀卸荷回路

（4）先导式溢流阀卸荷回路。

在先导式溢流阀遥控口接二位二通电磁阀可组成卸荷回路。

其液压原理如图6－44所示，其工作过程见表6－56。

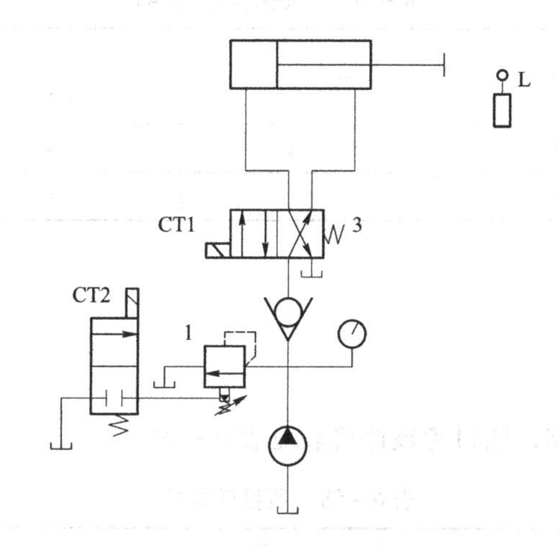

图6－44 先导式溢流阀卸荷回路

表6－56 电磁铁动作表40

序号	动作	发讯元件	电磁铁	
			CT1	CT2
1	前进	启动按钮	+	－
2	后退	L	－	－
3	停止	停止按钮	－	+

（5）行程阀卸荷回路。

其液压原理如图6－45所示，其工作过程见表6－57。

当油缸4向右运动时，挡块压下行程阀3的滚轮，使阀3换向，此时泵卸荷。注意回路中单向阀的开启压力应较大。

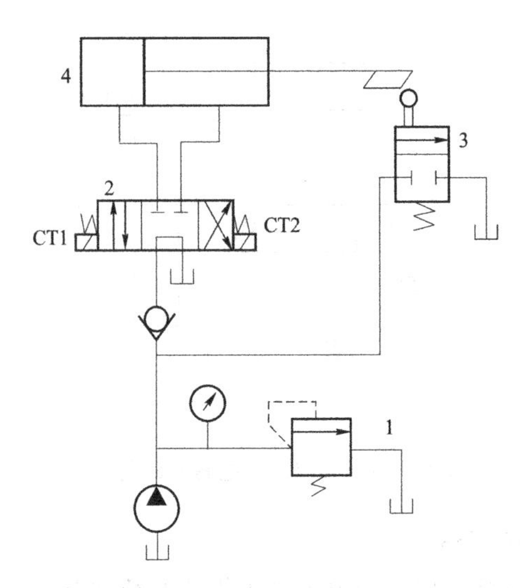

图 6-45 行程阀卸荷回路

表 6-57 电磁铁动作表 41

序号	动作	发讯元件	电磁铁	
			CT1	CT2
1	前进	按钮	+	-
3	停止	阀 3	+	-

项目任务单

项目任务单见表 6-58，项目考核评价表见表 6-59。

表 6-58 项目任务单

项目名称	液压基本回路调试					对应学时	18
名称	保压、卸荷回路调试						2
任务描述	工作步骤如下： （1）详细解读操作步骤； （2）观察、分析装置各部分的结构； （3）叙述操作过程； （4）确定操作方案； （5）按回路图选择、连接、安装回路； （6）观察油路情况，做好记录						
时间安排（90 min）	下达任务（10 min）	资讯（10 min）	初定方案（15 min）	讲授（15 min）	操作过程（20 min）	评价（10 min）	作业及下发任务（10 min）
提供资料	（1）校本教材； （2）机械加工手册； （3）液压手册						

续表

时间安排（90 min）	下达任务（10 min）	资讯（10 min）	初定方案（15 min）	讲授（15 min）	操作过程（20 min）	评价（10 min）	作业及下发任务（10 min）
对学生的要求	（1）掌握元件的性能； （2）正确选择、连接各回路； （3）能够分析、表述、记录各回路的情况； （4）通过亲自拼装操作系统，了解其工作性能； （5）利用现有元件，拟定其他方案，进行比较						
思考问题	（1）由蓄能器、压力继电器和行程开关等液压元件组成的保压、卸荷回路，当泵从卸荷转换成溢流状态时，为什么液压缸的动作会出现滞后现象？ （2）假设用二位三通换向阀代替二位四通换向阀，其是否能实现工况表右序动作的要求？为什么						

表6－59　项目考核评价表

记录表编号		操作时间	30 min	姓名		总分	
考核项目	考核内容	要求	分值	评分标准		互评	自评
主要项目（80分）	安全操作	安全控制	10	违反安全规定扣10分			
	拆卸顺序	实践	10	错误1处扣5分			
	安装顺序	正确	10	有1处错误扣5分			
	工具使用	正确	10	选择错误1处扣2分			
	操作能力	高	20	操作有误1处扣5分			
	分析能力	高	10	陈述错误1处扣2分			
	故障查找	高	10	1处未排除扣3分			

知识拓展

保压回路的常见故障及维护方法见表6－60。

表6－60　保压回路的常见故障及维护方法

故障现象	原　因	维护方法
不保压	（1）油缸的内、外泄漏 （2）各控制阀泄漏	检查、修复油缸，对控制阀不断补油

卸荷回路的常见故障及维护方法见表6－61。

表6－61　卸荷回路的常见故障及维护方法

故障现象	原　因	维护方法
二位二通换向阀直接卸荷，却不能卸荷	二位二通换向阀卡死在不卸荷位置，或漏装复位弹簧，或弹簧力不够，或弹簧折断	查明原因，排除换向阀故障

续表

故障现象	原　因	维护方法
不能彻底卸荷	二位二通换向阀通径太小	更换二位二通换向阀
二位二通换向阀直接卸荷，出现需要卸荷却有压、需要有压却卸荷的情况	二位二通阀装倒了	查明后更正
电液换向阀 M 型中位机能卸荷，卸荷后不能换向	卸荷后控制油没有压力，不能推动阀芯换位	在 M 型卸荷到油箱处加装一背压阀，保证卸荷后控制油仍有一定压力
蓄能器保压，卸荷阀（液控顺序阀）卸荷，卸荷不彻底	卸荷阀仅部分开启，开启不到位	可改装为利用小型液控顺序阀作先导阀，控制在溢流阀遥控口卸荷
双泵供油时的卸荷回路，工作行程时大流量泵卸荷不行，电动机发热	高压小流量泵和高压大流量泵之间的单向阀未很快关闭，高压油反罐，负荷大	检查，排除

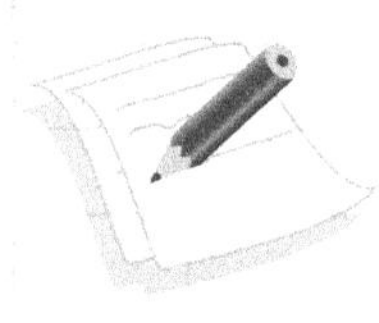

6.8 多执行元件动作回路调试

项目导入

在机床及其他装置中，往往要求几个工作部件按照严格顺序依次动作，如组合机床的工作台复位、夹紧，滑台移动等动作，这些动作间有一定的顺序要求，例如先夹紧后才能加工，加工完毕先退出刀具才能松开；又如磨床上砂轮的切入运动，一定要周期性地在工作台每次换向时进行，因此，一般采用顺序回路来实现顺序动作。依控制方式不同其可分为压力控制式、行程控制式和时间控制式。

相关知识

在液压传动系统中，用一个能源向两个或多个缸（或马达）提供液压油，按各液压缸之间的运动关系要求进行控制，完成预定功能的回路，称为多缸运动回路。多缸运动回路分为顺序运动回路、同步运动回路和互不干扰回路等。

液压缸严格地按给定顺序运动的回路称为顺序回路。顺序运动回路的控制方式有 3 种：行程控制、压力控制和时间控制。顺序阀控制的顺序运动回路为压力控制方式。

项目实施

调试步骤如下。

操作所用设备为 YCS－C 型液压综合教学操作台。

1. 顺序动作回路的操作

这种回路应用于使液压系统中的多个执行元件严格地按规定的顺序动作，如机床的夹紧、定位过程。其按控制方式分为压力控制、行程控制和时间控制 3 类。

（1）压力继电器控制顺序动作回路。

压力控制类顺序动作回路的液压原理如图 6－46 所示，压力继电器 1 的调整压力小于溢流阀 2 的调整压力而大于油缸 A 前进时的工作压力。压力继电器动作时，油缸 B 前进，油缸 A 退回，压力降低，压力继电器 1 断电，油缸 B 同时后退。其工作过程见表 6－62。

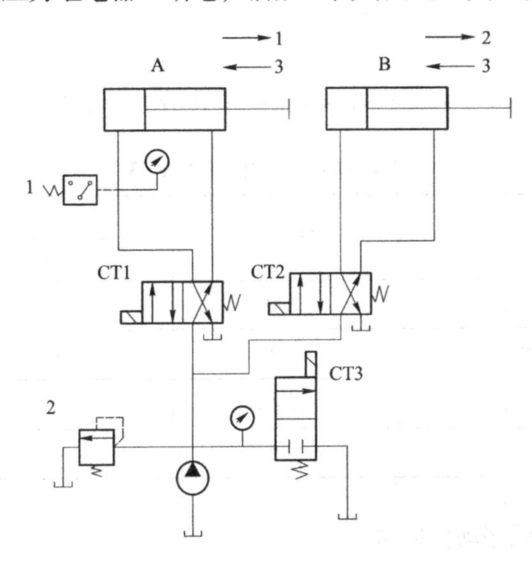

图 6－46 压力继电器控制顺序动作回路

表 6－62 电磁铁动作表 42

序号	动作	发讯元件	电磁铁		
			CT1	CT2	CT3
1	A 进	启动按钮	+	－	－
2	B 进	阀 1	+	+	－
3	A 退	按钮	－	+	－
	B 退	阀 2	－	－	－
4	停止	停止按钮	－	－	+

（2）单顺序阀控制的顺序动作回路。

其属于压力控制类回路，液压原理如图 6－47 所示，顺序阀 4 的调整压力小于溢流阀 1 的调整压力而大于油缸 A 前进时的工作压力。其工作过程见表 6－63。

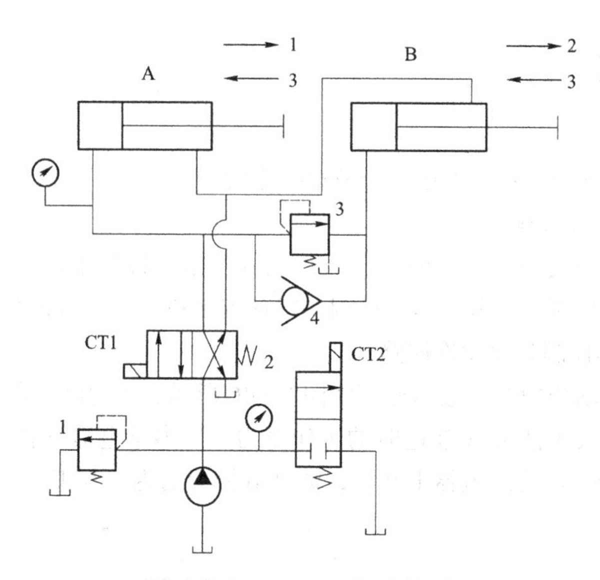

图 6-47 单顺序阀控制的顺序动作回路

表 6-63 电磁铁动作表 43

序号	动作	发讯元件	电磁铁	
			CT1	CT2
1	A 进	启动按钮	+	-
2	B 进	阀 3	+	-
3	A、B 退	按钮	-	-
4	停止	停止按钮	-	+

(3) 行程开关控制顺序动作回路。

行程控制顺序动作回路的液压原理如图 6-48 所示。其工作过程见表 6-64。

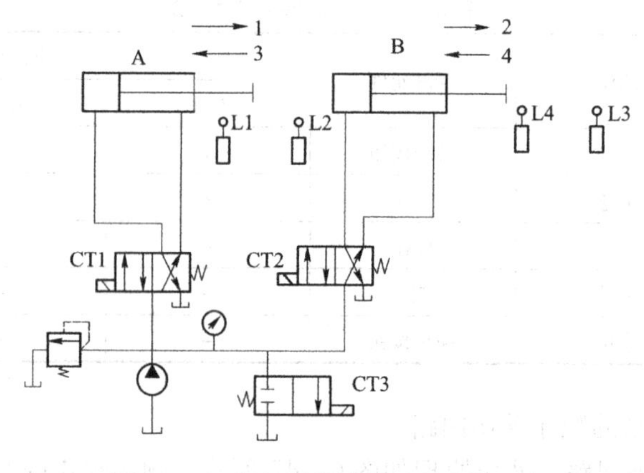

图 6-48 行程开关控制顺序动作回路

表6－64 电磁铁动作表44

序号	动作	发讯元件	电磁铁		
			CT1	CT2	CT3
1	A进	启动按钮	+	−	−
2	B进	L2	+	+	−
3	B退	L3	−	+	−
4	A退	L1	−	−	−
5	A进	L4	+	−	−
6	停止	停止按钮	−	−	+

（4）行程阀控制顺序动作回路。

其液压原理如图6－49所示，其工作过程见表6－65。

在图6－49所示状态时，首先使电磁阀2通电，则液压缸A的活塞向右运动。当活塞杆上的挡块压下行程阀3时，行程阀3换向，使缸B的活塞向右运动，电磁阀2断电后，液压缸A的活塞向左运动，当行程阀3复位后，液压缸B的活塞也退回到左端，完成要求的顺序动作。

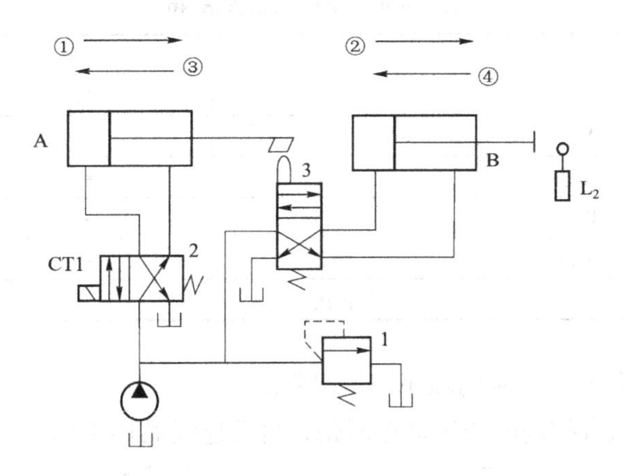

图6－49 行程阀控制顺序动作回路

表6－65 电磁铁动作表45

序号	动作	发讯元件	电磁铁CT1	工作元件
1	A进	按钮	+	阀2
2	B进	阀3	+	阀3
3	A退	L2	−	阀2
4	B退	阀3	−	阀3

（5）双顺序阀控制的顺序动作回路。

其液压原理如图6－50所示。顺序阀1的调整压力小于溢流阀3的调整压力而大于油缸A前进时的工作压力，顺序阀2的调整压力小于溢流阀1的调整压力而大于油缸B后退时的工作压力。其工作过程见表6－66。

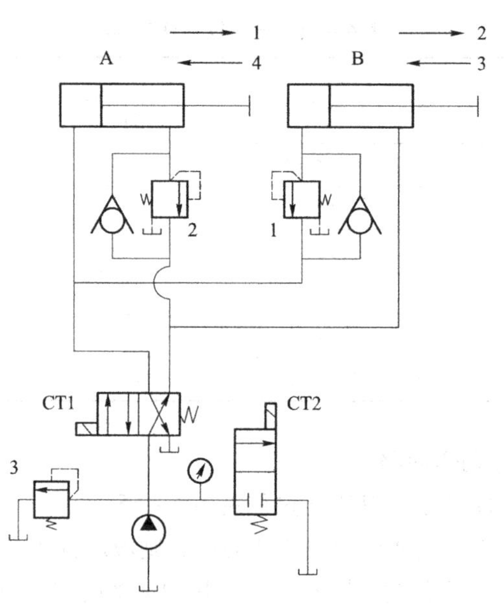

图 6-50　双顺序阀控制的顺序动作回路

表 6-66　电磁铁动作表 46

序号	动作	发讯元件	电磁铁	
			CT1	CT2
1	A 进	按钮	+	-
2	B 进	阀 1	+	-
3	B 退	按钮	-	-
4	A 退	阀 2	-	-
5	停止	停止按钮	-	+

(6) 顺序阀与行程开关控制的顺序动作回路。

其是压力与行程联合控制的顺序动作回路，自动连续循环工作。其液压原理如图 6-51

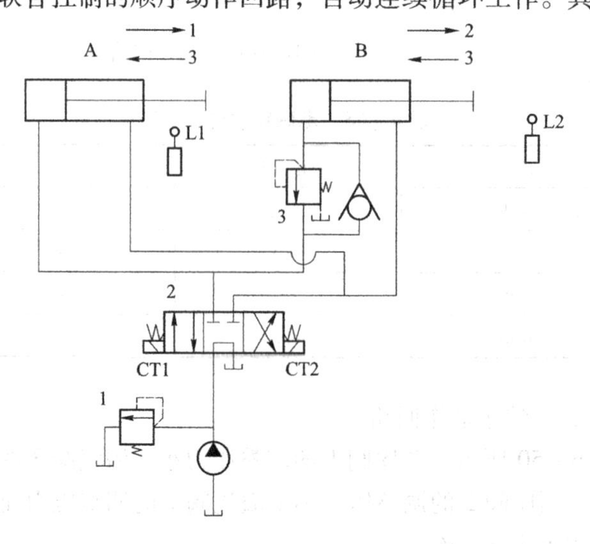

图 6-51　顺序阀与行程开关控制的顺序动作回路

所示，其工作过程见表6－67。顺序阀3的调整压力小于溢流阀1的调整压力而大于油缸A前进时的工作压力。

表6－67 电磁铁动作表47

序号	动作	发讯元件	电磁铁	
			CT1	CT2
1	A进	启动按钮	+	−
2	B进	阀3	+	−
3	A退 B退	L2 L1	−	+
4	A进	L1	+	−
5	停止	停止按钮	−	−

2. 同步动作回路的操作

同步动作回路的功用是保证系统中多个执行元件在运动中位移相同或不相同时的速度。同步精度是衡量同步运动优劣的指标。

这种回路应用于行程较长的场合，如拉床。

调整阀回油节流同步回路的液压原理如图6－52所示，A缸和B缸同步前进，由调速阀1和2调节速度同步；A缸和B缸后退同步。其工作过程见表6－68。

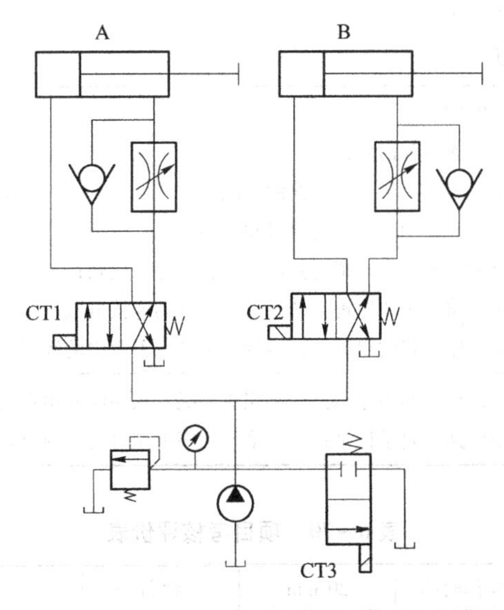

图6－52 同步动作回路

表6－68 电磁铁动作表48

序号	动作	发讯元件	电磁铁		
			CT1	CT2	CT3
1	A、B同步进	按钮	+	+	−
2	A、B同步退	按钮	−	−	−
3	停止	按钮	−	−	+

项目任务单

项目任务单见表6－69，项目考核评价表见表6－70。

表6－69 项目任务单

<table>
<tr><td>项目名称</td><td colspan="6">液压基本回路调试</td><td rowspan="2">对应
学时</td><td>18</td></tr>
<tr><td>名称</td><td colspan="6">多执行元件动作回路调试</td><td>2</td></tr>
<tr><td>任务描述</td><td colspan="8">工作步骤如下：
(1) 详细解读操作步骤；
(2) 观察、分析装置各部分的结构；
(3) 叙述操作过程；
(4) 确定操作方案；
(5) 按回路图选择、连接、安装回路；
(6) 观察油路情况，做好记录</td></tr>
<tr><td>时间安排
(90 min)</td><td>下达任务
(10 min)</td><td>资讯
(10 min)</td><td>初定方案
(15 min)</td><td>讲授
(15 min)</td><td>操作过程
(20 min)</td><td>评价
(10 min)</td><td colspan="2">作业及下发任务
(10 min)</td></tr>
<tr><td>提供资料</td><td colspan="8">(1) 校本教材；
(2) 机械加工手册；
(3) 液压手册</td></tr>
<tr><td>对学生的要求</td><td colspan="8">(1) 掌握元件的性能；
(2) 正确选择、连接各回路；
(3) 能够分析、表述、记录各回路的情况；
(4) 通过亲自拼装，了解回路的组成和性能；
(5) 利用现有的液压元件，拟定其他方案，并与之比较；
(6) 掌握顺序回路的工作原理，熟悉液压回路的连接方法；
(7) 了解液压顺序回路的组成、性能特点及其在工业中的运用</td></tr>
<tr><td>思考问题</td><td colspan="8">(1) 为什么在行程控制顺序回路中要完成工况表顺序应使用4只行程开关?
(2) 如果在该回路中要求记录缸1的第一顺序工作时间，则应如何编排工况表</td></tr>
</table>

表6－70 项目考核评价表

<table>
<tr><td>记录表编号</td><td></td><td>操作时间</td><td>20 min</td><td>姓名</td><td></td><td>总分</td><td></td></tr>
<tr><td>考核项目</td><td>考核内容</td><td>要求</td><td>分值</td><td colspan="2">评分标准</td><td>互评</td><td>自评</td></tr>
<tr><td rowspan="7">主要项目
(80分)</td><td>安全操作</td><td>安全控制</td><td>10</td><td colspan="2">违反安全规定扣10分</td><td></td><td></td></tr>
<tr><td>拆卸顺序</td><td>实践</td><td>10</td><td colspan="2">错误1处扣5分</td><td></td><td></td></tr>
<tr><td>安装顺序</td><td>正确</td><td>10</td><td colspan="2">有1处错误扣5分</td><td></td><td></td></tr>
<tr><td>工具使用</td><td>正确</td><td>10</td><td colspan="2">选择错误1处扣2分</td><td></td><td></td></tr>
<tr><td>操作能力</td><td>高</td><td>20</td><td colspan="2">操作有误1处扣5分</td><td></td><td></td></tr>
<tr><td>分析能力</td><td>高</td><td>10</td><td colspan="2">陈述错误1处扣2分</td><td></td><td></td></tr>
<tr><td>故障查找</td><td>高</td><td>10</td><td colspan="2">1处未排除扣3分</td><td></td><td></td></tr>
</table>

知识拓展

顺序动作回路的常见故障及维护方法见表6－71。

表6－71 顺序动作回路的常见故障及维护方法

故障现象	产生原因	维护方法
顺序动作失灵	（1）顺序阀阀芯卡死	清洗、修研顺序阀阀芯及阀孔，使其移动灵活
	（2）顺序阀的压力调整过大，使阀芯压力太大，移动不灵活	调整顺序阀的开启压力，使之适当
	（3）系统压力低（即溢流阀的调定压力低于顺序阀的调定压力）	调整系统压力，使其适当
	（4）液压缸内泄漏严重	排除液压缸内的泄漏
工作顺序达不到规定值	（1）油液发热，黏度低	更换合适的液压油
	（2）溢流阀的调整压力低	调整溢流阀，使其压力适当
	（3）液压泵输出的油液少	修复或更换液压泵
	（4）单向阀堵塞或开启不灵	清洗、修研单向阀
顺序动作冲击大	（1）执行机构的设计不合理	改进执行机构的设计
	（2）回油路未加装节流阀或背压阀	选用合适的节流阀或背压阀，减少冲击
	（3）溢流阀阀芯移动不灵活	修研溢流阀阀芯与阀孔及更换溢流弹簧
	（4）液压泵输出的油液脉冲大	检修液压泵

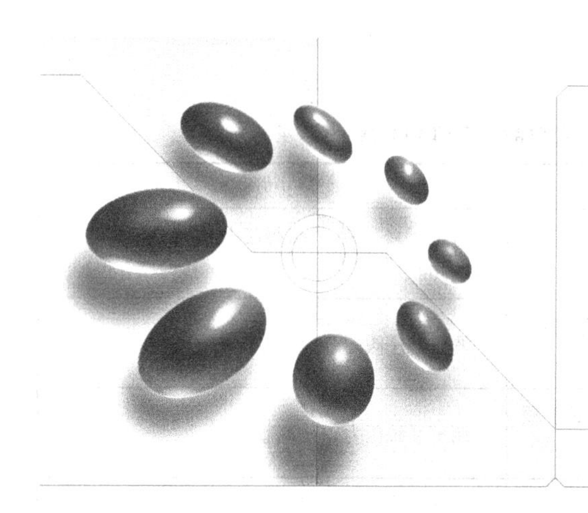

项目7 气动基本回路调试

项目目标

(1) 掌握常见气动回路的工作原理，锻炼学生设计气动回路的能力，培养学生的创新能力。

(2) 通过学习气动回路的连接方法和电气控制线路的连接方法，锻炼学生的动手操作能力。

(3) 通过观察气动系统的运行，加强对气动系统工作过程的感性认识。

教学目标

(1) 使学生掌握各种气动元件和辅助元件的结构及使用性能。

(2) 使学生掌握 QD－A 型气动综合操作台的使用方法。

(3) 根据参考操作回路，在操作台上实际连接操作元件，接搭回路，实现回路的设计动作和功能。

(4) 使学生掌握各种回路的应用条件及应用场合。

7.1 行程阀控制气缸连续往返气控回路调试

项目引入

图7－1所示为行程阀控制气缸连续往返气控回路。

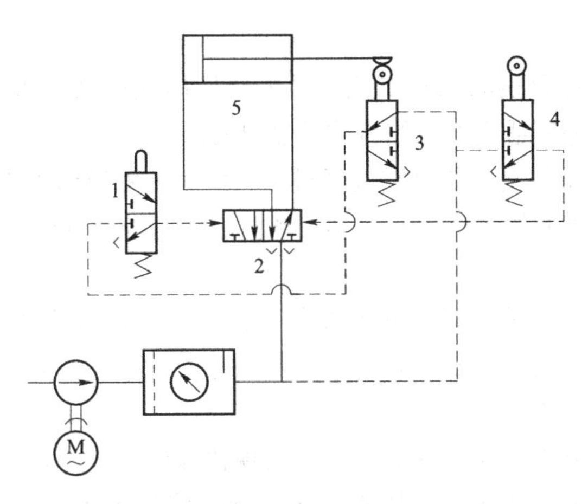

图7－1　行程阀控制气缸连续往返气控回路
1、3—单向节流阀；2—二位三通电磁换向阀；4—电磁换向阀；5—开关

7.1.1　调试操作原理

本调试操作的对象是方向控制回路，回路操作原理如图7－1所示。在操作台上照图连接回路和电气控制元件（继电器控制或PLC控制），启动空气压缩机，通过电气控制器件操纵回路，观察气动回路的运行情况。考虑到回路正常工作，电气控制部分各接口的连线要正确。因所配置气缸的进、出气孔均已安装了单向节流阀，操作中调节节流阀可使气缸运行较为平缓，现象明显。同时，在没有用到节流阀调速的回路中，只需将节流阀的旋钮完全打开，即可使节流阀不起作用。

7.1.2　调试步骤

1. 操作仪器设备

气动基础操作所用设备为QD－A型气动PLC控制综合教学操作台。

准备手旋阀1个、杠杆式机械阀1个、气控二位五通阀2个、双作用气缸1个。

2. 操作步骤

（1）根据原理图，把所需的气动元件有布局地卡在铝型材上，再用气管把它们连接在一起，组成回路。

（2）根据操作需要选择元件，并检验元件的实用性能是否正常。

（3）确认连接安装正确稳妥，把三联件的调压旋钮放松，通电，开启气泵。待泵工作正常后，再次调节三联件的调压旋钮，使回路中的压力稳定在系统工作压力范围以内，一般取 0.40 MPa。

(4) 将二位四通双电磁换向阀和二位二通电磁换向阀以及接近开关的电源输入口插入相应的控制板输出口，并用适当的控制方式控制电磁阀。

(5) 电磁换向阀 4 不得电，压缩空气经过三联件、电磁换向阀 4、单向节流阀 1 进入缸的左腔，活塞在压缩空气的作用下向右运动，此时缸的右腔空气经过二位二通电磁阀和电磁换向阀 4 排出。

(6) 当活塞杆接触到开关 5 时，开关控制二位二通电磁阀 2 失电换位，右腔的空气只能从单向节流阀 3 排出，此时只要调节单向节流阀的开口就能控制活塞运动的速度，从而实现从快速运动到较慢运动的换接。

(7) 当二位四通电磁阀右位接入时，可以实现快速回位，气缸往返一次。

(8) 调试操作完毕后，关闭泵，切断电源，待回路压力为零时，拆卸回路，清理元器件并将其放回规定的位置。

项目任务单

项目任务单见表 7-1，项目考核评价表见表 7-2。

表 7-1　项目任务单

<table>
<tr><td>项目名称</td><td colspan="5">气动基本回路调试</td><td rowspan="2">对应
学时</td><td>16</td></tr>
<tr><td>名称</td><td colspan="5">行程阀控制气缸连续往返气控回路</td><td>4</td></tr>
<tr><td>任务描述</td><td colspan="7">工作步骤如下：
(1) 详细解读操作步骤；
(2) 观察、分析装置各部分的结构；
(3) 叙述操作过程；
(4) 确定操作方案；
(5) 按回路图选择、连接、安装回路；
(6) 观察油路的情况，做好记录</td></tr>
<tr><td>时间安排
(180 min)</td><td>下达任务
(20 min)</td><td>资讯
(20 min)</td><td>初定方案
(30 min)</td><td>讲授
(30 min)</td><td>操作过程
(40 min)</td><td>评价
(20 min)</td><td>完成项目任务单
(20 min)</td></tr>
<tr><td>提供资料</td><td colspan="7">(1) 校本教材；
(2) 机械加工手册；
(3) 液压手册</td></tr>
<tr><td>对学生的要求</td><td colspan="7">(1) 掌握元件的性能；
(2) 正确选择、连接各回路；
(3) 能够分析、表述、记录各回路的情况；
(4) 通过亲自拼装，了解回路的组成和性能；
(5) 利用现有的液压元件，拟定其他方案，并与之比较；
(6) 掌握顺序回路的工作原理，熟悉液压回路的连接方法；
(7) 了解液压顺序回路的组成、性能特点及其在工业中的运用</td></tr>
<tr><td>思考问题</td><td colspan="7">(1) 怎样用其他的方法实现速度的换接？
(2) 怎样在现实生产中运用速度换接回路？</td></tr>
</table>

表7－2　项目考核评价表

记录表编号		操作时间	40 min	姓名		总分	
考核项目	考核内容	要求	分值	评分标准		互评	自评
主要项目（80分）	安全操作	安全控制	10	违反安全规定扣10分			
	拆卸顺序	实践	10	错误1处扣5分			
	安装顺序	正确	10	有1处错误扣5分			
	工具使用	正确	10	选择错误1处扣2分			
	操作能力	高	20	操作有误1处扣5分			
	分析能力	高	10	陈述错误1处扣2分			
	故障查找	高	10	1处未排除扣3分			

知识拓展

随着机电一体化技术的飞速发展，特别是由气动技术、液压技术、传感器技术、PLC技术、网络及通信技术等的相互渗透而形成的机电一体化技术被各领域广泛应用后，气动技术已成为当今工业科技的重要组成部分。本项目主要介绍气动系统的组成、特点、压缩空气的性质、空气压缩站的组成及各部分的作用、气源调节装置的组成和作用、空气压缩机的正确使用和保养方法。

气动技术由风动技术和液压技术演变发展而来，它作为一个独立的技术门类至今还不到50年。由于气压传动的动力传递介质是取之不尽的空气，环境污染小，工程实现容易，所以在自动化领域中它充分显示了强大的生命力和广阔的发展前景。

气动技术是气压传动与控制的简称，它是以空气为工作介质，进行能量传递或信号传递及控制的技术。

1. 气动系统的基本组成

气压传动系统主要由以下几个部分组成：

（1）能源装置：把机械能转换成流体压力能的装置，主要把空气压缩到原有体积的1/7左右而形成压缩空气，一般常见的是空气压缩机。

（2）执行装置：把流体的压力能转换成机械能的装置，主要利用压缩空气实现不同的动作，一般指气压缸和气压马达。

（3）控制调节装置：对气压系统中流体的压力、流量和流动方向进行控制和调节的装置。

（4）辅助装置：除以上3种装置以外的其他装置，如各种管接头、气管、蓄能器、过滤器、压力计等，它们起着连接、储存压力能、测量气压等辅助作用，对保证气压系统可靠、稳定、持久地工作有着重要作用。

（5）工作介质：压缩空气。

2. 气动系统的特点

自20世纪80年代以来，自动化技术得到迅速发展。自动化实现的主要方式有机械方式、电气方式、液压方式和气动方式等，这些方式都有各自的优缺点和适用范围。任何一种方式都不是万能的，在对实际生产设备、产生线自动化设计和改造时，必须对各种技术进行比较，扬长避短，选出最适合的方式或几种方式的组合，以使设备更简单、更经济，工作更可靠、更安全。综合各方面因素，气动系统之所以能得到如此迅速的发展和广泛的应用，是由于其有许多突出的优点。

（1）气动系统执行元件的速度、转矩、功率均可作无级调节，且调节简单、方便。

（2）气动系统容易实现自动化的工作循环。在气动系统中，气体的压力、流量和方向控制容易。与电气控制相配合，其可以方便地现实对复杂的自动工作过程的控制和远程控制。

（3）气动系统过载时不会发生危险，安全性高。

（4）气动元件易于实现系列化、标准化和通用化，便于设计、制造。

（5）气压传动工作的介质取之不尽，用之不竭，且不易产生污染。

（6）压缩空气没有爆炸和着火危险，因此不需要昂贵的防爆设施。

（7）压缩空气由管道输送，其过程容易，而且由于空气的黏性小，在输送时压力损失小，故可进行远距离压力输送。

气动系统的主要缺点如下：

（1）由于泄漏及气体的可压缩性，它们无法保证严格的传动比。

（2）气压传动时传递的功率较小，气动装置噪声较大，高速排气时要加消声器。

（3）由于气动元件对压缩空气的要求较高，为保证气动元件正常工作，压缩空气必须经过良好的过滤和干燥，不得含有灰尘、水分等杂质。

（4）相对于电信号而言，气动控制远距离传递信号的速度较慢，不适于需要高速传递信号的复杂回路。

7.2 气缸单向压力回路调试

图7－2所示为气缸单向压力回路。

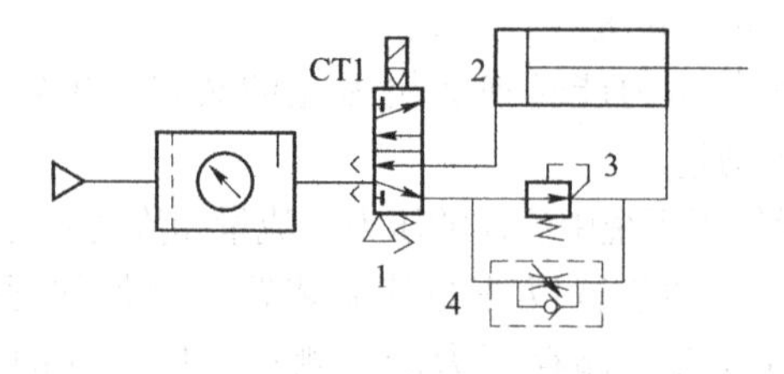

图7－2 气缸单向压力回路

1—二位五通电磁换向阀；2—液压缸；3—顺序阀；4—节流阀

7.2.1 调试操作原理

本调试操作的对象是压力控制回路。气源压力控制主要是指使空气压缩机的输出压力保持在储气罐所允许的额定压力以下。为保持稳定的性能，应提供给系统一个稳定的工作压力，该压力设定是通过三联件（F. R. L）来实现的。

油雾器、空气过滤器和调压阀组合在一起即构成气源调节装置，通常被称为气动三联件，它是气动系统中常用的气源处理装置。联合使用时，其顺序应为“过滤器—调压阀—油雾器”，不能颠倒。这是因为调压阀内部有阻尼小孔和喷嘴，这些小孔容易被杂质堵塞而造成调压阀失灵，所以进入调压阀的气体先要通空气过滤器进行过滤。而油雾器中产生的油雾为避免受到阻碍或被过滤，应安装在调压阀的后面。在采用无油润滑的回路中则不需要油雾器。

（1）油雾器。

以压缩空气为动力源的气动元件不能采用普通方法进行注油润滑，只能通过将油雾混入气流来对部件进行润滑。油雾器是气动系统中一种专用的注油装置，它以压缩空气为动力，将特定的润滑油喷射成雾状压缩于空气中，并随压缩空气进入需要润滑的部位，以达到润滑的目的。

（2）空气过滤器。

空气过滤器用于除去压缩空气中的固态杂质、水滴和油污等污染物，是保证气动设备正常运行的重要元件。按过滤器的排水方式，其可分为手动排水式和自动排水式。

项目实施

7.2.2 调试步骤

1. 操作仪器设备

气泵及三联件1套，减压阀2只，手旋阀1只，单作用气缸1只。

2. 操作步骤

（1）把所需的气动元件有布局地卡在铝型台面上，并用气管将它们连接在一起，组成回路。

（2）仔细检查后，打开气泵的放气阀，压缩空气进入三联件，调节减压阀，使压力为0.4 MPa后，气缸首先将被压回气缸的初始位置，然后按图7－3所示连接好电气线路。

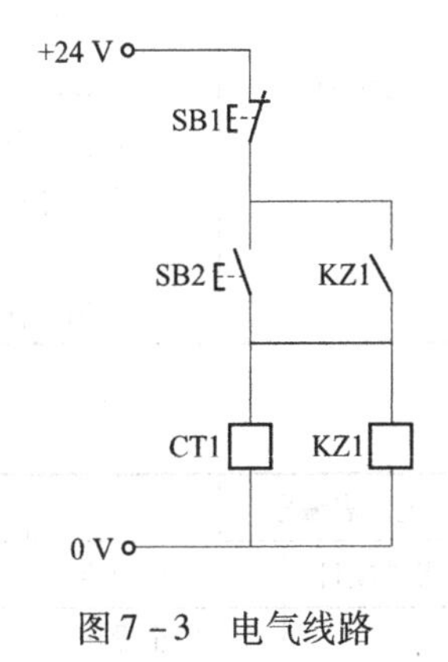

图7－3 电气线路

按下主面板上的启动按钮，然后按下SB2，CT1得电，压缩空气进入双作用气缸2的无杆腔，因为有单向节流阀存在，双作用气缸前进的速度较快；当按下SB1后，气缸退回，此时减压阀起作用，调节减压阀的调节手柄，使压差发生变化，气缸退回的速度将发生变化。

项目任务单

项目任务单见表7－3，项目考核评价表见表7－4。

表 7－3　项目任务单

项目名称	气动基本回路调试					对应学时	16
名称	气缸单向压力回路调试						4
任务描述	工作步骤如下： （1）详细解读操作步骤； （2）观察、分析装置各部分的结构； （3）叙述操作过程； （4）确定操作方案； （5）按回路图选择、连接、安装回路； （6）观察油路的情况，做好记录						
时间安排 （180 min）	下达任务 （20 min）	资讯 （20 min）	初定方案 （30 min）	讲授 （30 min）	操作过程 （40 min）	评价 （20 min）	完成项目任务单 （20 min）
提供资料	（1）校本教材； （2）机械加工手册； （3）液压手册						
对学生的要求	（1）绘制气动回路原理图； （2）叙述动作过程； （3）掌握双作用气缸换向回路的应用条件及应用场合； （4）正确选择、连接各回路； （5）能够分析、表述、记录各回路的情况； （6）利用现有的液压元件，拟定其他方案，并与之比较； （7）掌握顺序回路的工作原理，熟悉回路的连接方法						
思考问题	（1）为什么在行程控制顺序回路中要完成工况表顺序应使用 4 只行程开关？ （2）如果在该回路中要求记录缸 1 的第一顺序工作时间，应如何编排工况表？ （3）为什么操作前要检查各元件是否有气体未排出？如果气缸中有气体未排出就工作会怎样？ （4）如果不断向气缸的一个腔供气会怎样？ （5）比较气动回路和液压回路的异同。 （6）把回路中单向节流阀拆掉重新操作，气缸的活塞运动是否会平稳？冲击效果是否很明显？回路中用单向节流阀的作用是什么？ （7）三位五通双电磁换向阀是否能实现缸的定位？其主要利用了三位五通双电磁阀的什么机能？ （8）用双杆作用缸代替单杆作用缸，效果会如何？						

表 7－4　项目考核评价表

记录表编号		操作时间	40 min	姓名		总分	
考核项目	考核内容	要求	分值	评分标准		互评	自评
主要项目 （80 分）	安全操作	安全控制	10	违反安全规定扣 10 分			
	拆卸顺序	实践	10	错误 1 处扣 5 分			
	安装顺序	正确	10	有 1 处错误扣 5 分			
	工具使用	正确	10	选择错误 1 处扣 2 分			
	操作能力	高	20	操作有误 1 处扣 5 分			
	分析能力	高	10	陈述错误 1 处扣 2 分			
	故障查找	高	10	1 处未排除扣 3 分			

知识拓展

在气压系统中，压缩空气是传递动力和信号的工作介质，气压系统能否可靠地工作在很大程度上取决于系统中所用的压缩空气。因此，在研究气压系统之前，须对系统中使用的压缩空气及其性质进行必要的介绍。

1. 逻辑元件

在气动传统系统中，空压站输出的压缩空气的压力一般都高于每台气动装置所需的压力，而且压力波动较大。调压阀的作用是将较高的输入压力调整为符合设备使用要求的压力，并保持输出压力稳定。由于调压阀的输出压力必然小于输入压力，所以调压阀也常被称为减压阀。

（1）逻辑元件的种类及特点。

① 定义：气动逻辑元件是指在控制回路中能实现一定逻辑功能的元器件。它一般属于开关元件。

② 特点：逻辑元件的抗污染能力强，对气源净化的要求低，通常元件在完成动作后具有关断能力，所以耗气量小。

③ 组成：逻辑元件主要由两部分组成，一是开关部分，其功能是改变气体流动的通断；二是控制部分，其功能是当控制信号状态改变时，使开关部分完成一定的动作。

④ 种类：气动逻辑元件的种类较多，按逻辑功能可以把气动元件分为“是”门元件、“非”门元件、“或”门元件、“与”门元件、“禁”门元件和“双稳”门元件。

（2）基本逻辑元件。

在逻辑判断中最基本的是“是”门、“非”门、“或”门、“与”门，在气动逻辑控制的基本元件中，最基本的逻辑元件也就是与之相对应的具有这4种逻辑功能的阀。

①“是”门元件。

“是”的逻辑含义就是只要有控制信号输入，就有信号输出；反之亦然。在气动控制系统中就是指凡是有控制信号就有压缩空气输出；没有控制信号就没有压缩空气输出。

以常断型3/2阀来实现“是”的逻辑功能，其中，“A”表示控制信号，“Y”表示输出信号。在逻辑上用“1”和“0”表示两个对立的状态，“1”表示有信号输出，“0”表示没有信号输出。

②“非”门元件。

“非”的逻辑含义与“是”相反，就是当有控制信号输入时，没有压缩空气输出；当没有控制信号输入时，有压缩空气输出。

“非”门元件是常通型3/2阀，当有控制信号A时，阀左位介入系统，就没有信号Y输出；当没有控制信号A时，在弹簧力的作用下，阀右位接入系统，有信号输出。

③“与”门元件。

“与”门元件有两个输入控制信号和一个输出信号，它的逻辑含义是只有两个控制信号同时输入时，才有信号输出。

双压阀如图7-4所示，双压阀有两个输入口1（3）和一个输出口2，只有当两个输出口都有输入信号时，输出口才有输出，从而实现了逻辑“与”门的功能。当两个输入信号的压力不等时，则输出压力相对低的一个，因此，它还有选择压力的作用。在气动控制回路中的逻辑“与”除了可以用双压阀实现外，还可以通过输入信号的串联实现。

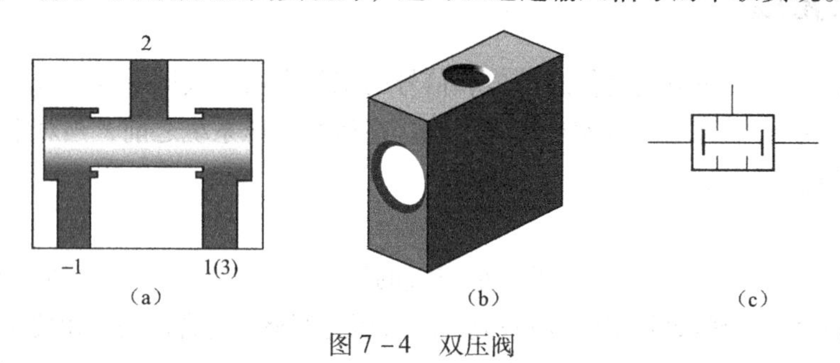

图 7－4　双压阀

④“或”门元件。

“或”门元件也有两个输入信号和一个输出信号。它的逻辑含义是只要有任何一个控制信号输入时，就有信号输出。

“或”的逻辑功能在气动控制中用梭阀来实现，当控制口 A 或 B 一端有压缩空气输入时，Y 就有压缩空气输出；A 或 B 都有压缩空气输入时，也有压缩空气输出。

2. 压缩空气的性质

（1）空气的组成。

自然界的空气是由若干种气体混合而成的，表 7－5 列出了地表附近空气的组成。在城市和工厂区，烟雾及汽车尾气使得大气中还含有二氧化硫、亚硝酸、碳氢化合物等。空气里常含有少量水蒸气，含有水蒸气的空气称为湿空气，而完全不含水蒸气的空气称为干空气。

表 7－5　地表附近空气的组成

成分	氮（N_2）	氧（O_2）	氩（Ar）	二氧化碳（CO_2）	氢（H_2）	其他气体
体积分数/%	78.03	20.95	0.93	0.03	0.01	0.05

（2）密度。

单位体积内所含气体的质量称为密度，用 ρ 表示，单位为 kg/m^3。

$$\rho = m/V$$

式中，m 为空气的质量，单位为 kg；V 为空气的体积，单位为 m^3。

（3）黏性。

黏性是由于分子之间存在内聚力，在分子间相对运动时会产生内摩擦力，从而阻碍其运动的性质，用字母 v 表示。与液体相比，气体的黏性要小得多，空气的黏性主要受温度变化的影响，且随温度的升高而增大。空气的运动黏性与温度的关系见表 7－6。

表 7－6　空气的运动黏性与温度的关系（压力为 0.1 MPa）

T/℃	0	5	10	20	30	40	60	80	100
ν/（$\times 10^{-4}\ m^2 \cdot s^{-1}$）	0.133	0.142	0.147	0.157	0.166	0.176	0.195	0.21	0.238

（4）湿空气。

空气中的水蒸气在一定条件下会凝结成水滴，水滴不仅会腐蚀元件，而且会给系统的工作稳定性带来不良影响，因此不仅各种气动元器件对空气的含水量有明确规定，而且还常需要采取一些措施防止水分进入系统。

湿空气中所含水蒸气的程度用湿度和含湿量来表示，而湿度的表示方法有绝对湿度和相对湿度之分。

3. 压缩空气的污染

当压缩空气中的水分、油污、灰尘等杂质不经处理直接进入管路系统时，会为系统带来不良后果，所以气压传动系统中所使用的压缩空气必须经过干燥和净化处理。压缩空气中杂质的来源主要有以下几个方面：

（1）系统外部通过空气压缩机等设备吸入的杂质。即使在停机时，外界的杂质也会从阀的排气口进入系统内部。

（2）系统运行内部产生的杂质。例如：湿空气被压缩、冷却就会出现冷凝水；压缩机油在高温下会变质，生成油泥；管道内部产生的锈屑；相对运动件磨损而产生的金属粉末和橡胶细末；密封和过滤材料的细末等。

（3）系统安装和维修时产生的杂质，如安装、维修时未被清除掉的铁屑、毛刺、纱头、焊接氧化皮、铸砂和密封材料碎片等。

4. 空气的质量等级

随着机电一体化程度的不断提高，气动元件日趋精密。气动元件本身的低功率、小型化、集成化以及微电子、食品、制药等行业对作业环境的严格要求和污染控制，都对压缩空气的质量和净化提出了更高的要求。不同的气动设备对空气质量的要求不同。空气质量低劣会使气动设备频繁发生事故，缩短其使用寿命，但若对空气质量提出过高要求，则又会增加压缩空气的成本。

5. 空压机

对于一般的空压站，除空气压缩机（简称“空压机”）外，还必须设置过滤器、后冷却器、油水分离器和储气罐等装置。如图7－5和图7－6所示，空压站的布局根据对压缩空气的不同要求，可以有多种不同的形式。

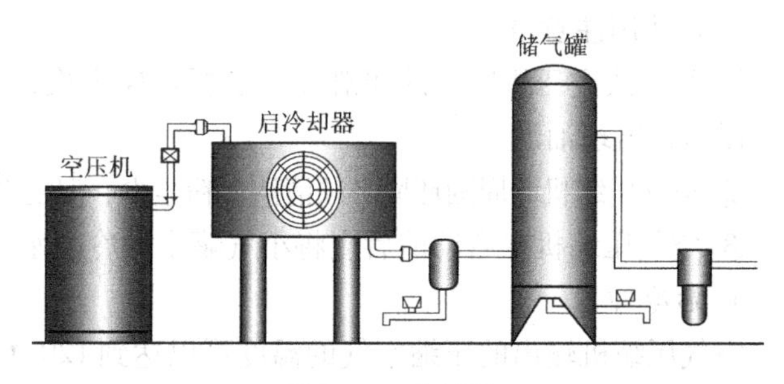

图7－5 空压站1

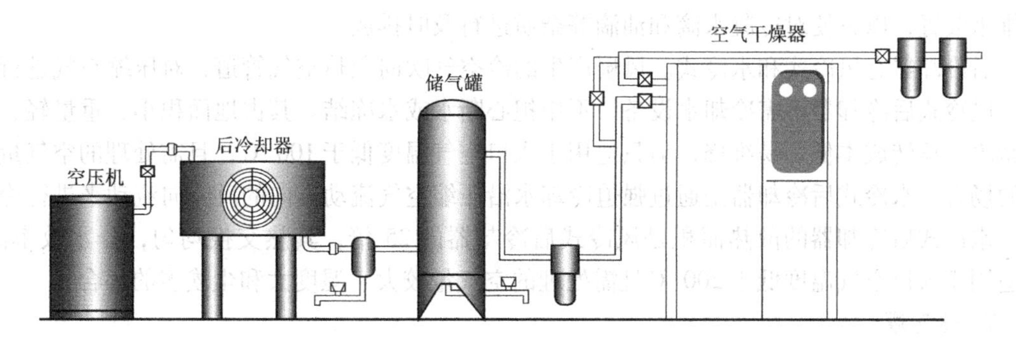

图7－6 空压站2

空气压缩机是空气站的核心装置，它的作用是将电动机输出的机械能转换成压缩空气的压力能供给气动系统使用。

(1) 分类。

按压力大小不同，空气压缩机可分为低压型（0.2～1.0 MPa）、中压型（1.0～10 MPa）和高压型（>10 MPa）。

按工作原理不同，空气压缩机则可分成容积型和速度型。容积型空压机的工作原理是将一定量的连续气流限制在封闭的空间里，通过缩小气体的容积来提高气体的压力。

按结构不同，容积式空压机又可分为往复式（活塞式、膜片式等）和旋转式（滑片式、螺杆式等）。

速度型空压机是通过提高气体的流速，并使其突然受阻而停滞，将其动能转化成压力能来提高气体的压力的。速度空压机主要有离心式、轴流式、混流式等几种。

(2) 工作原理。

目前，使用最广泛的是活塞式空气压缩机。单级活塞式空压机通常用于需要0.3～0.7 MPa压力的场合。若压力超过0.6 MPa，其各项性能指标将急剧下降，故往往采用分级压缩以提高输出压力。为了提高效率，降低空气温度，还需要进行中间冷却。以采用二级压缩的活塞式空压机为例，通过曲柄滑块机构带动活塞做往复运动，使气容的大小发生周期性变化，从而实现对空气的吸入压缩和排放。

(3) 选用。

考虑到沿程压力损失，气源压力应比气动系统中工作装置所需的最高压力再增大20%左右。至于气动系统中工作压力较低的工作装置，则采用减压供气。空气压缩机的输出流量以整个气动系统所需的最大理论耗气量为依据，再考虑泄漏等影响而加上一定的余量。

(4) 使用注意事项。

① 往复式空压机所用的润滑油一定要定期更换，应使用不易氧化和不易变质的压缩机油，以防止出现油泥。

② 空气压缩机的周围环境必须清洁、粉尘少、温度低、通风好，以保证吸入空气的质量。

③ 空气压缩机在启动前后应将小气罐中的冷凝水排放掉，并定期检查过滤器。

6. 后冷却器

空气压缩机输出的压缩空气的温度可以达到120 ℃，空气中的水分完全呈气态。后冷却器的作用就是将空气压缩机出口的高温空气冷却至40 ℃以下，将其中大部分水蒸气与变质油雾冷凝成液态水滴和油滴，并从空气中分离出来，所以后冷却器底部一般安装有手动或自动排水装置，以方便对冷凝水滴和油滴等杂质进行及时排放。

后冷却器有风冷式和水冷式。风扇产生的冷空气吹向散热空气管道，对压缩空气进行冷却。风冷式后冷却器不需冷却水设备，不用担心断水或水冻结。其占地面积小、重量轻、结构紧凑、运转成本低、易维修，但只适用于入口空气温度低于100 ℃，且需处理的空气量较少的场合。水冷式后冷却器是通过强迫冷却水沿压缩空气流动方向的反方向流动来进行冷却的。水冷式后冷却器的散热面积是风冷式后冷却器的25倍，其热交换均匀，分水效率高，故适用于入口空气温度低于200 ℃且需处理的空气量较大、湿度大和尘埃多的场合。

7. 储气罐

储气罐主要有以下作用：

（1）用来储存一定量的压缩空气，一方面可解决短时间内用气量大于空气压缩机输出气量的矛盾；另一面可在空气压缩机出现故障或停电时，作为应急气源维持短时间供气，以便采取措施保证气动设备的安全。

（2）减小空气压缩机输出气压的脉动，稳定系统气压。

（3）进一步降低压缩空气的温度，分离压缩空气中的部分水分和油分。

储气罐的容积是根据其主要使用目的，即其是用来消除压力脉动还是储存压缩空气、调节用量来进行选择的。应当注意的是由于压缩空气具有很强的可膨胀性，所以在储气罐上必须设置安全阀（溢流阀）来保证安全。储气罐底部还应装有排污阀，以对罐中的污水进行定期排放。

8. 空气干燥器

空气干燥器是吸收和排除压缩空气中的水分、部分油分与杂质，使湿空气成为干空气的装置。压缩空气的干燥方法有准冻法、吸附法、吸收法和高分子隔膜干燥法。

压缩空气经后冷却器、油水分离器、储气罐、主管路过滤器和空气过滤器得到初净化后，仍含有一定量的水蒸气。气压传动系统对压缩空气中的含水量要求非常高，如果过多的水分经压缩空气被带到各零部件上，则气动系统的使用寿命会明显缩短。

（1）冷冻式干燥器。

冷冻式干燥器是利用冷冻对空气进行干燥处理的。冷冻干燥法是通过将湿空气冷却到其露点温度以下，使空气中的水蒸气凝结成水滴并被排除出去来实现空气干燥的。经过干燥处理的空气需再加热至环境温度后才能输送出供系统使用。其工作原理如图7－7所示。

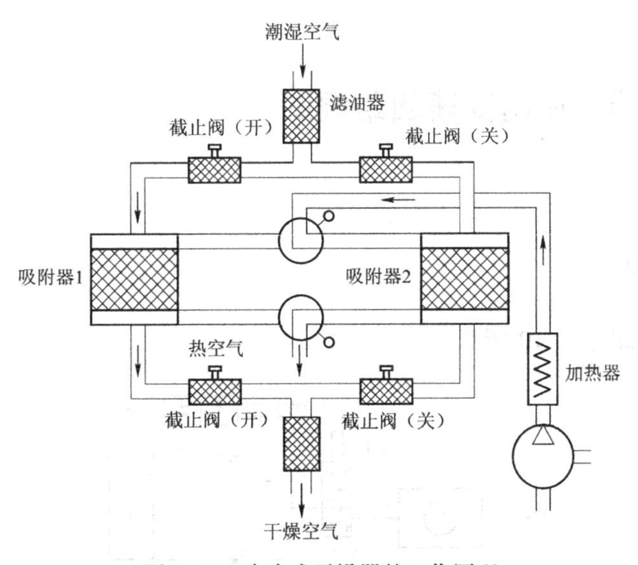

图7－7　冷冻式干燥器的工作原理

（2）吸附式干燥器。

吸附干燥法是利用具有吸附性能的吸附剂（如硅胶、活性氧化铝、分子筛等）吸附空气水分的一种干燥方法。吸附剂吸附了空气中的水分后将达到饱和状态而失效。为了能够连续工作，就必须使吸附剂中的水分再被排除掉，使吸附剂恢复到干燥状态，这称为吸附剂的再生。目前吸附剂的再生方法有两种，即加热再生和无热再生。

（3）吸收式干燥器。

吸收干燥法是利用不可再生的化学干燥剂来获得干燥压缩空气的方法。其工作原理如图 7－8 所示。

（4）高分子隔膜式干燥器。

高分子隔膜干燥法是利用特殊的高分子中空隔膜只有水蒸气可以通过，氧气和氮气不能透过的特性来进行空气干燥的。其工作原理如图 7－9 所示。

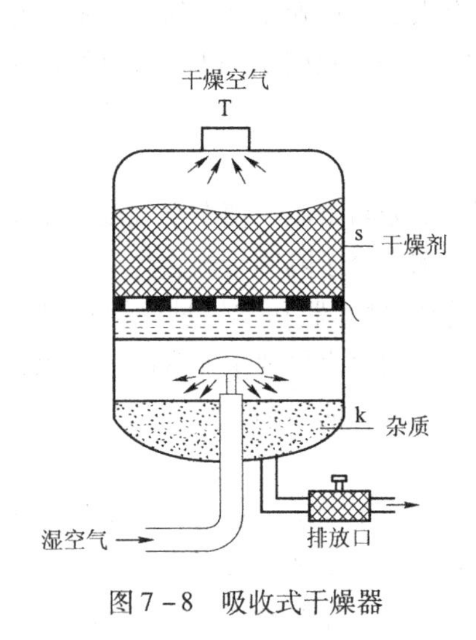

图 7－8　吸收式干燥器

图 7－9　高分子隔膜式干燥器

7.3　中间变速回路调试

中间变速回路如图 7－10 所示。

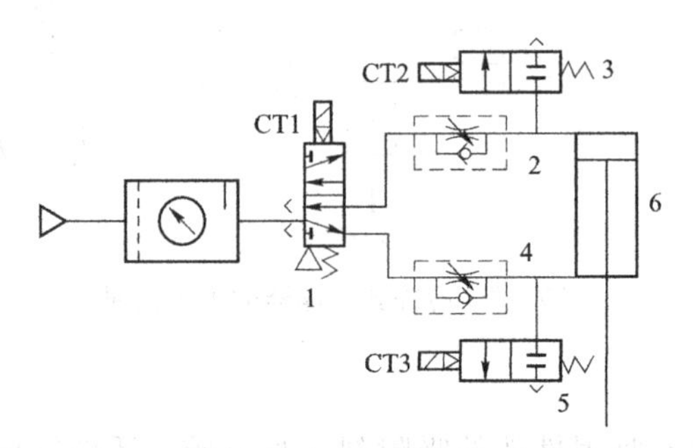

图 7－10　中间变速回路

1—二位五通电磁换向阀；2、4—节流阀；3、5—二位二通电磁换向阀；6—液压缸

相关知识

7.3.1　调试操作原理

本调试操作的对象是流量控制回路，利用流量控制阀，这里用节流阀来控制回路的速度。

7.3.2　调试步骤

1. 操作仪器设备

（1）气动 PLC 控制操作系统。

（2）气动及电气元件箱。

（3）气管及剪刀。

2. 操作步骤

（1）根据回路图，选择所需的气动元件，把它们有布局地卡在铝型材上，再用气管将它们连接在一起，组成回路。

（2）仔细检查后，打开气泵的放气阀，压缩空气进入三联件，调节减压阀，使压力为 0.4 MPa 后，压缩空气首先经单电控二位五通阀 1、单向节流阀 4，将双作用气缸压回初始位置。

（3）如图 7－11 所示，完成电气线路的连接。

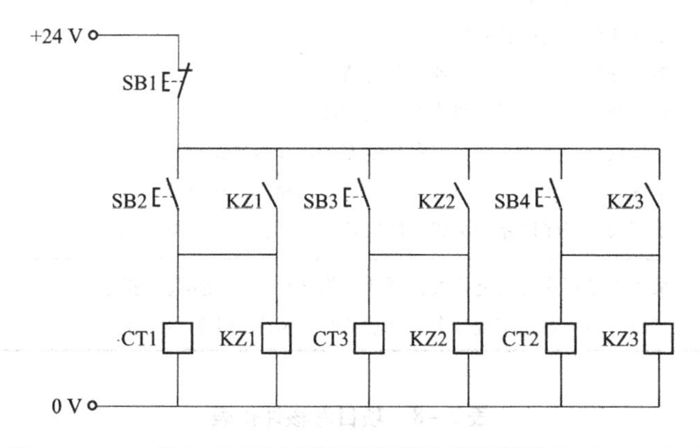

图 7－11　中间变速回路的电气线路

（4）仔细检查后，按下主面板上的启动按钮，按下 SB2 后，CT1 得电，气缸前进，调节单向节流阀 4，气缸前进速度可变，因为有节流阀的阻碍作用，气缸前进的速度比较慢，此为慢速前进；当按下 SB3 后，CT3 得电，压缩空气经二位二通阀 5 到大气，把节流阀 4 短路，因为没有阻碍，气缸快速前进，此为快进。

（5）按下 SB1，CT1、CT3 失电，电磁阀复位，气缸退回，此时单向节流阀 2 开始工作，调节阀 2，气缸退回的速度可调；按下 SB4，CT2 得电，压缩空气经二位二通阀 3 到大气，把单向节流阀 2 短路，气缸快速退回；按下 SB1，CT2 复位。

项目任务单

项目任务单见表7-7，项目考核评价表见表7-8。

表7-7 项目任务单

项目名称	气动基本回路调试						对应学时	16
名称	双缸顺序动作回路操作							4
任务描述	工作步骤如下： (1) 详细解读操作步骤； (2) 观察、分析装置各部分的结构； (3) 叙述操作过程； (4) 确定操作方案； (5) 按回路图选择、连接、安装回路； (6) 观察油路的情况，做好记录							
时间安排 (180 min)	下达任务 (20 min)	资讯 (20 min)	初定方案 (30 min)	讲授 (30 min)	操作过程 (40 min)	评价 (20 min)	完成项目任务单 (20 min)	
提供资料	(1) 校本教材； (2) 机械加工手册； (3) 液压手册							
对学生的要求	(1) 掌握元件的性能； (2) 正确选择、连接各回路； (3) 能够分析、表述、记录各回路的情况； (4) 通过亲自拼装，了解回路的组成和性能； (5) 利用现有的液压元件，拟定其他方案，并与之比较； (6) 掌握顺序回路的工作原理，熟悉液压回路的连接方法； (7) 了解液压顺序回路的组成、性能特点及其在工业中的运用							
思考问题	(1) 采用机械阀代替接近开关，系统会怎样动作？回路怎样搭建？ (2) 用压力继电器能实现这个顺序动作吗？从理论上验证一下							

表7-8 项目考核评价表

记录表编号		操作时间	40 min	姓名		总分	
考核项目	考核内容	要求	分值	评分标准		互评	自评
主要项目 (80分)	安全操作	安全控制	10	违反安全规定扣10分			
	拆卸的顺序	实践	10	错误1处扣5分			
	安装顺序	正确	10	有1处错误扣5分			
	工具使用	正确	10	选择错误1处扣2分			
	操作能力	高	20	操作有误1处扣5分			
	分析能力	高	10	陈述错误1处扣2分			
	故障查找	高	10	1处未排除扣3分			

7.4 手动自动选用回路调试

项目引入

图7-12所示为手动自动选用回路。

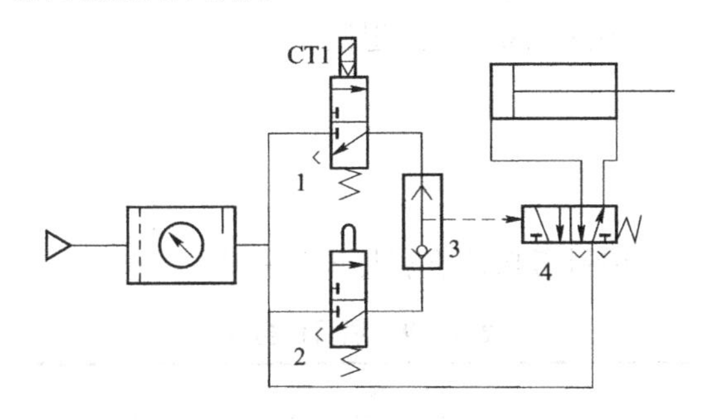

图7-12 手动自动选用回路

1—二位三通阀；2—手动阀；3—梭阀；4—二位五通阀

相关知识

7.4.1 调试操作原理

二次压力控制回路保证气动系统的气体压力为一稳定值。经过一次压力的控制压缩气体再经过空气过滤器、减压阀和油雾器就是二次压力控制。要注意供给逻辑元件的压缩空气不要加入润滑油。

项目实施

7.4.2 调试步骤

1. 操作仪器设备

(1) 气动PLC控制操作系统。

(2) 气动及电气元件箱。

(3) 气管及剪刀。

2. 操作步骤

(1) 根据图7-12，选择所需的气动元件，将它们有布局地卡在铝型材上，再用气管将

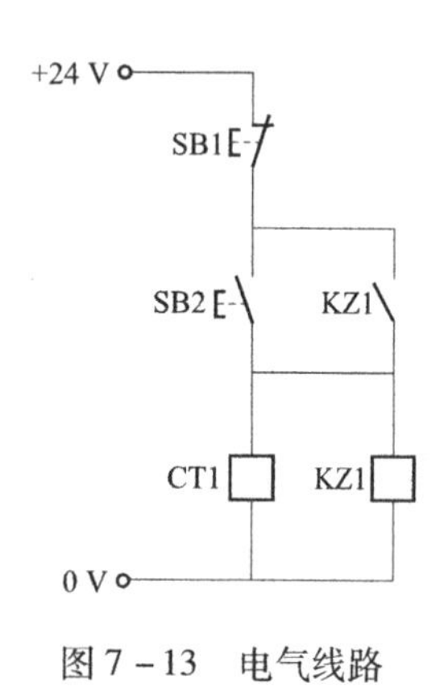

图 7-13　电气线路

它们连接在一起，组成回路。

（2）仔细检查后，打开气泵的放气阀，压缩空气进入三联件，调节减压阀，使压力为 0.4 MPa 后，气缸首先被压回初始位置，然后按图 7-13 所示连接好电气线路。

按下主面板上的启动按钮，当需要自动控制时，就按下 SB2，CT1 得电，压缩空气便通过单电控二位三通阀 1，顶开梭阀 3，进入单气控二位五通阀 4 的气控端，阀 4 换位，气缸前进；按下 SB1，气缸退回。当需要手动控制时，通过手旋手动阀 2，压缩空气通过手动阀到达阀 4 的气控端，阀 4 换位，气缸前进，复位手动阀，气缸退回。

项目任务单

项目任务单见表 7-9，项目考核评价表见表 7-10。

表 7-9　项目任务单

项目名称	气压基本回路调试					对应学时	16
名称	手动自动选用回路调试						4
任务描述	工作步骤如下： （1）详细解读操作步骤； （2）观察、分析装置各部分的结构； （3）叙述操作过程； （4）确定操作方案； （5）按回路图选择、连接、安装回路； （6）观察油路的情况，做好记录						
时间安排（180 min）	下达任务（20 min）	资讯（20 min）	初定方案（30 min）	讲授（30 min）	操作过程（40 min）	评价（20 min）	完成项目任务单（20 min）
提供资料	（1）校本教材； （2）机械加工手册； （3）液压手册						
对学生的要求	（1）掌握元件的性能； （2）正确选择、连接各回路； （3）能够分析、表述、记录各回路的情况； （4）通过亲自拼装，了解回路的组成和性能； （5）利用现有的液压元件，拟定其他方案，并与之比较； （6）掌握顺序回路的工作原理，熟悉液压回路的连接方法； （7）了解液压顺序回路的组成、性能特点及其在工业中的运用						
思考问题	（1）如果要实现三级互锁，应该怎么做？ （2）梭阀与快速排气阀有什么区别？						

表7-10　项目考核评价表

记录表编号		操作时间	40 min	姓名		总分	
考核项目	考核内容	要求	分值	评分标准	互评	自评	
主要项目（80分）	安全操作	安全控制	10	违反安全规定扣10分			
	拆卸顺序	实践	10	错误1处扣5分			
	安装顺序	正确	10	有1处错误扣5分			
	工具使用	正确	10	选择错误1处扣2分			
	操作能力	高	20	操作有误1处扣5分			
	分析能力	高	10	陈述错误1处扣2分			
	故障查找	高	10	1处未排除扣3分			

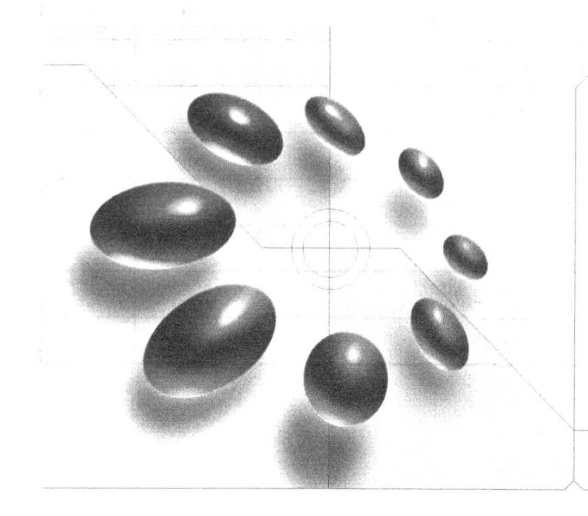

项目8　典型气动程序控制回路的设计与调试

项目目标

（1）了解和掌握基本气动控制系统的构成及各组成部分的原理。

（2）了解常用气动控制元件的结构及性能，掌握单向节流阀的结构及工作原理，掌握气源装置及气动三联件的工作原理和主要作用。

教学目标

（1）使学生学习与掌握电控回路的设计和搭接方法，学习与掌握电控阀和气控阀的原理及PLC控制在系统中的应用方法。

（2）培养学生设计、安装、连接和调试气动回路的实践能力。

8.1　电车、汽车自动开门装置回路调试

项目引入

图8－1所示为电车、汽车的自动开门装置回路。

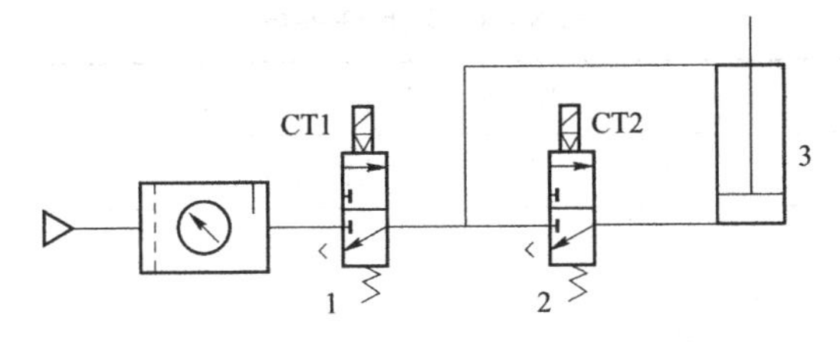

图8-1　电车、汽车的自动开门装置回路

1、2—二位三通电磁换向阀；3—液压缸

项目实施

调试步骤如下。

1. 操作仪器设备

THPYQ 型气动实训台。

2. 操作步骤

（1）根据回路图，选择所需的气动元件，将它们有布局地卡在铝型台面上，再用气管将它们连接在一起，组成回路。

（2）如图8-2所示，把电气连线接好。

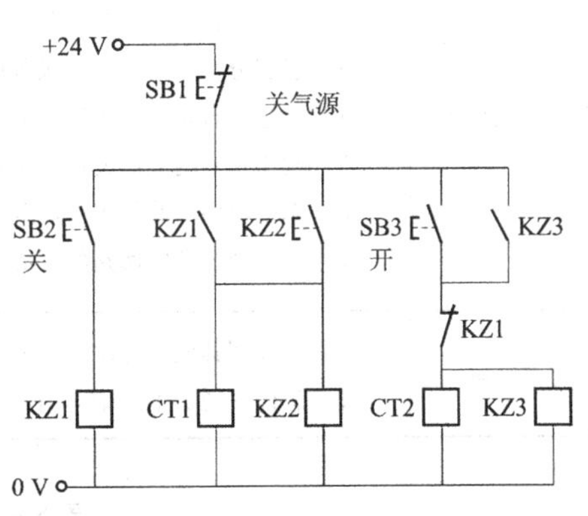

图8-2　电车、汽车的自动开门电气连线图

（3）仔细检查后，按下启动按钮，打开气泵的放气阀，压缩空气进入三联件，调节减压阀，使压力为0.4 MPa后，按下SB2，CT1、KZ2、KZ1得电，同时相应的触点也动作，电磁阀1动作，气缸首先退回（关门）；当按下SB3后，CT2、KZ3得电，系统变成差动前进（开门）；当再次按下SB2后，KZ2的常闭触点断开，SB3回路断电，CT2复位，气缸退回（关门）。这样就可周而复始地开关门。当按下SB1后，气源关。

（4）当气缸3退回时，关门；当气缸3前进时，开门。

（5）电磁铁的动作顺序如下：

$CT1^-$气源关；

$CT1^+CT2^-$关门；

$CT1^+CT2^+$开门。

项目任务单

项目任务单见表8-1，项目考核评价表见表8-2。

表8-1 项目任务单

项目名称	典型气动程序控制回路的设计与调试					对应学时	7
名称	电车、汽车自动开门装置回路调试						2
任务描述	工作步骤如下： （1）详细解读操作步骤； （2）观察、分析装置各部分的结构； （3）叙述操作过程； （4）确定操作方案； （5）按回路图选择、连接、安装、调试回路						
时间安排 （90 min）	下达任务 （10 min）	资讯 （10 min）	初定方案 （15 min）	讲授 （15 min）	操作过程 （20 min）	评价 （10 min）	完成项目任务单 （10 min）
提供资料	（1）校本教材； （2）机械加工手册； （3）气压手册						
对学生的要求	（1）掌握元件的性能； （2）正确选择、连接各回路； （3）能够分析、表述、记录各回路的情况； （4）通过亲自拼装，了解回路的组成和性能； （5）利用现有的液压元件，拟定其他方案，并与之比较； （6）掌握顺序回路的工作原理，熟悉液压回路的连接方法； （7）了解液压顺序回路的组成、性能特点及其在工业中的运用						
思考问题	（1）怎样用其他的方法实现速度的换接？ （2）怎样在现实生产中运用速度换接回路						

表8-2 项目考核评价表

记录表编号		操作时间	20 min	姓名		总分	
考核项目	考核内容	要求	分值	评分标准		互评	自评
主要项目 （80分）	安全操作	安全控制	10	违反安全规定扣10分			
	拆卸顺序	实践	10	错误1处扣5分			
	安装顺序	正确	10	有1处错误扣5分			
	工具使用	正确	10	选择错误1处扣2分			
	操作能力	高	20	操作有误1处扣5分			
	分析能力	高	10	陈述错误1处扣2分			
	故障查找	高	10	1处未排除扣3分			

8.2　鼓风炉加料装置回路调试

项目引入

图8－3所示为鼓风炉加料装置回路。

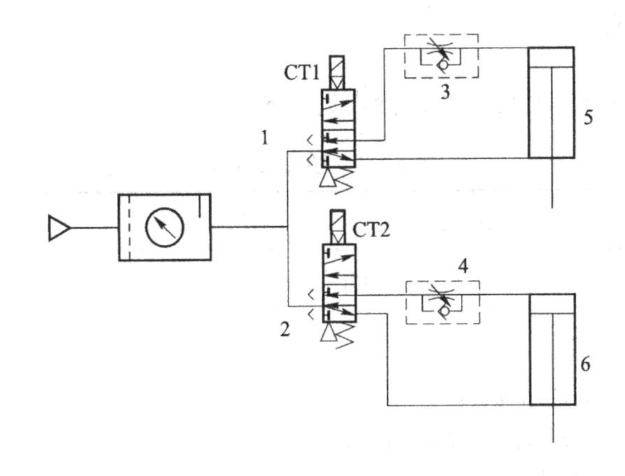

图8－3　鼓风炉加料装置回路

1、2—二位五通电磁换向阀；3、4—节流阀；5、6—液压缸

项目实施

调试步骤如下。

1. 操作仪器设备

THPYQ型气动实训台。

2. 操作步骤

（1）根据回路图，选择所需的气动元件，将它们有布局地卡在铝型台面上，再用气管将它们连接在一起，组成回路。

（2）如图8－4所示，把电气连线接好。

（3）仔细检查后，按下主面板上的启动按钮，打开气泵的放气阀，压缩空气进入三联件，调节减压阀，使压力为0.4 MPa后，按下SB2，CT1、KZ1得电，同时相应的触点也动作，气缸5前进（模拟上加料门打开）；当按下SB4后，气

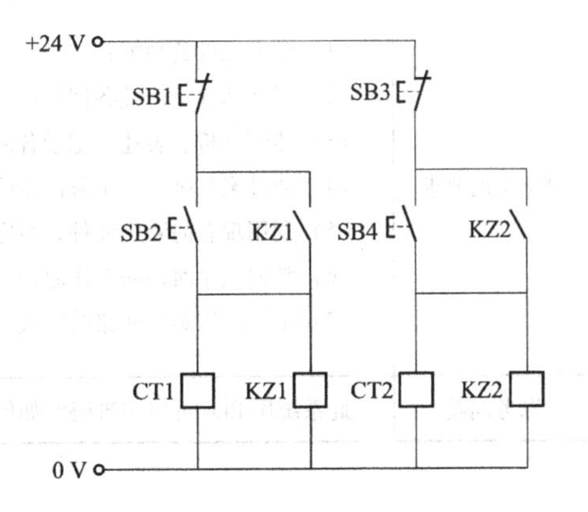

图8－4　鼓风炉加料装置的电气图

缸 6 前进（模拟下加料门打开）。当需要关闭任何一个加料门时，只需相应地按下 SB1 或 SB3 即可。

（4）电磁铁的动作顺序如下：

CT1^{-} CT2^{-}缸 5、6 退回到底，上下门关；

CT1^{+}缸 5 开门；

CT1^{-}缸 5 关门；

CT2^{+}缸 6 开门；

CT2^{-}缸 6 关门。

项目任务单

项目任务单见表 8－3，项目考核评价表见表 8－4。

表 8－3　项目任务单

<table>
<tr><td>项目名称</td><td colspan="5">典型气动程序控制回路的设计与调试</td><td rowspan="2">对应学时</td><td>7</td></tr>
<tr><td>名称</td><td colspan="5">鼓风炉加料装置回路调试</td><td>1</td></tr>
<tr><td>任务描述</td><td colspan="7">工作步骤如下：
（1）详细解读操作步骤；
（2）观察、分析装置各部分的结构；
（3）叙述操作过程；
（4）确定操作方案；
（5）按回路图选择、连接、安装、调试回路</td></tr>
<tr><td>时间安排
（90 min）</td><td>下达任务
（10 min）</td><td>资讯
（10 min）</td><td>初定方案
（15 min）</td><td>讲授
（15 min）</td><td>操作过程
（20 min）</td><td>评价
（10 min）</td><td>完成项目任务单
（10 min）</td></tr>
<tr><td>提供资料</td><td colspan="7">（1）校本教材；
（2）机械加工手册；
（3）气压手册</td></tr>
<tr><td>对学生的要求</td><td colspan="7">（1）掌握元件的性能；
（2）正确选择、连接各回路；
（3）能够分析、表述、记录各回路的情况；
（4）通过亲自拼装，了解回路的组成和性能；
（5）利用现有的液压元件，拟定其他方案，并与之比较；
（6）掌握顺序回路的工作原理，熟悉液压回路的连接方法；
（7）了解液压顺序回路的组成、性能特点及其在工业中的运用</td></tr>
<tr><td>思考问题</td><td colspan="7">此系统用 PLC 可以实现吗？如何编程</td></tr>
</table>

表 8-4　项目考核评价表

<table>
<tr><td>记录表编号</td><td colspan="2"></td><td>操作时间</td><td>20 min</td><td>姓名</td><td></td><td>总分</td><td></td></tr>
<tr><td>考核项目</td><td>考核内容</td><td colspan="2">要求</td><td>分值</td><td colspan="2">评分标准</td><td>互评</td><td>自评</td></tr>
<tr><td rowspan="7">主要项目
(80 分)</td><td>安全操作</td><td colspan="2">安全控制</td><td>10</td><td colspan="2">违反安全规定扣 10 分</td><td></td><td></td></tr>
<tr><td>拆卸顺序</td><td colspan="2">实践</td><td>10</td><td colspan="2">错误 1 处扣 5 分</td><td></td><td></td></tr>
<tr><td>安装顺序</td><td colspan="2">正确</td><td>10</td><td colspan="2">有 1 处错误扣 5 分</td><td></td><td></td></tr>
<tr><td>工具使用</td><td colspan="2">正确</td><td>10</td><td colspan="2">选择错误 1 处扣 2 分</td><td></td><td></td></tr>
<tr><td>操作能力</td><td colspan="2">高</td><td>20</td><td colspan="2">操作有误 1 处扣 5 分</td><td></td><td></td></tr>
<tr><td>分析能力</td><td colspan="2">高</td><td>10</td><td colspan="2">陈述错误 1 处扣 2 分</td><td></td><td></td></tr>
<tr><td>故障查找</td><td colspan="2">高</td><td>10</td><td colspan="2">1 处未排除扣 3 分</td><td></td><td></td></tr>
</table>

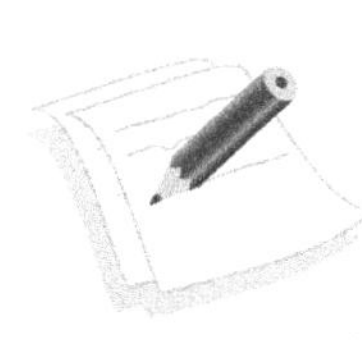

8.3　模拟钻床上钻孔动作回路调试

项目引入

图 8-5 所示为模拟钻床上钻孔动作回路。

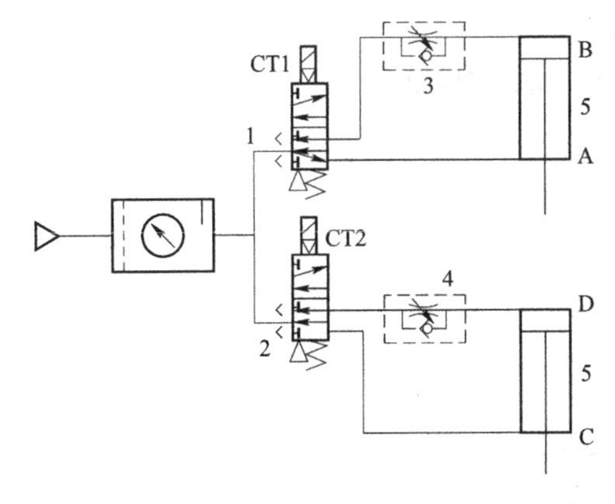

图 8-5　模拟钻床上钻孔动作回路

1、2—二位五通电磁换向阀；3、4—节流阀；5、6—液压缸

项目实施

调试步骤如下。

1. 操作仪器设备

THPYQ 型气动实训台。

2. 操作步骤

(1) 如图 8 -6 所示，对 PLC 外部接线。

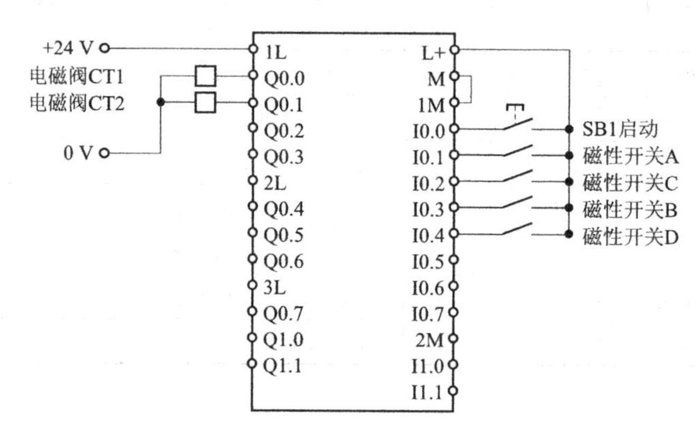

图 8 -6　模拟钻床上占孔动作回路的 PLC 外部接线

(注意：将磁性开关上的两个插头串在直流继电器上，PLC 上的 ABCD 是直流继电器上的触点，如图 8 -7 所示，PLC 接线都是如此。)

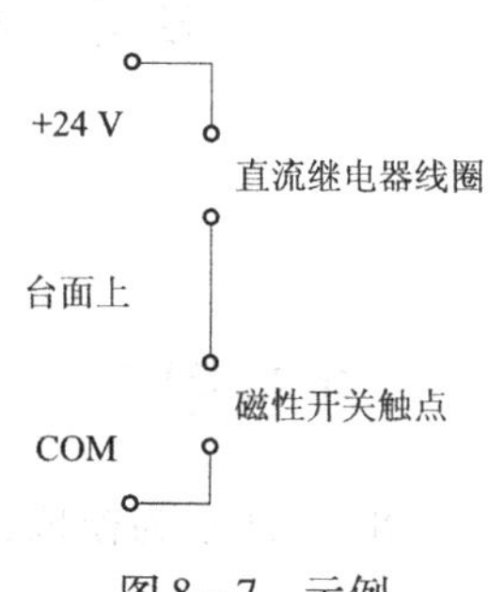

图 8 -7　示例

(2) 根据系统回路图，把所需的气动元件有布局地卡在铝型台面上，再用气管将它们连接在一起，组成回路。

(3) 待老师检查后，按下主面板上的启动按钮，用下载电缆把计算机和 PLC 连接在一起，将 PLC 状态开关拨向“STOP”端，然后开启 PLC 电源开关。

(4) 把以下程序下载到 PLC 主机里：

```
LD    SM0.1
FILL  0, MW0, 2
FILL  0, QW0, 1
FILL  0, IW0, 1

LD    启动按钮：I0.0
O     电磁阀 CT1：Q0.0
AN    CT1 断电：M0.1
=     电磁阀 CT1：Q0.0

LD    磁性开关 A：I0.1
O     电磁阀 CT2：Q0.1
AN    CT2 断电：M0.0
=     电磁阀 CT2：Q0.1

LD    磁性开关 C：I0.2
O     CT2 断电：M0.0
```

```
AN    磁性开关B: I0.3
 =    CT2断电: M0.0

LD    磁性开关D: I0.4
A     CT2断电: M0.0
O     CT1断电: M0.1
AN    磁性开关B: I0.3
 =    CT1断电: M0.1
```

(5) 待老师检查后，按下主面板上的启动按钮，打开气泵的放气阀，压缩空气进入三联件，调节减压阀，使压力为0.4 MPa后，按下SB1，气缸5前进，夹紧，到头后，磁性开关A发出信号，缸6前进，占孔，到头后，磁性开关C发出信号，缸6退回，点头退回，到头后，磁性开关D发出信号，缸5退回，松开工件，并等待下一个工件的加工。

(6) 动作过程如下：

工件夹紧后，钻头下钻，钻好后，钻头退回，松开工件。

电磁铁的动作如下：

$CT1^+$ 工件夹紧：当磁性开关A发出信号后；

$CT2^+$ 钻头下钻：当磁性开关C发出信号后；

$CT2^-$ 钻头退回：当磁性开头D发出信号后；

$CT1^-$ 松开工件：等待下一个工件的加工。

项目任务单

项目任务单见表8-5，项目考核评价表见表8-6。

表8-5 项目任务单

项目名称	典型气动程序控制回路的设计与调试					对应学时	7
名称	模拟钻床上钻孔动作回路调试						2
任务描述	工作步骤如下： (1) 详细解读操作步骤； (2) 观察、分析装置各部分的结构； (3) 叙述操作过程； (4) 确定操作方案； (5) 按回路图选择、连接、安装、调试回路						
时间安排 (90 min)	下达任务 (10 min)	资讯 (10 min)	初定方案 (15 min)	讲授 (15 min)	操作过程 (20 min)	评价 (10 min)	完成项目任务单 (10 min)
提供资料	(1) 校本教材； (2) 机械加工手册； (3) 气压手册						

续表

时间安排（90 min）	下达任务（10 min）	资讯（10 min）	初定方案（15 min）	讲授（15 min）	操作过程（20 min）	评价（10 min）	完成项目任务单（10 min）
对学生的要求	（1）掌握元件的性能； （2）正确选择、连接各回路； （3）能够分析、表述、记录各回路的情况； （4）通过亲自拼装，了解回路的组成和性能； （5）利用现有的液压元件，拟定其他方案，并与之比较； （6）掌握顺序回路的工作原理，熟悉液压回路的连接方法； （7）了解液压顺序回路的组成、性能特点及其在工业中的运用						
思考问题	此系统用 PLC 可以实现吗？如何编程						

表 8-6　项目考核评价表

记录表编号		操作时间	20 min	姓名		总分	
考核项目	考核内容	要求	分值	评分标准		互评	自评
主要项目（80 分）	安全操作	安全控制	10	违反安全规定扣 10 分			
	拆卸顺序	实践	10	错误 1 处扣 5 分			
	安装顺序	正确	10	有 1 处错误扣 5 分			
	工具使用	正确	10	选择错误 1 处扣 2 分			
	操作能力	高	20	操作有误 1 处扣 5 分			
	分析能力	高	10	陈述错误 1 处扣 2 分			
	故障查找	高	10	1 处未排除扣 3 分			

8.4　靠椅试验机回路调试

项目引入

靠椅试验的方法是用气缸通过加载垫，以规定的力对座面和椅背的规定加载位施力加载，对静荷试验加力 10 次，每次 10 秒，对于联合耐久性试验要反复加载到规定次数，加载速率为每分钟不超过 40 次，联合试验时，座面加载气缸压下，椅背加载 1 次，退回，座面加载缸退回，此为一个循环。

图 8-8 所示为靠椅试验机回路。

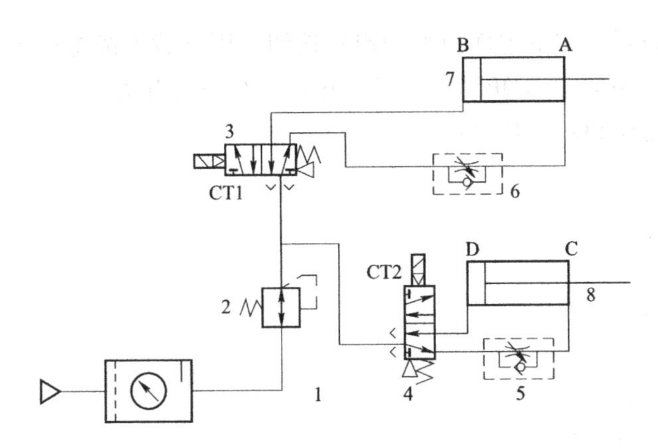

图 8－8　靠椅试验机回路

1—三联件；2—减压阀；3、4—二位五通电磁换向阀；5、6—节流阀；7、8—液压缸

项目实施

调试步骤如下。

1. 操作仪器设备

气泵、三联件、减压阀、电磁换向阀、PLC 等。

2. 操作步骤

（1）按国标 GB 10357. 3—1989 的规定，家具椅座、靠背耐久性及静荷试验包括：

① 座面静荷试验；

② 椅背静荷试验；

③ 座面椅背联合耐久性试验。

如需进行座面静荷试验，座面上 75 kg 的砝码应改为一个加载气缸，调整压力，使 $F=p\pi D^2/4$ 为 75 kg，同样加载靠背的气缸 $F=p\pi D^2/4$。

（2）PLC 的外部接线如图 8－9 所示。

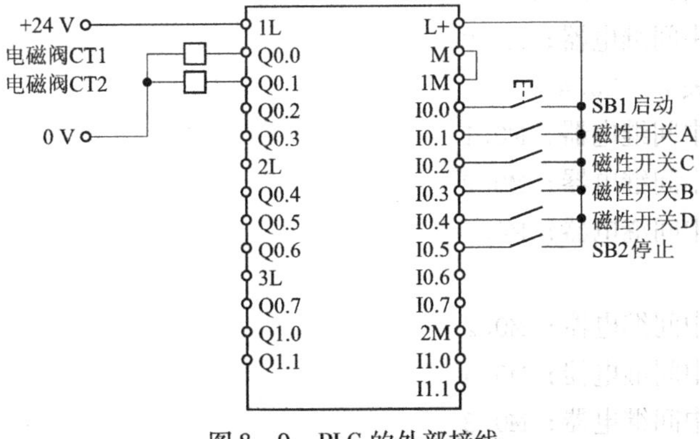

图 8－9　PLC 的外部接线

（3）根据系统回路图，把所需的气动元件有布局地卡在铝型台面上，再用气管将它们连接在一起，组成回路。

（4）待老师检查后，按下主面板上的启动按钮，用下载电缆把计算机和 PLC 连接在一起，将 PLC 状态开关拨向“STOP”端，然后开启 PLC 电源开关。

把以下程序下载到 PLC 主机里：

```
LD    SM0.1
FILL  0, MW0, 2
FILL  0, QW0, 1
FILL  0, IW0, 1

LD    启动按钮：I0.0
O     电磁阀 CT1：Q0.0
O     第四次中间继电器：M0.3
AN    第二次中间继电器：M0.1
=     电磁阀 CT1：Q0.0

LD    磁性开关 A：I0.1
O     电磁阀 CT2：Q0.1
AN    停留时间：T37
=     电磁阀 CT2：Q0.1

LD    电磁阀 CT2：Q0.2
A     磁性开关 C：I0.2
O     第一次中间继电器：M0.0
LPS
AN    第三次中间继电器：M0.2
=     第一次中间继电器：M0.0
LPP
TON   停留时间：T37, 80
LD    第一次中间继电器：M0.0
A     磁性开关 D：I0.4
O     第二次中间继电器：M0.1
AN    第三次中间继电器：M0.2
=     第二次中间继电器：M0.1

LD    第三次中间继电器：M0.2
AN    第五次中间继电器：M0.4
=     第四次中间继电器：M0.3

LD    第二次中间继电器：M0.1
A     磁性开关 B：I0.3
```

```
O      第三次中间继电器：M0.2
AN     电磁阀CT1：Q0.0
=      第三次中间继电器：M0.2

LD     停止按钮：I0.5
O      第五次中间继电器：M0.4
AN     启动按钮：I0.0
=      第五次中间继电器：M0.4
```

（5）待老师检查后，打开气泵的放气阀，压缩空气进入三联件，调节减压阀，使压力为0.4 MPa后，按下SB1，气缸便按程序顺序工作，到了计数值后，自动停止，中途按下SB2，气缸复位后停止。

项目任务单

项目任务单见表8－7，项目考核评价表见表8－8。

表8－7　项目任务单

<table>
<tr><td>项目名称</td><td colspan="5">典型气动程序控制回路的设计与调试</td><td rowspan="2">对应学时</td><td>7</td></tr>
<tr><td>名称</td><td colspan="5">靠椅试验机回路调试</td><td>2</td></tr>
<tr><td>任务描述</td><td colspan="7">工作步骤如下：
（1）详细解读操作步骤；
（2）观察、分析装置各部分的结构；
（3）叙述操作过程；
（4）确定操作方案；
（5）按回路图选择、连接、安装、调试回路</td></tr>
<tr><td>时间安排
（90 min）</td><td>下达任务
（10 min）</td><td>资讯
（10 min）</td><td>初定方案
（15 min）</td><td>讲授
（15 min）</td><td>操作过程
（20 min）</td><td>评价
（10 min）</td><td>完成项目任务单
（10 min）</td></tr>
<tr><td>提供资料</td><td colspan="7">（1）校本教材；
（2）机械加工手册；
（3）气压手册</td></tr>
<tr><td>对学生的要求</td><td colspan="7">（1）掌握元件的性能；
（2）正确选择、连接各回路；
（3）能够分析、表述、记录各回路的情况；
（4）通过亲自拼装，了解回路的组成和性能；
（5）利用现有的液压元件，拟定其他方案，并与之比较；
（6）掌握顺序回路的工作原理，熟悉液压回路的连接方法；
（7）了解液压顺序回路的组成、性能特点及其在工业中的运用</td></tr>
<tr><td>思考问题</td><td colspan="7">此系统用PLC可以实现吗？如何编程</td></tr>
</table>

表8－8　项目考核评价表

记录表编号		操作时间	20 min	姓名		总分	
考核项目	考核内容	要求	分值	评分标准		互评	自评
主要项目（80分）	安全操作	安全控制	10	违反安全规定扣10分			
	拆卸顺序	实践	10	错误1处扣5分			
	安装顺序	正确	10	有1处错误扣5分			
	工具使用	正确	10	选择错误1处扣2分			
	操作能力	高	20	操作有误1处扣5分			
	分析能力	高	10	陈述错误1处扣2分			
	故障查找	高	10	1处未排除扣3分			

参 考 文 献

[1] 周士昌．液压系统设计图集［M］．北京：机械工业出版社，2003.
[2] 乔元信．液压技术（第2版）［M］．北京：中国劳动社会保障出版社，2001 .
[3] 贾铭新．液压传动与控制［M］．北京：国防工业出版社，2001.
[4] SMC（中国）有限公司．现代实用气动技术［M］．北京：机械工业出版社，2001.
[5] 陆望龙．液压系统实用与维修手册［M］．北京：化学工业出版社，2008.
[6] 张磊．实用液压技术300题（第2版）［M］．北京：机械工业出版社，1998.
[7] 杨曙东，何存兴．液压传动与气压传动［M］．武汉：华中科技大学出版社，2008.
[8] 许福玲，陈尧明．液压与气压传动［M］．北京：机械工业出版社，2000.
[9] 丁树模．液压传动［M］．北京：机械工业出版社，1997.
[10] 李芝．液压传动［M］．北京：机械工业出版社，2003.
[11] 闫龙伟，张军．通用设备机电维修［M］．上海：上海科学技术出版社，2007.
[12] 王广怀．液压技术应用［M］．哈尔滨：哈尔滨工业大学出版社，2001.
[13] 左建民．液压与气压传动（第2版）［M］．北京：机械工业出版社，2003.
[14] 姜佩东．液压与气动技术［M］．北京：高等教育出版社，2003.
[15] 徐炳辉．气动手册［M］．上海：上海科学技术出版社，2005.
[16] 张宏甲．液压与气压传动［M］．北京：机械工业出版社，2003.
[17] 薛祖德．液压传动［M］．北京：中央广播大学出版社，2005.
[18] 徐永生．液压与气动［M］．北京：高等教育出版社，2001.
[19] 王庭树，于从晞．液压及气动技术［M］．北京：国防工业出版社，1998.
[20] 张宏友．液压与气动技术［M］．大连：大连理工大学出版社，2006.
[21] 赵世友．液压与气压传动［M］．北京：北京大学出版社，2007.
[22] 刘延俊．液压回路与系统［M］．北京：化学工业出版社，2005.
[23] 杨培元．液压系统设计简明手册［M］．北京：机械工业出版社，2008.
[24] 王世辉．机械设计基础［M］．重庆：重庆大学出版社，2005.
[25] 黄健求．机械制造技术基础（第2版）［M］．北京：机械工业出版社，2006.
[26] 吴雄彪．机械制造技术课程设计［M］．浙江：浙江大学出版社，2005.